世界上真的有鱼吗

[英]海伦·斯凯尔斯 著

宁静 译 吴飞翔 许永久 审订

EYE OF THE SHOAL

中国纺织出版社有限公司

原文书名：EYE OF THE SHOAL: A FISHWATCHER'S GUIDE TO LIFE, THE OCEAN AND EVERYTHING

原作者名：HELEN SCALES

© 2018 BY HELEN SCALES, 2018 BY ILLUSTRATIONS BY AARON GREGORY

This translation of EYE OF THE SHOAL: A FISHWATCHER'S GUIDE TO LIFE, THE OCEAN AND EVERYTHING is published by CHINA TEXTILE & APPAREL PRESS by arrangement with Bloomsbury Publishing Plc.

本书中文简体版经 Bloomsbury Publishing Plc 授权，由中国纺织出版社有限公司独家出版发行。本书内容未经出版者书面许可，不得以任何方式或任何手段复制、转载或刊登。

著作权合同登记号：图字：01-2024-3308

图书在版编目（CIP）数据

世界上真的有鱼吗 / （英）海伦·斯凯尔斯著；宁静译 . -- 北京：中国纺织出版社有限公司，2025. 6.

ISBN 978-7-5229-2368-0

I. Q959.4-49

中国国家版本馆 CIP 数据核字第 2025DC4289 号

责任编辑：向　隽　程　凯　　责任校对：王蕙莹

责任印制：储志伟

中国纺织出版社有限公司出版发行

地址：北京市朝阳区百子湾东里 A407 号楼　邮政编码：100124

销售电话：010—67004422　传真：010—87155801

http://www.c-textilep.com

中国纺织出版社天猫旗舰店

官方微博 http://weibo.com/2119887771

北京华联印刷有限公司印刷　各地新华书店经销

2025 年 6 月第 1 版第 1 次印刷

开本：880 × 1230　1/32　印张：10.375

字数：216 千字　定价：78.00 元

凡购本书，如有缺页、倒页、脱页，由本社图书营销中心调换

献给西莉亚、皮特、卡蒂和麦迪，
以及我们在宁加洛的回忆。

目 录
Contents

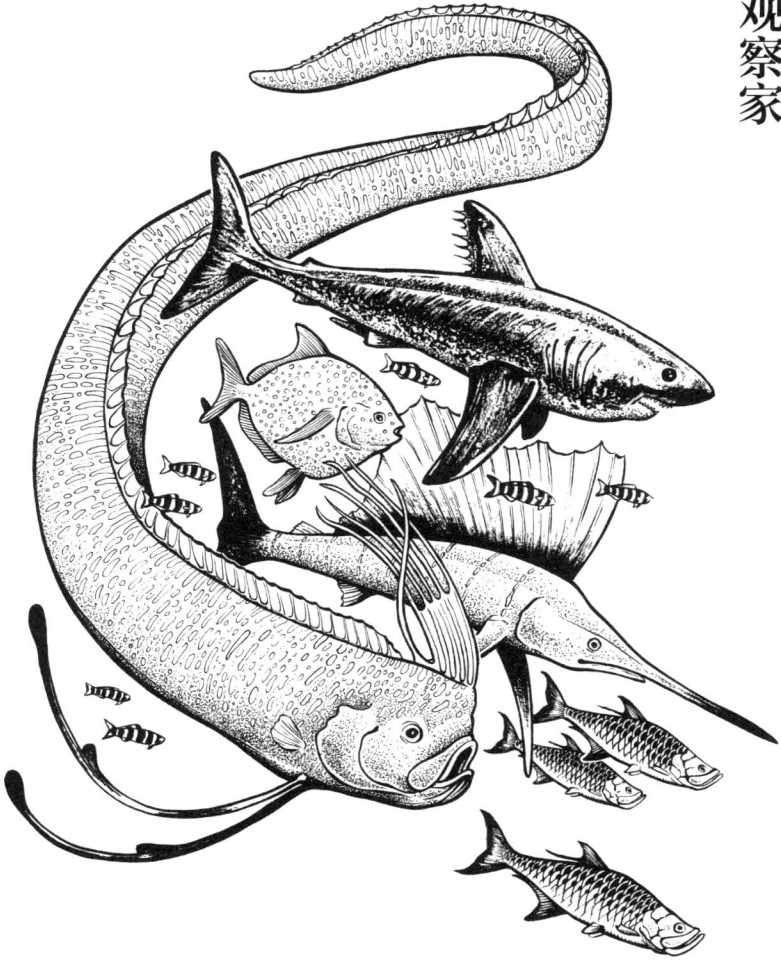

夜幕降临，亚马孙雨林一处安静的水塘里，一群鱼在此安顿下来。这种鱼很小，还没人类的一节拇指大，鱼尾分叉，身上有一条金色条纹，每只眼睛上方都有一条红色条纹。它们躲在从高高的树冠上落入水中的腐烂树叶下，此时，它们以为这是一片树叶，而非一条鱼。一片"树叶"缓缓飘落，和其他腐烂的树叶一样，呈棕色且有斑点，一端甚至还长着一段叶柄，像曾经长在树上似的。但就在一瞬间，"树叶"的下颌猛地张开，鱼群中一条毫无察觉的小鱼，已然被这张巨口咕噜噜地吞下。半秒钟后，亚马孙叶鱼（Amazon leaf fish）又变成了一片"树叶"。

　　亚马孙流域的另一处，一条长着大珍珠鳞片和红色鳍尖的雄性溅水脂鲤（splash tetra）挂在一片充满生机的植被蕨叶下，耐心地等待雌鱼出现，期待自己能成为对方的另一半。如果有雌鱼选择它作为配偶，这对鱼儿会跃出水面，用鱼鳍上的吸盘将身体黏在树叶上。这时，雌鱼会产下一堆卵，雄鱼则会喷射精子使卵子受精。然后，鱼儿们会同时跌回水中。溅水脂鲤会不停地重复这个动作，一次次地跃出水面然后跌回，直到产下至少200枚受精卵，密密麻麻地布满树叶。之后，精疲力竭的雌鱼就会游走，把鱼宝宝留在树叶上，远离大多数水生食卵动物，交由父亲照看。雄鱼要确保鱼卵在孵化过程中不会干透，因此它每分钟都会用尾巴甩一次水。光穿过水面会发生折射，这位"物理学家"自学成才，相应地调整了甩水角度，瞄准的方向比它看到的鱼卵距离要远，才能确保击中目标。两天后，鱼卵孵化出鱼苗，鱼苗会落入水中游走。

如果运气不好，这些刚刚孵化出来的小鱼苗会被饥肠辘辘的"四眼鱼"（Anableps）盯上。这些捕猎者其实只有两只眼睛，像青蛙的眼睛一样长在头顶，但每只眼睛都横向分开，有两个独立的角膜和瞳孔。它们的晶状体上面呈扁平状，像人的眼睛；下面弯曲，像大多数鱼类的眼睛。四眼鱼全身净白，且体态修长，它们一直趴在水下，凝视着水上水下两个世界。每只眼睛的下半部透过水面向下注视，以观察其他捕食者，而上半部则伸出来扫视空气和水边的昆虫或幼小的脂鲤，它们可能会掉进水里，成为四眼鱼的美餐。

这些怪鱼并不限于亚马孙河，其他地方的鱼类也千姿百态。事实上，世界各地的水域中，无论是淡水还是咸水，浅水还是深水，都有许多非凡的物种。

在东非的坦噶尼喀湖（Lake Tanganyika），雌性慈鲷（cichlid）将嘴巴作为育雏室。当两条鱼交配时，雌鱼产卵，雄鱼生产精子，然后雌鱼将全部的卵子和精子吸进嘴里，受精卵会在雌鱼的嘴里孵化成小鱼并生长，直到它们准备好迎接外面的世界。如果周围出现

慈鲷　©John Player & Sons

杜鹃鲶鱼（cuckoo catfish），情况就不一样了。杜鹃鲶鱼是一种长着须的白色鱼类，身上长满黑色斑点，行为和同名的杜鹃鸟一样狡诈。慈鲷产卵时，它们会攻其不备，将自己的卵混入其中。受到蒙蔽的慈鲷将鲶鱼的卵也含在嘴里，孵化成功的鲶鱼幼鱼会吃掉所有的慈鲷鱼卵，从而为同类腾挪更多孵化空间。

　　在离非洲大陆更远的马达加斯加岛上，深邃的地下洞穴中生活着一类虾虎鱼（goby），身长不到一厘米，全身呈淡粉色，没有眼睛。还有一类虾虎鱼，体色类似灰白，同样没有眼睛，生活在印度洋另一端近 7 000 千米外的西澳大利亚沙漠之下。最近的遗传学研究表明，这两类虾虎鱼关系密切——它们在谱系上存在亲缘关系。然而对于这些穴居鱼类而言，与同类隔海相望并非自身选择。它们无法通过眼睛识别猎食者，皮肤也无法抵御紫外线的伤害，因此它们只能栖居在洞穴中，不能冒死在白天浮出水面。对此，只能用大陆漂移说来解释这两种虾虎鱼为何会相隔千里。这两个鱼群的共同祖先生活在南半球的一个古老超大陆上。之后，澳大利亚大陆与马达加斯加岛分离，于是，这两类鱼在约一亿年前，逐渐被迫分化，从此天各一方，栖居在相距甚远的洞穴里。

暮色带（twilight zone）位于海平面 1 000 米以下，是阳光无法照射的地方，这里生活着某些奇特的鱼类，种类之多，难以计数。有些小鲨鱼背上长着发光的刺，可能是为了警告入侵者不要吃它；有些鲨鱼头部两侧各有一个口袋，里面装着发光的黏液（没有人知道为什么会有发光的黏液）。这里还是钻光鱼（bristlemouth fish）和灯笼鱼（lantern fish）的领地，这些尖牙利齿的生物如人类的手掌一般大，它们用蓝光照亮自己的腹部，隐藏身体的轮廓，从而避开下方经过的捕食者。它们当中还有如同萤火虫一样，借助编码形式的闪光相互交流的鱼。深海调查显示，这两个鱼群统治着这片暮色带。据说，如今总共有数百万亿，甚至数千万亿条活的钻光鱼和灯笼鱼，数量远超其他脊椎动物（其次是家禽，共 240 亿只）。从黄昏到黎明，每晚都有成群的灯笼鱼和钻光鱼离开暮色带，追随着它们的食物——浮出水面蠕动的浮游生物——游数百米，直至海面。这是目前地球上最大规模的动物迁徙，这些鱼群每天都像上了发条一样，在各个大洋里不断上浮下潜。

✙◁

鱼类是地球上最伟大的生命体，它们主宰着地表 70% 以上的海洋和淡水水域。海洋的平均深度接近 4 千米，如此一来，鱼类几乎拥有地球上 90%~99% 的可用生存空间，从而形成了一个物种繁多、竞争不断的生物圈。数亿年来，鱼类一直统治着这片辽阔水域。随着时间的推移，海洋的控制权在不同种群之间不断更替，唯有鱼类生生不息。

那么，到底如何界定鱼类，将它们与其他物种进行区分的准则是什么？答案将在第一章揭晓。虽然从广义上讲，鱼类是通过鳃在水中呼吸的水生脊椎动物，但它们的某些特征又与其他脊椎动物存在明显差异。抛开这一点不谈，很明确的一点是鱼类是迄今为止数量最多、种类最多的脊椎动物，约占脊椎动物种类的一半。地球上约有 3 万种鱼，其数量约等于鸟类、两栖动物、爬行动物和哺乳动物的总和。

鱼类的体形大小不一，有大至 20 米的鲸鲨（whale shark），也有身长仅 8 毫米的小鱼[1]。它们的形态也千奇百怪，有的像蛇形绳索或圆鼓鼓的气球，有的像子弹或鱼雷，还有的像摊平的煎饼或方方正正的盒体。鱼身的颜色也不尽相同。有些鱼鲜艳如万花筒，多为银色或暗黄色，还有一些鱼全身晶莹剔透，一眼便能看穿。另外，有些鱼游得很快，有些鱼则懒得动弹；有些鱼能存活数周，有些却能活数百年；有些生活在洞穴里，眼睛完全退化，有些则假装自己是树叶，随波漂流。相较于其他因循守旧的动物，鱼类具有极强的灵活性和适应性。为了融入水下生活，它们演化出了独特的适应能力。鱼可不是单一的生物，它们有着丰富多样的行为方式。

然而，人们对鱼类的本领知之甚少。它们隐藏在波涛之下，生活在地平线之外。随着潮涨潮落，人类世界和水下世界自此泾渭分

1　2012 年之前，来自印度尼西亚泥炭沼泽的微鲤（*Paedocypris progenetica*）一直被认为是世界上最小的脊椎动物，直到 2012 年，在巴布亚新几内亚新发现一种迷你青蛙，打破了这一纪录。八毫米大约是你小指甲的宽度。

明，海岸则是二者之间的分界线。从古至今，只有勇敢者或冒险家才会主动跨越这条线。

数千年来，人们从水中捕鱼，将其带到人类世界，主要作为两种用途。首先，以鱼为食。英文中，"鱼"（fish）这个词也可作动词，意为"捕鱼"。由此可见，捕鱼而食由来已久。然而，"鹿"（deer）和"野猪"（boar）这两个单词却不能用来表示"猎鹿"或"猎野猪"[不过有时"兔子"（rabbit）一词可作为动词使用，"go rabbiting"意为"猎兔"]。人们自古以来便有捕捞野生鱼类的习惯。在日本冲绳岛的一个洞穴中，考古学家发现了用贝壳制成的鱼钩，距今至少3万年。在中国北京郊区，人们发现了一具4万年前的人类骨骼，化学分析结果表明，这位远古人生前吃了不少河鱼和湖鱼。

如今，全球渔业每年捕获约1万亿~3万亿条鱼，是全球约三分之一人口的主要蛋白质来源。对渔民，尤其是经营小作坊的渔民而言，鱼类与他们的生活息息相关。但对于大多数消费者，尤其是高收入国家的消费者而言，他们并不知道盘中的食物从何而来。在英国，近五分之一的孩子认为炸鱼是鸡肉制品。大多数人接触到鱼的时候，它们早已没有生命体征，鱼头、鱼鳍、鱼内脏和鱼骨都不见了，剩下的鱼肉被整整齐齐地用塑料袋包装起来或密封在罐头里。就像牛排不会让人联想到反刍嚼草的牛一样，人们几乎不可能把那些白色肉片和粉色肉块与活生生的野生活鱼联系在一起。而且，人们对鱼的形象更为陌生。我们都知道牛长什么样子，但脑海中关于许多鱼类的外观却没太多印象。

在英国，人们每年要吃掉 7 万吨大西洋鳕鱼（Atlantic cod），人均食用约 1 公斤，但只有三分之一的海鲜消费者能认出自己吃的这些鱼。大西洋鳕鱼体长可达 2 米，比人类臂展长度还要长得多，它们浑身布满闪亮的古铜色斑点，下巴上还长着白色的山羊胡须。只有不到五分之一的英国消费者能识别出双目朝上看、嘴巴扭曲、身体扁平的龙脷鱼（sole），还能辨认出嘴巴又大又宽，形似银色子弹的鳀鱼（anchovy），二者常常出现在餐桌上，很受食客们的欢迎。人们对于龙脷鱼和鳀鱼的熟悉程度不过如此，那些偶尔出现在菜单上、鲜有人知的品种，又怎么可能被人认出呢？譬如，日本海鲂（*Zeus japonicus*）长有莫西干式的背鳍，体色为古铜色，具有大理石纹和一对金边大斑点；绿鳍鱼（gurnard）身体呈猩红色，两侧各有三根"手指"，能在海底摸索食物。

大西洋鳕鱼　©Bloch,Marcus Elieser

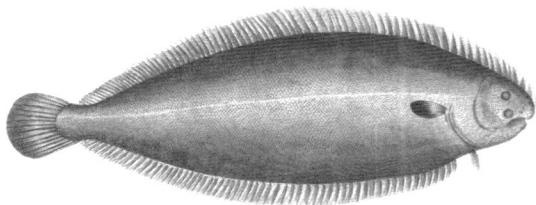

鳎鱼　©Bloch,Marcus Elieser

海鲂　　©Bloch,Marcus Elieser

除了人们食用的鱼，还有一些鱼通过神话和民间传说进入人们的视野。世界各地的文化中都有关于鱼的传说，讲述着人类对这些深海居民根深蒂固的看法，以及常常自相矛盾的情感。神话中的鱼能为人类同伴带来好运、繁荣、新生和智慧，但它们也可能变幻无常、危险可怕，就像会变身的恶魔，能引发洪水、风暴和地震。神话中的男神、女神及其随从们化身为鱼，有时是出于本意，有时是因受责罚。

在许多国家，初版美人鱼的故事往往黑暗可怖，令人不适：无家可归的女性逃到水下，化身成美人鱼，然后折磨、诅咒那些遗弃她们的人类，引诱他们走向死亡。汉斯·克里斯蒂安·安徒生（Hans Christian Andersen）笔下的《小美人鱼》（*The Little Mermaid*）则不同，故事中的小美人鱼非常渴望摆脱半人半鱼的模样，为此情愿割舍自己的舌头，以换取人类的双腿。然而，拥有双腿的她每走一步都像是踩在碎玻璃上一样疼痛。

这些故事大多反映了人类难以了解或喜欢鱼的心理障碍，更谈不上同情鱼类。鱼似乎没有任何我们可以共通和理解的情感，它们不会微笑，只是一直保持着噘嘴姿态，看上去总是一副坏脾气。当你用手触摸一条活鱼时，可能会觉得它和躺在超市柜台上的死鱼没什么两样，都是一样的冰冷。这种冷冰冰的感觉似乎无法形容还能活蹦乱跳的生物，其实并非所有鱼类都是冷血或变温动物。我认识一些人，他们害怕冰冷、黏糊糊的鱼儿从身边游过，因此不愿去海里游泳。要想克服这种恐惧，最好的办法不是对这些假想的鱼儿视而不见，任凭它们在身边游动，而是干脆将头埋进水中，看着它们游来游去。

本书将开启水下之旅，与你一同观察鱼类生活，探索在神秘的水下世界中，鱼儿们有着怎样的面貌，做着什么样的事情。我将从神秘故事入手，重新述说某些传说，解开鱼类的奥秘，为其正名，改变这些生灵在人类眼中冷漠无情、捉摸不透的形象。我还将呈现鱼类的真实面目，它们将是你在世界任一角落都能够发现、了解和欣赏的最迷人的野生动物。

在第一章中，我会回答这样一个问题：鱼类真的存在吗？第二章中，我们将了解鱼类的多样性，并为之惊叹。随后的每一章中，我们都将探索是什么样的特征造就了鱼类的巨大成就。我们将观察鱼类如何行动，如何觅食，以及如何避免成为猎物；我们将听到它们唱歌，彼此交谈，看它们如何利用光和色彩发送信息，隐藏自身。这些属性和行为大多是鱼类独有，有了这些特性傍身，鱼类才得以主宰水生领域。

要想重新思考并更好地了解鱼类，现在就是最佳时机。一方面，人类对鱼类的了解之深前所未有。研究人员借助新的工具与调研方式，在该领域取得了令人瞩目的新成果：他们派出远程遥控机器人，观察最深水域"居民"的一举一动；利用分子生物学技术破解鱼类之间错综复杂的关系，追踪它们神秘的联系。此外，他们还部署了微型跟踪装置，紧随鱼类的"足迹"，开启整片海洋的探索之旅。

然而，鱼类也正集体承受着前所未有的人类活动冲击。不列颠哥伦比亚大学（University of British Columbia）启动了一项名为"我们周围的海洋"的研究项目。据该项目组估计，全球鱼类捕捞量在1996年便已达极限。在此之前，世界各地渔业捕捞的野生鱼类数量逐年增加。越来越多的渔民开着更大的船，采用新式渔具和技术冒险出海，从海洋、湖泊、河流中捕捞起的鱼也越来越多。然而，1997年开始，世界总捕获量反而以每年约2%的速率稳步大幅下降。究其原因，并非人们捕捞的鱼减少了，而是鱼类正面临灭亡。全球的渔民们已经捕捞了太多的鱼，野生鱼类数量回升无望——恐怕难以像过去那样恢复了。

随着海洋温度的升高和海洋酸化的增强，加之气候变化、化学污染和塑料污染的双重打击，鱼类的生存环境日益恶化。因此，我们现在采取的行动显得尤为关键——重视鱼类种群数量减少的问题。尽管本书不会深挖过度捕捞或气候变化问题，亦不会声称要提供详细的解决方案，但我希望读完本书后，你能赞同鱼类的存在至关重要，它们值得我们关注和尊重。那么，在我看来，这会是个好的开始。

令人欣慰的是，观察鱼类可能有益健康。2015 年，英国国家海洋水族馆的游客透过巨大的丙烯酸玻璃窗，凝视着容量为 50 万升的水族箱。此时，某研究团队对游客进行了追踪。这是一场温带珊瑚礁的展览，内部以人工海带和海扇装饰，在布置过程中，研究人员分别在鱼缸空置、缸内放置部分鱼以及装满鱼的时段对游客进行了监测。观察结果显示，随机挑选的 100 名游客在看到的鱼越多时，心率和血压降幅越大。这项研究间接表明，仅仅观察人造环境下的鱼，也能放松身体，舒缓神经。

我第一次在野外观鱼时，的确没想到自己会对鱼产生如此浓厚的兴趣。那年我 15 岁，与家人一起不远千里来到了南加州，这是我迄今为止去过最遥远的旅行目的地。此行也是我们全家第一次在欧洲以外的地方度假，来到这个充满异国情调的国家，真是别有一番享受——这里的床很大，即使我与妹妹同睡，也不会被她狠狠踢到；早餐时，我可以将煎饼堆得高高的，想吃多少都行；我们还可以在公路上直线行驶数小时之久。

此次旅行中，我最希望看到的是海獭，我可是它的忠实粉丝！来之前，我看了关于海獭的纪录片，拥有了许多带有海獭图案的日历和 T 恤衫。现在是时候看到真正的海獭了。我们沿着加州的沿海公路行驶，左手边是广阔的蓝色太平洋，右手边是大片的红杉林，我不停地缠着父母，让他们靠边停车，好让我看看水中那个黑点是不是一只毛茸茸的海洋哺乳动物。

天色已近黄昏，在离岸不远的地方，我们第一次看到了海獭。水上浮着一群海獭，它们忙着把自己裹在海藻叶子里，这样就不会被潮水冲走，可以安枕无忧了。为了不让四只爪子沾湿，它们扭着身子，更是扭进了我的心坎里。其中一些海獭即使睡着了也会举着爪子。

　　也许是因为想看野生海獭的愿望实现得如此轻松，过程也如此愉悦，我开始思考海洋里的其他生物，也就是那些不怎么惹人怜爱的生命。

　　次日，我来到一处名为"中国湾"（China Cove）的地方，这里距离蒙特利湾（Monterey Bay）以南不远。我站在高耸的悬崖上俯瞰着大海，这是我所见过最清澈、最碧绿的大海。这是上帝给予我这个大西洋东北部女孩的启示。在此之前，大海对我来说，是一片雾蒙蒙的绿水，踏入就会迷失方向。然而，此时我却站在那里，凝视着海水，看见一只海狮正转着圈。更神奇的是，我还能看见这只海狮在追逐着什么。

　　原来它在追着一群鱼。每次海狮冲进鱼群之中，鱼群便会齐刷刷地分成两排，然后再游成一个漩涡。我甚至都没想过这可能是鲱鱼（herring）或是沙丁鱼（sardine）。我注视着它们，海狮偶尔会把一条鱼从鱼群中引开，然后灵活地旋转身体，似橡胶般柔韧，这样才能更加拼命地追赶这只掉队的鱼。然而海狮一次也没得手，因为掉队的鱼每次都能找到同伴，返回鱼群。

　　那场你追我赶的水中游戏令我目眩神迷，鱼儿们在海狮的追逐下总能巧妙逃脱，它们身上散发出某种东西吸引着我，让我无法移开视线。

观鱼的方式多种多样，无须弄湿衣衫便可参与这项消遣。你可以走到池塘、小溪和河流边，细心观察，便会隐约瞧见水下鱼儿的身影，以及它们探出水面觅食的嘴。我曾穿着惠灵顿长筒靴，沿着英国海岸而行。此时正值落潮，我看到了藏匿于岩石下的东波鳚（tompot blenny），它们的每只眼睛上方都长着红色羽毛状触手；我还发现了躲在海藻丛中的猫鲨（catshark）[1]，它们刚从"美人鱼的钱包"[2]中孵化而来。

许多人会在家中观鱼，认为这种方式舒适自在。现在，养鱼人数空前高涨。在英国，每十个家庭中就有一个拥有鱼缸。据估计，在美国，家养的鱼超过十亿条。其中一部分原因是，人们通常会养一小群鱼，而非一两条，所以宠物鱼的数量比宠物猫、狗、兔子和仓鼠的总和还要多。也许正因为城市生活节奏日益加快，而养鱼不需要出门"遛"鱼，无疑使得越来越多的人选择养鱼。

我从未养过鱼，主要因为我在家工作，我深知如果有一个满是鱼的微型海洋世界摆在我面前，我便会忍不住驻足凝视，那我也别想完成工作了。另外，如果你认同中国的"风水"学说，就会明白，若我精心布置一个鱼缸，养九条金鱼，其中一条为黑色，以吸走房

1　令人不解的是，猫鲨通常也称狗鲨。
2　卵生鲨鱼的卵鞘因外形酷似钱包，又被称为"美人鱼的钱包"。

内负能量，或许会让生活兴旺，工作高效。

我最喜欢的观鱼方式是融入鱼群中。水肺潜水就像在壮丽的风景中徒步旅行，只是规则有些不一样。潜水时，你不能和任何同伴交谈，只能点头和比手势，并只能用简单的、预先设计的手势进行指示和沟通，比如"你还好吗？""是的，我没事。"每一次潜水都是一场沉思之旅，让你有机会沉浸在自己的思绪之中。水下的视野随潜水的地点和时间而变化，时而广阔无垠，时而狭窄隐秘。水的浑浊度也会影响视野，水可以清澈透明，几乎肉眼难辨；也可以浑浊如浓汤，限制视野，于是你就会注意近处的小事物。

潜水员在水中既不能走也不能跑，却能轻而易举地漂浮和飞跃。但如果你要逆流而行，就要费点功夫。试想，你大步穿过森林，然后漂浮起来去探索高处的树冠；或者你可以如鹰一般翱翔，安心从美国大峡谷（Grand Canyon）边缘跃下，一览栏杆之外的风景。这便是潜水的感觉。作为一名潜水员，你可以暂时摆脱重力的束缚，静静地待在原地，看着野生动物们快速地掠过，也可以与它们结伴同游。

当完全沉浸在水中，潜水者可以真切地感受到水下生活与陆地生活的迥异，就好像一个穿梭于两个平行维度的生有毛发的旅者。鱼类能在水中呼吸，还能以优雅的姿态驾驭水流、潮汐和海浪的变幻。鱼类能够主宰自己的三维空间，令我深深折服，没有一丝嫉妒之意。我仰望那翻滚的海浪和其中若隐若现的鱼群，它们显得如此自信，它们巧妙地避开了礁石的锋利棱角，免受撞击。我曾目睹成群的鲭鱼和鲱鱼以完美的队形游弋，也曾对单条孤独的鱼儿心生敬畏——除了轻微摆动那几乎静止的鳍，它几乎一动不动。然后突然灵活地转身，优雅地游向远方。真希望我也有这样的本领。

我们终究只是水下世界的过客，通常每次只能在这里待一小时左右。你得随时检查潜水表，以防在水下逗留过久或潜得太深。此外，潜水表还在提醒着你，你终究不属于水下，只有这么多空气供你呼吸。压缩空气罐内的空气吸得太快，你在水下的可停留时间就会缩短。

不过，即使不依赖水肺，你也能亲身体验鱼类的世界。我经常不带空气罐，深吸一口气就潜入水中。这是自由潜水，没有潜水装备叮当作响，也没有嘈杂的气泡声，我可以更加近距离观鱼，而不会吓跑它们，尽管这样，我最多只能在水下待一分钟左右。最简单易行的方式是让身体浮在水面，头朝下埋进水中，用通气管呼吸，这样我就可以尽情观鱼了。

着手写这本书时，我趁机进行了一次长途旅行。我不仅故地重游，还去了其他梦寐以求的地方，在此期间，我花了大量时间观察和研究鱼类。

时隔 20 年，我再次来到宁加洛（Ningaloo），这里有澳大利亚最长的珊瑚礁，沿西海岸绵延 260 千米。能重游此地，我心中涌动着难以抑制的激动，然而，忧虑的阴影也悄然笼罩。这一年正是 2016 年珊瑚礁遭到破坏等环境恶化的消息铺天盖地：海水变暖，导致珊瑚白化现象加剧并全面蔓延，全球珊瑚因此大面积死亡，其中包括澳大利亚大堡礁大部分区域的珊瑚。

宁加洛珊瑚礁是我最早了解的珊瑚礁之一，具有原始美感，野性十足，鲜有人类活动的痕迹，这种美深深地打动了我。就是在这里，我第一次看到座头鲸从海中跃起，还有探头探脑、浮出水面呼吸的儒艮（dugong）；几乎每次下水，我都能看到海龟，也会和蝠鲼结伴同游——它们拍打着如黑色翅膀般的胸鳍，宽度比我的身高还要长得多。珊瑚上挤满了形态各异、色彩缤纷的鱼类，环礁湖对面是一簇簇珊瑚巨石，形似大型花椰菜头，由珊瑚群落的表面附礁生物历经数百年而形成。

因此我倍感紧张，担心宁加洛不像美好回忆中那般令人心驰神往，还担心即使与世隔绝，它也无法得到充分保护，仍要遭遇现代世界中的可怕行径。但是当我涉水而出，向水下望去时，我看到的

座头鲸　©Britton & Reyscammon,Charles Melville

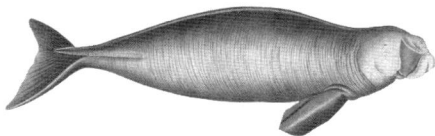

儒艮　©Gray,John Edward

景象和记忆中一样，仍然生机勃勃——在我面前，一群闪着金属蓝光泽的小雀鲷游来游去，鹦嘴鱼迅速游过，黄色条纹的鲷鱼在一个小洞中歇脚；在茂密的海藻丛中，在巨石和平坦的海底上，棕色、绿色和粉色的珊瑚正生长着，没有白化的痕迹；猩红的墨鱼摆动着裙边似的鳍，游过珊瑚；我远远地就能瞥见礁鲨（reef shark）那曼妙的身姿摇曳滑过。

多年前，鲸鲨吸引我来到宁加洛。我曾在电视上看过的一部纪录片中提到，当珊瑚虫在某个意想不到的夜晚产卵时，浮游生物就会被搅动起来。于是，鲸鲨每年都会来这里饱餐一顿——珊瑚虫产出的卵子和精子会被小鱼吃掉，接着小鱼又会被鲸鲨吃掉。鲸鲨是目前世界上现存最大的鱼类，比除巨型鲸类之外的任何动物都要大。因此，我决定亲眼看看这些能给人类带来强烈视觉体验的庞然大物。我给当地保护组织写了一封信，询问是否可以为保护这些生物尽一份力。令人欣喜的是，他们热情地欢迎了我的加入。当鲸鲨在海岸附近游弋时，我需要每天协助记录它们的日常活动轨迹和行为特征。作为对我付出的回报，他们为我提供了一间合租房。

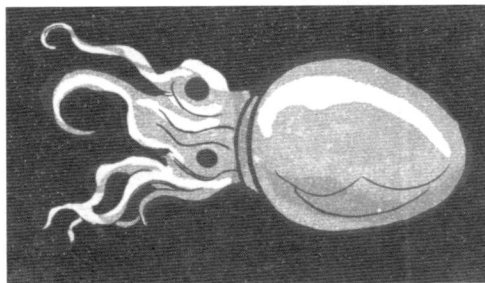

墨鱼　©Wonders Images of the Ancient World

一回到宁加洛，我便从小船上跳下入那深达 100 米的大海，在水中，我眯起眼睛，一个巨大的影子进入了我的视野——它的表皮呈蓝灰色，布满白色斑点，看上去那样熟悉，原来是我朝思暮想的鲸鲨啊！一群小鱼众星捧月般地追随着它，其中还有像肥蛇一样紧贴其腹部的䲟鱼（remora）。这次，我观察到的多为小鲨鱼，全身仅长 5 米至 6 米。它们也许是上次与我在宁加洛同游的鲸鲨的后代吧。没有人能确切地知道鲸鲨的寿命，也许长达一个世纪，甚至更长。但可以确定的是，它们从出生到成年需要至少 20 年。

　　此次旅行，我还去了其他地方，并在旅途中随时随地地不断收集鱼类的信息。在斐济，我盯着杂草丛生的岩石许久，才在石头鱼（stonefish）眼睛闪烁的一瞬间发现了它，识破了它的伪装：它像守株待兔一样静待猎物，再用带有剧毒的硬刺一招致命。我的指甲被清洁工濑鱼清扫得干干净净，我还被凶猛的雀鲷追过。这些雀鲷个头不大，和它们相比，我算是庞然大物了。它们守护着精心照料的海藻园地，当我靠近时，它们会接连发出带有鼓点节奏的警告声，试图将我吓跑。在南太平洋的艾图塔基岛（Aitutaki），天气恶劣时，水中沉积物被搅起，海里能见度降低至几厘米。这时，我会紧紧抓住岩石，看着不及指甲大小的鳚鱼从小洞中探出脑袋。

　　有几次，我在一些意想不到的地方看见了鱼。在距离海岸数百英里的澳大利亚干旱内陆，我沿着红色峡谷向下爬。这些峡谷是由地球上最古老的岩石因地壳运动裂开形成的。寒溪沐浴着阳光，从峡谷中奔流而过，汇聚成深潭。潭边生长着蕨类植物，葱郁的树上挂满了尖叫的果蝠（fruit bat），一同俯瞰着水面。我潜入 5 米深的碧海底部，看着鲦鱼（minnow）在海草中穿梭游动。

鲦鱼　　©British fish 50(Turf Cigarettes)

很多时候，我发现自己身处浅滩，环顾四周，除了鱼什么都没有。在拉罗汤加岛（Rarotonga），一群小鱼——蓝子鱼（rabbitfish）、鹦嘴鱼、刺尾鱼（surgeonfish）混入其中——在黄昏时分蜂拥而出，一同前往礁坪处觅食，所到之处皆会扬起沙粒。帕劳位于该岛东北部数千英里之外，在这里，我漂浮在开阔的蓝色海洋中，周围是数百条红牙鳞鲀（red-toothed triggerfish）。它们扇动着双鳍，仿佛许多蝴蝶围绕着我翩翩起舞。当它们受到惊吓时，会一个俯冲躲进垂直珊瑚悬崖上的洞中。在新西兰的图图卡卡（Tutukaka）海岸，一群蓝色蝎鱼（blue mao mao）将我团团围住。从外形上看，它们具有鱼类的典型特征，身形椭圆，尾部分叉，体表颜色呈蔚蓝色，宛如夏日晴空。它们有着相同的面孔，转身看着我，然后在我周围缓缓游动，仿佛我成了河中的一块石头，被扔进一条鲜活、闪闪发光的河里。

你可能会好奇，接下来我是不是要写一本旅行见闻记，记录旅途中看到的所有鱼类。的确，此次出行我见到了许多鱼类，下文会介绍其中的一部分，也会提及此前观察过的鱼类，但撰写详细的观鱼日志并非我的初衷。尽管看见新的动物总令我兴奋不已，但我也不会因此而冲动地抛下所有事情，去探索更多物种，然后将它们从我的"观鱼清单"上划掉。这并不是观鱼的意义。

观鱼的意义在于探索和发现新事物，用新的方式思考鱼类和地球上其他生物。鱼类不仅让我们看到了它们对海洋和淡水的主宰能力，还揭示了关于地球生命更宏观的真理。它们让我们明白继续演化的可能性，将生态系统的内部运作模式显露无遗，展现出生物的适应性和复原力。

花点时间观察一下鱼，你会有一连串问题：鱼群如何避免相互碰撞？它们如何避开行动敏捷的捕食者？鱼的身体上为什么会有神秘涂鸦似的纹路？谁会看到这些纹路？成千上万的鱼类挤在同一个地方生活时，如东非湖群和亚马孙流域，它们又如何共处？

蝠鲼为什么可以保持性格安静沉稳？致命河豚如何不让毒素伤及自身？鱼整天都在想什么？

为什么小鱼自愿深入虎口、游进捕食者的嘴里，它们只凭舞蹈的力量就能保护自己吗？当水干涸时，鱼会如何应对？鲶鱼是怎么学会捕捉鸽子的？鱼怎样越过整片海洋，找到出生时所在的那条溪流？它们如何与细菌协作，获得夜视能力？

本书将一一解答这些疑问，还会解释我们深入鱼的水下世界时产生的更多问题。我们将遇见那些敢于开启伟大冒险的科学家，他们观察鱼类，寻找答案，收集更多鱼的生活细节。本书还将提到专注的鱼类观察者们，讲述他们的故事。观察者们精心计划，常常能带来意想不到的发现。我们将看到，科学的本质不仅仅是简单地列出问题的答案，而在于展现那令人振奋、负重前行、独具创造性却又时而混乱的探索过程，一切旨在寻找答案，深入了解世界如何运行。

在这段探索的旅程中，我希望你相信，鱼类值得我们去发现和观察，值得我们投以更多的关注。不同于那些将自己美丽的外壳留在海滩上的海洋生物，鱼类的美转瞬即逝。一旦生命终结，鱼类那宝石般的色泽便会褪去，身体也会很快被分解，继而腐烂，散发难闻的气味，回归自然。因而，在鱼儿生机勃勃时欣赏它们，方为上策。

读完此书，你也许会以全新目光看待你的宠物金鱼；或许，你会造访本地水族馆，在水箱旁驻足，观察鱼儿在做什么新鲜事；又或许，你会寻觅有水的地方，好奇水中有没有鱼以及它们在做什么，你可能站在一旁静观，甚至跳进水中一探究竟。全世界上有3万多种鱼类，数量更是数以万亿计，短时间内无法一窥全貌，足够你去发现和思考。

第一章

探寻鱼类足迹

直到几年前，我才真正开始思索"鱼是否真实存在"。此前，我从未怀疑过鱼类的存在，只是一门心思花大量时间观察、追踪和研究它们。直到有一天，有人问了我这样一个问题：

　　"世界上真的有鱼吗？"

　　接下来的几秒钟，场面陷入尴尬的沉默，我竭力想要说点什么，却又不知该如何作答。更令我窘迫的是，面前的直播麦克风和300双看着我的眼睛，都等着我给出一个有见地，最好还诙谐风趣的回答。

　　当时，我受邀参加BBC（英国广播公司）的一档讨论节目《好奇博物馆》（ *The Museum of Curiosity* ），这是电视系列节目《妙趣横生》（ *QI* ）的广播版。每一集中，博物馆馆长约翰·劳埃德（John Lloyd）都会介绍一个由三位嘉宾组成的讨论小组，其中包括一位功勋卓越的人物。例如，曾参与史上首次载人登月任务、第二位踏上月球的宇航员巴兹·奥尔德林（Buzz Aldrin）；一位喜剧演员和一位学者；有时也会有像我这样带着书呆子气质的嘉宾参与。

　　节目组要求嘉宾们向一个大型的虚拟博物馆捐赠一件物品，并向观众阐述捐赠理由。捐赠的物品虽往往看似荒诞不经，却总能发人深省。我参加节目时，这家虚拟博物馆的藏品名目已颇为丰富：由演员布莱恩·布莱斯特（Brian Blessed）捐赠的雪人、由宇宙学家马库斯·乔恩（Marcus Chown）捐赠的宇宙大爆炸、由音乐制作人布莱恩·伊诺（Brian Eno）捐赠的冰岛格里姆火山（Grímsvötn volcano），以及由喜剧演员蒂姆·明钦（Tim Minchin）捐赠的电影《大冒险》。轮到我时，我提议在博物馆里安装一个大水族箱，里面装满海马，包含怀孕的雄性海马。至少在我看来，海马属于鱼类，但这似乎对我回答那个棘手的问题没什么帮助。面对馆长约翰的提问，我发现自己竟无法给出一个明智的答案。

　　我坐在台上，对面的观众就像一群全神贯注的鱼一样，目光紧紧锁定着我。我的大脑像被冻住了一样，想不出任何有说服力或特别有趣的话，以证明"鱼类"的真实存在。

　　我想约翰要表达的意思是：在生物学领域，我们对鱼有明确而严格的定义吗？那些外形或特性上大相径庭的动物，如金鱼和河豚、比目鱼（flounders）和鲽鱼、琵琶鱼（anglerfish）和翻车鱼（sunfish），它们真的能归属为同一群体吗？或者说，仅仅因为它们碰巧都擅长游泳，便被一概而论地划归为鱼类？还可以依据什么来对鱼进行分类？难不成因为蜘蛛和章鱼都有八条腿，就能将它们归为同一类吗？

无论我当时的回答是什么，都不值一提，所幸节目编导最终剪掉了这段。那个关于鱼的提问，以及我含糊其词的回答，都没有出现在正式播出的节目中。

纵观历史，对于什么是鱼、什么不是鱼的界定一直都众说纷纭，莫衷一是。但古希腊哲学家亚里士多德的《动物志》（*Historia Animalium*）至少为我们开了一个好头。《动物志》全书共九卷，成书于公元前 4 世纪，是较早的动物学著作之一。从亚里士多德的观察中，我们可以看出他对水生生物的生活习性有着详尽的见解，说明他十分坚信鱼的真实存在。

亚里士多德把所有已知动物划分为不同类别，首先是有血动物和无血动物，然后是脊椎动物和无脊椎动物[1]。在这种二分法中，他把每一种动物归到特定的类别，称为"属"。水生动物的分类包括软甲类、植形动物类、介形虫类和鱼类。他这样描述这些生物：它们生活在水中，虽"无足"，但有小翅或鳍，通常有四个，而像鳗鱼等身体"细长的鱼"只有两个。鱼类没有毛发和羽毛，大多数长有鳞片；它们和四足陆地动物相似，体内都有血液；有些鱼类的

1　大多数无脊椎动物都有血液，但多半没有封闭的循环系统，即流动着血液的血管。

繁殖方式为胎生，有些为卵生。亚里士多德详尽地描述了鱼类的解剖结构，探讨了它们如何繁殖，以及渔民又是如何捕捞它们的。他总共记载了约120种鱼类，其中一些至今仍在地中海繁衍生息，这也是他发现它们的地方，包括鲻鱼（mullet）、海鳝（moray eel）、金枪鱼（tuna）和鹦嘴鱼。

至关重要的是，亚里士多德将鱼类与鲸、鼠海豚（porpoise）和海豚（dolphin）区分开来，并将后三者归为鲸类动物。虽然上述四种动物都无腿且生活在水中，但亚里士多德认为鲸类动物与陆地哺乳动物有许多相似之处，例如，它们都用肺部呼吸，以母乳哺育幼崽。因此，他认为，鲸类不同于鱼类，这一点是毋庸置疑的。

然而，在相当长的一段时间里，亚里士多德的观点是对水生生物最合理的解释之一，因为水下世界变得愈发深不可测。之后近两千年里，有关水生生物的叙述与虚构的奇珍异兽传说交织。在中世纪，有关动物的书籍被称为"动物寓言集"，内含精美插图，主要描绘古代寓言故事，引导人们好好生活。有一则故事描述了上半身是人、下半身是鱼的海妖塞壬，她们用歌声引诱水手沉入梦乡，然后袭击他们。这则故事意在告诫人们抵御诱惑，切勿沉迷于世俗享乐。还有一些寓言故事中的海洋生物与现实中的生物有些许相似之处，例如塞拉，它们长着巨大的翅膀，能像飞鱼一样腾空而起。塞拉看到呼啸而过的船只，心生嫉妒，想要与它们竞速，但是没坚持多久就落入海中。这则故事警醒世人，不要让嫉妒扰乱心神，否则就会像这鱼儿一样，最终只会落入地狱般黑暗的深渊中。

直至文艺复兴时期，那些鲜活的海洋生物才逐渐从怪物出没的深海中显现，为人所知。16世纪中叶，欧洲的学者们接纳了亚里士多德的观点，开始严肃对待关于水生动物的问题。人们对鱼类的认识开始逐步贴近现实。

✺

在剑桥大学图书馆的缮本阅览室里，我递给图书管理员一沓粉色薄纸条，上面满是用铅笔写的书名。他核对了我的借书证后，便推出一辆装满书的手推车。我小心翼翼地将书搬到桌上，书下垫上了灰色棉垫。这些书总价值高达数万英镑，其中更包括世界上最古老的原版鱼类书籍，它们已有近500年的历史。书中的一系列观点都和水生生物相关。

我阅读的前三本书出自三位欧洲作家之手。在16世纪50年代，这三位作家耗时三年完成了这些著作的出版。他们三人的生活经历相似——都接受过医学训练，还曾周游欧洲。他们彼此熟识，可能在罗马见过，并且他们都对水生生物有着极大的热情。

1553年，法国人皮埃尔·贝隆出版了《水生动物》(De Aquatili-bus)。书很小，封面采用皮革装帧，宽度大于长度，拿在手中就像一本手翻书，就是那种画有多张连续动作漫画，快速翻看时会感觉图像动起来的小册子，但我不会因此就草草翻阅。它页面虽窄，却挤满了110种水生动物的插图和拉丁文详尽解说。有些插图是写实派，栩栩如生，比如飞鱼、金枪鱼、鳗鱼和七鳃鳗；另一些则凭想象绘制，比如画河豚的人似乎没见过河豚的模样，但听说过河豚会像气球一样鼓胀如满月。

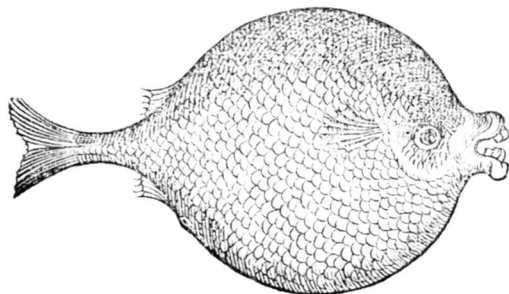

皮埃尔·贝隆《水生生物》（1553年）中的河豚插图

　　我翻开书时，很快就发现，贝隆认同这个理论：所有水生动物一定属于鱼类。他进一步将鱼类分为两类。借鉴亚里士多德的分类法，第一类是无血鱼类，如章鱼、贝壳、海胆和螃蟹；第二类则是有血鱼类，涵盖了金枪鱼和鲨鱼等大型鱼类，以及水獭、海豚、鲸鱼、水鼠和海狸等。书中甚至还画了一头河马正拼命吃掉一只像直火钳一样笔挺的鳄鱼。或许是在埃及旅行时，贝隆见过或者听说过这两种生物，但不知道为什么他笔下的鳄鱼如此僵硬笔直。他甚至将各种海怪归入有血鱼类之列，这些海怪可能源自中世纪的动物寓言，例如那形似头顶巨鱼、来回踱步如牧师的鱼主教。

　　尽管人们普遍认为贝隆是"鱼类学之父"，但在《水生生物》出版后仅一年，便有两部新的著作相继出版。

　　一部是出版于1554年的《海中的鱼》（De Piscibus Marini，书名为拉丁文），由贝隆的法国同行纪尧姆·朗德莱特（Guillaume

Rondelet）所著。该书描述了244种鱼类，比贝隆的《水生生物》记录的还要多，其中融合了亚里士多德的观点和中世纪哲学思想。朗德莱特在书中记录了海豚、鳄鱼、各种无脊椎动物和一些神话中的怪兽，如浑身长满鱼鳞的人面狮，不过他对这些怪兽持怀疑态度，毕竟他从未亲眼见过。

同年，另一部著作问世，它被认为是迄今为止最伟大的鱼类学著作——意大利学者希波吕托斯·萨尔维亚尼（Hippolytus Salviani）所著的《水生动物史》（Aquatilium animum historiae）。我解开破旧副本上的绳子，内含复杂且精美的铜版画，囊括了96个物种。我凝视着它们，与贝隆和朗德莱特书中粗糙的木版画相比，这些铜版画更加鲜活：插图中一条鼓胀的河豚正抬头望着我，我几乎能感受到用双手将它捧起是什么感觉；而那海鳝更是栩栩如生，仿佛正在书页中滑行。

追溯至约1800年前，亚里士多德便已着手研究和欣赏鱼类。后来，贝隆、朗德莱特和萨尔维亚尼三位学者接棒，为鱼类学发展注入了新的活力。鱼到底是什么，是什么使它们区别于其他动物，这些问题仍未得到解答。但是，他们的著作牢牢确立了鱼类学的地位，它被公认为动物学领域最古老的分支之一。这三位在鱼类学界影响深远，经久不衰，直至一百多年后，另一部著作的出现才稍微撼动了他们的地位，尽管这部新著作在众多鱼类学书籍中鲜为人知。

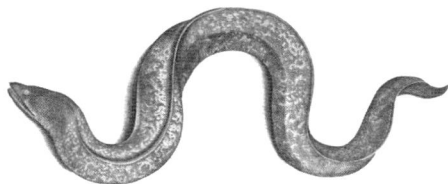

希波吕托斯·萨尔维亚尼《水生生物史》
（1554 年）一书中的海鳝插图

这部著作就是《鱼的历史》（*De Historia Piscium*），由英国学者弗朗西斯·威勒比（Francis Willughby）所著，在他去世 14 年后的 1686 年，该著作才得以出版。在威勒比去世后，他的好友兼导师约翰·雷（John Ray）完成了他剩下的大部分内容。

两人相识于剑桥大学，几年后，他们着手为一套足以改变自然史的书籍收集素材。为实现这一宏愿，二人踏上了环欧之旅。他们的工作主要围绕仔细观察真实存在的生物展开。雷致力于收集植物素材，威勒比则负责收集鸟类、昆虫和鱼类素材。1663 年至 1666 年间，他们一路上或乘船或骑马或乘马车，遍访了英国、法国、德国、荷兰和意大利。两人沿途收集标本，购买相关书籍，绘制动植物图像；在其他学者进行动物解剖并探究其内部构造时，他们便在一旁观摩。

不幸的是，就在二人返回英国，正准备整理所搜集的素材时，威勒比却因胸膜炎离世，年仅 36 岁。雷继续这项工作，誓要完成朋友未竟之事。他先完成了鸟类学著作，并于 1676 年出版了《鸟类志》（*Ornithologiae Libri Tres*）。随后，雷开始着手鱼类研究。

任务开展之初，雷的自然观就已深深影响了威勒比。从一开始，雷就强调这不是一部掺杂着虚构水生动物的百科全书，也就意味着书中不会出现海妖塞壬或鱼主教之类的神话生物。他采纳了亚里士多德对鱼类的定义：仅限生活在水中、无腿且无毛发的动物。然而，该定义存在局限，虽然它适用于鲸类，因为它们难以在干旱的陆地上生存，但同样生活在水中的河马和鳄鱼却未被归入鱼类之列。雷还把螃蟹、软体动物、水母和其他无脊椎动物排除在鱼类之外，这在当时的鱼类研究中是一个巨大的进步。现如今，人们普遍认同拥有脊柱是鱼类的基本特征。

雷还努力解决他所谓的"物种倍增"问题。模糊的描述常常导致同一种动物在不同文献中被赋予多个名称，不仅人为地增加了已知物种的总数，还导致物种名称被混淆。这一问题被称为"同义现象"，至今仍然存在。以滨螺（*Littorina saxatilis*）为例，这种北大西洋的海螺是目前世界上被重复命名次数最多的物种，多达 128 次。雷想要遏制这种草率的做法，指导读者在观察鱼时，应关注其外部特征和独特标记，以便正确识别鱼类。《鱼的历史》是世界上第一部权威的鱼类观察指南，书中列举了 420 种精心挑选的鱼类。

《鱼的历史》出版时，牛津主教最初承诺私人资助印刷费用，条件是伦敦的英国皇家学会须购买 100 册。然而，英国皇家学会最终选择自行承担印刷费用，这一决定差点终结了当时成立不到 30

年的学会[1]。

尽管雷认为这本书已达到出版标准，皇家学会的一些成员还是花了 10 个月的时间修改文本、检查名称、勘误和增添新内容，尤其是新增插图。关于是否在书中加入插图，雷曾一度犹豫不决，不过，他最终还是认为，准确的图片是读者辨别鱼类的最佳工具。但委托他人绘制新图的价格实在昂贵，于是雷和学会其他成员不得不从现有文献中寻找最佳图样加以复刻，再裁剪出来交给雕刻师，以此方式制作出 187 页整版插图。

即便如此，制作成本仍然高昂。为了筹集制作经费，皇家学会的成员和其他主要学者被要求各自认购画像，每幅价格为 1 英镑。作为认购的回报，认购者购买此书时可享受优惠，并且他们的名字将被印在各自认领的物种图旁。

当我翻阅图书馆中的《鱼的历史》复刻本时，看到了一幅幅精细复杂的鱼类插图，以及图旁许多耳熟能详的名字。例如，书中的飞鱼显然出自萨尔维亚尼（Salviani）的作品，旁边印有佩皮斯的名字。本书于 1686 年出版，而此时塞缪尔·佩皮斯（Samuel Pepys）已经完成了他那本成名作——记录十年风雨的《佩皮斯日记》。当时身为英国皇家学会主席的他，为本书慷慨解囊——书中 80 幅插图旁均印着他的名字，包括锤头鲨（hammerhead shark）和

1　该学会最初的全称为"伦敦皇家自然知识促进学会"（The Royal Society of London for improving Natural Knowledge）。

如今看来很可能是姥鲨（basking shark）的"大青鲨"。插画赞助者中还包括化学家罗伯特·博伊尔（Robert Boyle）、收藏家汉斯·斯隆（Hans Sloane）和建筑师克里斯托弗·雷恩（Christopher Wren）等杰出人物。

尽管最终筹集到了 163 英镑，但这远远不足以覆盖成本。英国皇家学会不得不承担剩下的 360 英镑，其中大部分用于支付雕刻费用。此版共印制了 500 册，每册售价约为 1 英镑，更多地考虑了那些对印刷纸张有较高要求的读者。这些书本来可以轻而易举地回本，但英国皇家学会严重高估了《鱼的历史》的市场需求，结果大量书都没有售出。此事对另一位希望在同年出版著作的科学家而言，实在是个坏消息。

英国皇家学会也因此负债累累，被迫撤回对艾萨克·牛顿（Isaac Newton）《自然哲学的数学原理》（Principia）的资助。这部著作意义非凡，不仅确立了牛顿的万有引力理论，还阐释了行星、彗星和其他天体的动力学原理。幸运的是，牛顿的好友、英国皇家学会成员埃德蒙·哈雷（Edmund Halley）挺身相助，继续推进此书，并承担了出版费用，使其成为科学史上的里程碑著作。

埃德蒙·哈雷最为人们所铭记的贡献便是他准确预测了一颗彗星的周期性回归，这颗彗星也以他的名字命名。哈雷还参与了诸多鱼类研究：他花费数年时间带领科考队走遍世界各地，向英国皇家学会寄送奇异鱼类的图鉴和说明；他还发明了潜水钟，在他 1714年发表的《水下生活的艺术》一文中曾提及。他曾潜入泰晤士河河底，用这只潜水钟观察鱼类一个半小时之久，以测试潜水钟的性能。1687 年，也就是牛顿出版《自然哲学的数学原理》那年，英国皇家学会赠送哈雷 50 册《鱼的历史》，以抵付他 50 英镑的薪水。

　　尽管《鱼的历史》销量惨淡，但雷和威勒比的这部作品绝非一文不值。此事表明，英国皇家学会非常重视鱼类学。这些杰出的科学家投入了大量资金出版此书，更有许多学者也不遗余力地参与修订与增补工作，最终使这部《鱼的历史》成为一部划时代巨著。它在物种命名方面取得了重要进展，并在明确鱼类定义及其在生命演化树上的位置方面，迈出了重要一步。

　　五十年后，另一部鱼类学书籍问世，遗憾的是，该作出版之时，作者早已离世。这位作者是彼得·阿特迪（Peter Artedi），他在瑞典波罗的海（Baltic Sea）北端的波的尼亚湾（Gulf of Bothnia）沿岸长大。在这里，他迷上了鱼类，11 岁时就已经开始研究并解剖鱼类。他令人惋惜的人生虽短，却一直与鱼相伴。

　　阿特迪曾在瑞典乌普萨拉大学（University of Uppsala）学习医学，在当时，医生是最可能接触科学研究的职业。大学期间，他与卡尔·林奈（Carl Linnaeus）成为好友，后者因在物种分类和命名领域的开创性工作而声名鹊起。18 世纪 20 年代末，当这两位同窗好友一同分享并探讨对自然界的看法之时，那项开创性工作还没有完成。

　　1734 年，阿特迪离开瑞典，前往海外继续学医，同时扩大了对鱼类的研究范围。他来到伦敦后，拜访了内科医生兼收藏家汉斯·斯隆（Hans Sloane），并研究了斯隆收藏的鱼类标本，这些标本后来成为大英博物馆藏品的一部分。之后，阿特迪转赴荷兰，打算攻读医学博士学位，并在此与林奈相遇。

彼时的阿特迪身无分文，于是林奈建议他为阿尔伯特·塞巴（Albertus Seba）工作，以赚取一些收入。塞巴是位大收藏家，他从水手和商人那里得了一些来自印度群岛的鱼类标本，正打算编纂动物标本目录，这让阿特迪得以有机会开开眼界。但世事弄人，谁能想到这是阿特迪最后一次观察并研究鱼类呢。

1735 年 9 月的一个深夜，阿特迪和朋友们在塞巴位于阿姆斯特丹的家中待到很晚，凌晨回家的路上不幸掉进运河，溺水身亡。

两日后，林奈听闻噩耗，匆匆赶到阿姆斯特丹。为了从房东手中取回挚友生前潜心撰写的五份鱼类研究手稿，林奈代为偿还了阿特迪欠下的租金。三年后，林奈将这些手稿编辑成册并出版，取名为《鱼类学》[1]。

《鱼类学》是我在剑桥大学图书馆找到的第二本书。这本书看

1　在历史小说《彼得·阿特迪的离奇死亡》（*The Curious Death of Peter Artedi*）中，海洋科学家西奥多·W. 皮茨奇（Theodore W. Pietsch）将阿特迪和林奈重构为密友的关系，或许还对彼此有倾慕之情。林奈在小说中被描写成一个杰出却残忍的天才，他策划谋杀了阿特迪，目的是得到鱼类研究的手稿，并抄袭手稿中的观点。这种说法的准确性有待考量。

上去普普通通，大小与一本平装小说相仿，衬页印有精美的大理石花纹。书中没有插图，仅有鱼类名称和相关描述。在当时来看，这本鱼类书籍不同一般。

比起前人，阿特迪在鱼类研究方面有一些新的贡献。他和约翰·雷一样，致力于数量繁多的鱼类名称分类，并进一步发展了这一想法。多年来，阿特迪一直尽心研究鱼类学文献，涵盖了我目前在图书馆看到的所有相关著作。他梳理了不同语言中鱼类的常用名称，并将其对号入座，使用时交叉引用这些名称，以呈现不同国家的作者们是如何习惯性谈论同一种鱼类的。

随后，阿特迪花了很大的工夫对这些物种进行系统分类。首先，他将动物划分为哺乳纲、鸟纲和鱼纲等。其次，他根据鱼是硬骨还是软骨（后者为软骨鱼科），鳍是刺状（棘鳍鱼类）还是柔软的（软鳍鱼类），以及鳃是否暴露在外（鳃骨鱼科），将鱼纲分为五目；其中鲸目动物仍具有鱼的特征，如拥有横向尾鳍。这些目又进一步细分为科、属、种[1]。

阿特迪的《鱼类学》共将鱼类分为 52 个属、242 个种。这是一份最全鱼类清单，涵盖了当时西方科学界已知的所有鱼类。尤其是，他还将欧洲以外的鱼类物种纳入其中，极大拓宽了鱼类的研究范围。在斯隆和塞巴收藏的标本中，由阿特迪命名的外来物种包括

---

[1]　如今，生物学家仍以类似的方式划分生物类别，但新增了几种类别。主要等级类别为：界、门、纲、目、科、属、种。

来自热带珊瑚礁的七种蝴蝶鱼，以及来自南美洲的四眼鱼。

阿特迪在鱼类分类上，坚持以细致观察真实标本为基础，一味改写他人研究成果并不可取，他一定要亲自观察这些鱼。他比任何人都更注重自然史任一分支中的细节，这种精神并不仅限于鱼类学研究。他可以花上几天时间研究一个标本，数出鳍刺、鳞片、牙齿和椎骨的数量，并绘制其内部结构，他的敬业让我们了解将物种分类这一分类学工作有多么艰苦。虽然鲜有人记得阿特迪，但林奈将他的诸多重要观点发扬光大。在阿特迪的影响下，林奈提出了创新且系统的生物学理论，被誉为"现代分类学之父"。在他的代表作《自然系统》（Systema Naturae）中，采用了阿特迪关于动物的层次分类法，将动物细分为属、种、科等级别。他还沿用了阿特迪对鱼类的描述，但有少许明显的不同之处。

林奈是首个提出不应将鲸目动物归类为鱼类的人，他坚持认为应将其归入哺乳动物类。显然，阿特迪已经认识到，鲸鱼、海豚、海牛和独角鲸与其他水生脊椎动物截然不同，但他仍旧按照传统，将有脊椎且会游泳的生物归为一类。最终，林奈完成了这一壮举，提出了海洋哺乳动物的概念，并因此确认了近230种真正意义上的鱼类，这些鱼类至今仍被学术界广泛认同。但是，世界上现存的鱼类种类远不止这么多。

之后的一百年里，许多探险家和博物学家雄心勃勃地在全球各地开启冒险，致力于发现新物种并为其命名，其中许多为鱼类。从北美的河流湖泊，到冰岛和西伯利亚的冰封海域，再到温暖清澈的红海和印度洋岛海域，成千上万的新鱼类品种被科学家们发现并记录。

　　冒险家们在外发现和保护动物，大批伏案学者则忙着撰写和修改论文，他们当中大多数都回到了欧洲，用文字展示那些从遥远海岸传回的新标本。其中有一位最高产者为人们所知，不是因为他关于水生生物的作品，而是因为他撰写的一系列书籍开创了鱼类学研究新纪元。

━◁×

　　回到缮本阅览室，我几乎快把那堆鱼类书籍读完了，仅剩三本尚未翻阅。这三本书均选自《鱼类自然史》(*Histoires Naturelles des*) ——一部 24 卷的鸿篇巨著，是很长一段时间以来，或许堪称历史上篇幅最长、内容最丰富的鱼类学著作。这部杰作历时数十年编撰而成，自 1828 年至 1870 年，尽管作者在成书前便已经离世，但其著作得以流传至今。

　　《鱼类自然史》的第一位作者是法国动物学家乔治·居维叶 (Georges Cuvier)，他曾在巴黎的法国国家自然历史博物馆 (Muséum national d'Histoire naturelle) 工作。他是比较解剖学的先驱，研究不同物种之间的生理相似性；他是首位提出地球曾被巨型爬行动物统治的人，提出物种灭绝的观点，并使对此观点持怀疑态度的一家科学机构改变了看法。居维叶还有一个宏伟的理想，就是对地球上所有已知鱼类进行分类。为了实现这一理想，他用独特的方式编纂了一本鱼类图鉴。他建立了一个旅行合作者网络，合作者们在世界各地搜集鱼类标本，将经过处理的鱼类标本寄往巴黎，最后送到居维叶手中。随后，居维叶开始辨别这些标本，对它们进行分类和命名，并录入《鱼类自然史》中。

我翻开其中一卷，只见书页上满是栩栩如生的鱼类插图。这些蚀刻版画均为全彩手绘，即使以现代鱼类鉴别方法来看，也没有一幅鱼类画像显得违和。我可以认出这些鱼：长着大圆眼的红色金鳞鱼（squirrelfish），鱼体呈橙色、间杂白色条纹的双锯鱼（anemone fish），以及威风凛凛的剑鱼（swordfish）和旗鱼（sailfish），它们的画像占了足足两页的篇幅。

居维叶于1832年逝世，生前在诸多卷本中详尽描述了数百种鱼类，之后，他的学生阿基利·瓦朗谢纳（Achille Valencienne）接力完成了这部巨著。他们共出版了22卷，从阿特迪所处的时代算起，在不到一百年的时间里，他们共描述了4512种鱼类。然而，这项大工程仍未完工。1865年，另一位法国动物学家奥古斯特·杜姆萨米尔（Auguste Duméril）承袭居维叶和瓦朗谢纳的遗志，又出版了两卷，专门研究鲟鱼、长嘴硬鳞鱼（garfish）和鲨鱼。《鱼类自然史》可以说是有史以来最完整的一套鱼类目录，这也意味着对

剑鱼　©De Kay, James E. (James Ellsworth)

鱼类的探索和研究自此真正拉开序幕。

我离开图书馆的缮本阅览室，爬上狭窄的金属楼梯，一下从150年前回到了现在。开放书架前放着的书没那么稀有，我在这堆书里翻找着有关鱼类的最新书籍。

美国鱼类学家约瑟夫·S. 纳尔逊（Joseph S. Nelson）所著的600页《世界鱼类》（*Fishes of the World*）便是其中之一。由于鱼的种类实在太多，该书未单独列出鱼类清单。书中提到的已知和已命名的鱼类总数为 27 977 种，如果将科学家仍未发现的鱼类包括在内，粗略估计至少有 32 500 种[1]。我翻着书页，主要专注在图片上。简单的黑白线条画描绘了以目和科为主的主要鱼类，显然，它们都具有基本的鱼类特征。不可否认的是，这些鱼类形态各异，但大多有相同的关键特征，即一双眼睛、一张嘴和一对鳍；只是不同的群体中，关键特征的位置会有所不同，并且形状也会随之改变。眼睛可能如圆点一般小，也可能大如圆球，有的甚至完全不显现。嘴巴则可能又小又皱，也可能张得大大的，或者向下撇，状如蹙眉。鱼鳍通常包括尾部、两侧各一只的一对胸鳍、上方的背鳍、下方的一对腹鳍，以及尾部的臀鳍。鳍的形状也千奇百怪，有整齐的三角

1　其他出版物引用的各种已知鱼类数量为 3 万左右。此外，你可能想知道如何估算未知物种的数量，其实，有一些技术可根据已知物种的模型来预测未知物种数量。

形、边缘光滑的扇形，还有的如丝带一般细长；鱼尾或锋利如叉形，或线条圆润似新月。

《世界鱼类》中包含一张巨大的图表，用交叉线连接不同鱼类的名称，记录它们之间的关系，这就是鱼类演化树。我此前从未在其他著作中看到过这类图表，它无疑是对鱼类学研究的重要补充。

鱼类演化树与人类系谱图类似，揭示了生命形态之间的亲缘关系。它们都讲述了类似的起源传说，展现了数百万年来，物种一代又一代的演化历程。如果我能再次回到BBC电台录制节目，我希望能想起鱼类演化树，以回答那个问题：世界上真的有鱼吗？是的，当然有。鱼类演化树便是其存在的明证。

简而言之，我们知道的所有鱼类都相互关联，它们都位于演化树的同一部分，也未在树冠处散开。因此，我们只需锯下其中一根枝杈，研究这一枝上的鱼类亲缘关系，便能洞悉全貌。

这类图表最初基于生物外观之间的异同点绘制而成，那些由内到外看上去极为相似的生物与那些截然不同的生物有着更为密切的关系。这让我们联想到亚里士多德的观点，即鱼类是所有生活在水中、有脊椎、鳃和鳍状附肢的动物。除此以外，我们还可以补充鱼类独有的其他特征。

为证实所有鱼类都有亲缘关系，我们进行了基因研究，即选取任一条鱼的DNA片段，通过DNA测序得到结果。结果显示，这条鱼的大部分遗传编码与其他鱼类相同，这是因为它们从同一先祖那里继承了这些编码。从基因的角度讲，鱼类之间的基因相似性大于其他生物，包括水母和海星。这些无脊椎动物名称中的"fish"确实具有误导性，它们没有脊椎，绝对不是鱼。

不过，还有一个棘手的问题。这个问题能将我们带回起始点，即是否所有会游泳的生物均为鱼类。在鱼类演化树的中段，有一处分支称为四足动物总纲（Tetrapoda），即长有脊椎和四肢的陆生动物。如此一来，鳄鱼、河马及其他被早期鱼类书籍拒之门外的生物也可列入其中。至今，它们仍算"鱼类"。

如果我们抓住那根刚刚从演化树上锯下的"鱼类"枝杈，摇一摇，就会抖落许多除了鱼外的其他动物，有蟾蜍、蝙蝠、响尾蛇、鹈鹕、长颈鹿、北极熊，甚至人类。人类和四足动物，包括其他哺乳动物、两栖动物、鸟类和爬行动物的近亲一样以及与鱼类多少有些"沾亲带故"。

这正是眼光敏锐的生物学家对"鱼"这个词的不满之处。鱼类并非我们所知的单一起源群体，软体动物的分类就是一个例子。你可以在演化树上任意砍一刀，蜗牛、鱿鱼、章鱼和其他软体动物会落在同一枝上，昆虫和开花植物亦是如此，但鱼类则有所不同。关键在于，如果你仅保留代表鱼类的树枝，就得再砍一刀来撇掉四足动物，因为鱼类属于并系群，即包含共同祖先及部分后代。当你剪下演化树上的枝杈时，可不能被那些满腹牢骚的生物学家看见，他们会认为这种人为的修剪不够严谨。

并系鱼类不像复系鱼类那样可以人为控制，它们散布在演化树上。要想将并系鱼类合理归类，需要对演化树进行多处修剪和切割。以厚皮类动物为例，如大象、犀牛和河马，它们在哺乳动物中的亲缘关系并不近，仅因皮肤厚实便被归为一类。但不可否认，大多数复系群都是偶然出现的。一旦有人通过基因研究发现了这一分类失误，归属错误的物种就会被立刻重新归到正确的分类中。

除了鱼，这种分类方法也适用于其他一些并系群物种。例如，恐龙由于种属中间演化出了鸟类，也经历了类似的误判。从生物学的准确性出发，我们应该把鸟类称为恐龙，如果你愿意，也可以将霸王龙和剑龙称为"非鸟类恐龙"。同理，鱼类也可能是"非四足脊椎动物"。但通常，我们还是习惯称它们为鸟类、恐龙和鱼类。

严格来说，如果我们严格遵循分类学规则，那么人类实际上与鱼类及所有陆生四足动物同属一个大的分类群。但这一观点在应用中实用价值不大。在《世界鱼类》一书中，纳尔逊自信满满地指出这种复系群的分类方式并不合理，并主张将鱼类简单地定义为一切有鳃和鳍状四肢的水生脊椎动物。正如他所言，"鱼类"这一术语用起来确实方便。我们必须接受这一事实：四足动物是由鱼类演化而来的。一些鱼类通过演化，最终可以脱离水生环境，进而演化成两栖动物，接着是爬行动物、鸟类和哺乳动物。而其他鱼类则留在水中，继续演化。要想了解这些演化过程如何发生，又是何时发生的，我们需要仔细观察鱼类在演化树上的分支。并尝试体会生而为鱼的感受。

海之女神塞德娜

因纽特人传说

在偏远北方的一个村庄里，住着一位名叫塞德娜（Sedna）的女子，她的美貌吸引了许多求婚者，却都被她拒之门外。一天，一个来自遥远岛屿的猎人来到村庄，他以最好的食物和珍贵的皮草为聘礼，于是塞德娜改了主意，同意嫁给猎人。

猎人将塞德娜带回自己的岛屿，直到二人独处时，塞德娜才震惊地发现枕边人并非人类，而是一只鸟。塞德娜很是愤怒，却也无济于事，只能被困在岛上。

她的父亲听闻此事后，前来营救，杀死了鸟人。当塞德娜和父亲乘船逃跑时，其他鸟发现了真相，于是不顾一切地振翅追赶他们。鸟儿们扇动着翅膀，掀起了一场大风暴，这可把塞德娜的父亲吓坏了。在绝望中，他将塞德娜扔进冰冷的大海，试图以此平息鸟群的怒火。塞德娜紧紧抓住船舷，想要爬回船上，却被父亲阻止。父亲割断了塞德娜的手指，断指落入海中，化作鲸鱼、海豹和各种鱼类。

此后，塞德娜以海为家，统治着那儿的生灵。她有着女人的身体和鱼的尾巴，如果你凝望大海，可能会瞧见她那海草般的长发在水中飘荡。

因纽特人对塞德娜充满敬畏，传说每当他们需要更多食物时，便会让巫师化身为鱼，游到塞德娜身边。巫师为她梳理那缠在一起的头发，再编成一根根漂亮的辫子。塞德娜因此十分高兴，作为回报，她将释放海洋深处的生物，供因纽特人捕猎。

第二章

放眼深海

1837 年 7 月，查尔斯·达尔文（Charles Darwin）结束了英国皇家海军"贝格尔号"（Beagl）远航。一年后，他拿起笔记本，粗略地画了一幅树形图。他将树冠周围的树枝分别标记为 A、B、C 和 D，并在一旁写上以"我认为"开头的句子。

　　尽管《物种起源》在 22 年后才出版，但这幅粗略的树形图是达尔文初次尝试绘制演化过程的成果。"演化树"的概念由来已久，但达尔文却是第一个讲清楚物种演化前因后果的人。

　　时间快进到 2016 年，《自然微生物学》（Nature Microbiology）刊载的一篇论文中提出"演化树新观"。该观点基于基因序列，将最近发现的数十种细菌和其他微生物引入演化树中。但这棵树与达尔文的那棵相去甚远，与其说是一棵树，不如说是一片摊开的海藻。这两棵树的基本观点相同：生命生万物，万物皆相关。

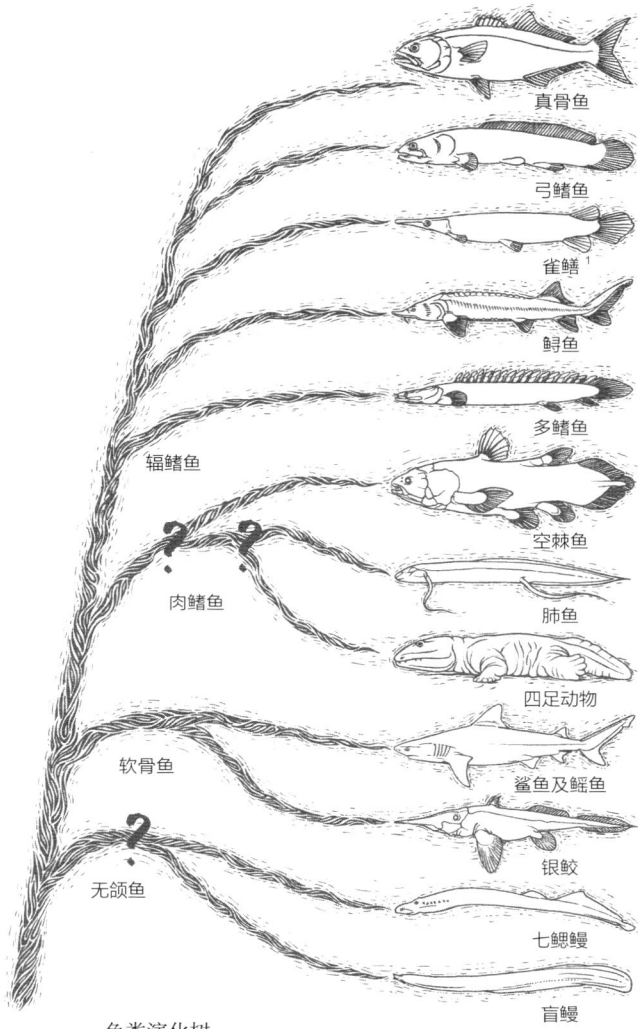

真骨鱼

弓鳍鱼

雀鳝¹

鲟鱼

多鳍鱼

辐鳍鱼

空棘鱼

肉鳍鱼

肺鱼

四足动物

软骨鱼

鲨鱼及鳐鱼

银鲛

无颌鱼

七鳃鳗

盲鳗

鱼类演化树

描绘了 12 个鱼类种群之间可能存在的关系。

1　现在的主流观点认为, 雀鳝和弓鳍鱼是关系最近的两支, 它们形成一个分
　　叉。——编者注

在研究演化树时，需记住的要点是：最古老的生物位于树的根部，通过自然选择分化出其他分支，新分支从原主干上分离，形成新物种。此外，连接主干与分支的节点表示两个谱系共有的祖先。在人类谱系图中，这些节点相当于表亲之间共有的叔伯或祖父母。我们很少能从演化研究中知晓祖先的模样，或者确切的生活年代。我们的祖先并非单一的生物个体，而是由某一群体分裂后，经漫长演化过程形成的众多物种之一。

如果我们仔细观察鱼类演化树，就会发现交错的分支，最终汇聚成一个包含全部 3 万个物种的庞大体系。即使纳尔逊《世界鱼类》中的演化树占了数页篇幅，也只描绘了鱼类的 7 大纲和 62 目。但别担心，要了解鱼类多样性，并不需要如此错综复杂的树形图。我们只用绘制一幅仅有 12 个分支的简化版树形图即可。这棵简化版的树看上去未免有些修剪过头了，但这 12 个分支完全可以展示鱼类的基本分类，而不会遗漏任何重要部分。

浏览这棵演化树时，我们不必像爬树那样从根部开始，而是从树顶开始逐步向下探索，直至抵达根部。我们会发现，这 12 个分支的大部分物种至今仍存活于世，随着视线沿树向下，就会看到各分支交叉的节点，这些节点代表了相应物种所共有的祖先，并且越向下，祖先的年代就越久远。如此一来，我们对鱼类演化树的探索就如同一次穿越时空之旅。这也意味着，当我们沿着这棵演化树向下追溯，会遇到现存鱼类种群的直系祖先，可以探寻它们那生活在远古时期的状态。换句话说，探索之旅始于距今年代最近的鱼类种群，这些种群独立成组，且恰好是如今最重要的种群。

想象一条鱼，随便什么鱼都行，你脑海中浮现的很可能是一条真骨鱼。这是我们在鱼类演化树上遇到的第一类，也是毫无争议的多样性最高的鱼。真骨鱼[1]大约占已知鱼种类的96%，因此，它们在外形、行为和栖息地上千差万别，这一点也不稀奇。

有水的地方，就能看到真骨鱼：花园池塘中游来游去的金鱼；沿着夏威夷瀑布，将嘴吸附于岩石上向上爬的虾虎鱼；生活在喜马拉雅山脉高处，可长至成年人类大小、偶尔捕食人类的巨型鲶鱼；以及那些捕猎高手——箭鱼、旗鱼、金枪鱼和刺鲅（wahoo），它们在开阔水域里竞相追逐着游窜的银白色凤尾鱼、沙丁鱼和鲱鱼群。

南极洲是地球上最冷的地方，在这片冰冷的海水中也生活着真骨鱼。冰鱼（icefish）能在零摄氏度以下的环境生存，多年来，生物学家猜测它们一定有御寒之法。海水本身含盐量高而不会结冰，但生物的体内组织无法忍受高盐环境。此外，冰鱼还有别的秘密武器用以保持身体柔韧。20世纪60年代，亚瑟·德弗里斯（Arthur DeVries）在加州斯坦福大学发现，冰鱼的血液中存在一种糖蛋白分子，可以防止冰晶生成，并由此发现了鱼类防冻剂。人们在其他真骨鱼体内也提取出了类似分子，例如，杜父鱼（sculpin）、比目

1　真骨鱼始终在不同的分类等级中摇摆；现在，它们通常被认为介于亚纲和目之间。

鱼、鲱鱼和鳕鱼都有防冻基因，遇寒便会启动防冻机制。

此外，所有鱼类中，真骨鱼生活的水域最深。在海下几千米的深处，没有汹涌的波涛，短头深海狗母鱼（tripod spiderfish，又称三脚架蜘蛛鱼）栖居于此，它们的身上长有三只长鳍，如三脚架般立于海底，等到猎物临近，便会伸出鱼鳍，一击即中。向海洋更深处探索，鳕鳗鱼（cusk eel）和狮子鱼（snailfish）可以比一比谁才是海洋最深处的鱼类，谁又是海洋最深处的脊椎动物。确切地讲，两者可谓平分秋色，因为它们都生活在海底 8 千米处，虽然比不上马里亚纳海沟，但也十分接近了。它们都有柔软透明的身体，以及凹陷、不太好使的小眼睛。一些鳕鱼鳗还因为眼睛太小而被称为"无脸鱼"。

即使在缺水的地方，真骨鱼也能摸索出生存之道。美国死亡谷是地球上最炎热的沙漠之一，它的中部有一处石灰岩洞穴，魔鳉（devil's hole pupfish）便在这里的地下湖盘踞。20 世纪 70 年代，科学家们开始统计此处魔鳉的数量，统计数据从 35 条到 500 多条不等。最近数据显示有 115 条，魔鳉由此获得世界最稀有鱼类的称号。2016 年 4 月，一群醉汉闯入魔鳉的领地，在水里乱扑腾、呕吐，还踩踏数条小鱼，至少造成一条死亡。更令人作呕的是，他们还在此留下了一条内裤。

在缺水的情况下，真骨鱼可以移居别处，这是它们的另一生存之法。蟾胡鲶（walking catfish），俗称胡子鲶，生活在东南亚地区。当它们发现自己困于逐渐干涸的池塘时，就会用鳍在陆地上拖着走，另寻一处有水的地方。红树林鳉（mangrove killifish）通过皮肤吸氧，在缺水的情况下也能存活数月，树洞、空蟹洞和椰子壳皆为它们的藏身之地，如果感觉太热，它们还会跳到空中降温。

翻车鱼[1]是最大的真骨鱼，其身体呈扁平状，平摊体长可达3米，重达2吨。这种鱼没有显著的尾巴，游泳时靠左右摆动高高的背鳍和臀鳍前进，因此，人们戏称它为"游动的头"。目前，世界上共有五种翻车鱼，但它们的英文名称中均包含"sunfish"，可直译为"太阳鱼"，这与它们在海面上晒日光浴的习惯有关。因此，翻车鱼给人一种安静闲散的感觉，但在2015年，东京大学的中村和他的同事们在翻车鱼身上安装了温度探测器、加速度计和小型摄像机，发现它们能够精力充沛地潜入冰冷的深海中追逐水母，然后在阳光下让身体回温。

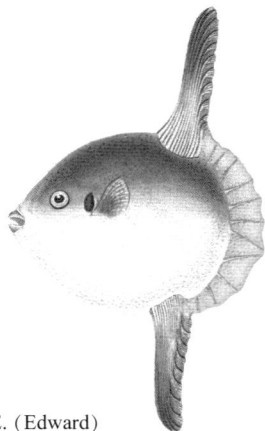

翻车鱼　　©Donovan, E.（Edward）

1　直至最近，人们还认为世界上只有四种翻车鱼，其中最著名的是海洋翻车鱼（*Mola mola*）。2017年，澳大利亚莫道克大学（Murdoch University）的玛丽安·奈加德（Marianne Nyegaard）经过四年追踪，发现了第五种翻车鱼。人们将其命名为 *Mola tecta*（拉丁语，意为"隐藏"），即骗子翻车鱼（hoodwinker sunfish）。

真骨鱼类位于鱼类演化树的最外层分支。它们拥有"完美骨骼"[1]，不过它们本身并没有什么完美之处，只是恰巧占据了演化树最顶端的位置。

这些鱼拥有一系列共同特征，所以被归为一类。它们所谓的"完美骨骼"的密度还不如先祖，但由于内部交叉骨骼的支撑，它们拥有结实而轻巧的体格。真骨鱼的脊椎骨一直延伸至尾巴前部的尾柄末端，此处的骨骼排列更加牢固。因此，与先祖相比，真骨鱼的尾巴更为坚硬[2]。真骨鱼正是凭借这一特征成为游泳健将——无须摆动身体，只要用力地甩动尾巴便可产生动力，推着自己向前游动。

真骨鱼的鳞片通常十分轻薄，由胶原蛋白和羟基磷灰石组成。鳞片从头到尾交错重叠，就像屋顶的瓦片一样覆盖在鱼身上，仿佛给它们穿上了坚固灵活的盔甲。

真骨鱼的颌部也有特定的骨骼排列结构，因此它们能够伸嘴吸食猎物。真骨鱼的食物十分多样化，它们几乎来者不拒，会啃食浮游生物、吃海藻、咀嚼叶子和种子、吸食泥土，甚至还会以彼此的尸体或活体为食。但有一些真骨鱼则更加挑食，大多是严格的食肉动物，下文将会提及。

1　真骨鱼的古希腊语为 Teleósteos，其中 teleos 意为完美或成熟，osteon 意为骨骼。——译注
2　如果你想用死鱼扇人耳光，那么我建议你用真骨鱼。

真骨鱼类可分为数十个亚群，包括约 1 600 种食人鱼、脂鲤、热带淡水鱼和铅笔鱼（pencilfish），3 000 多种鲤鱼、鲹鱼和泥鳅，以及 3 000 多种鲶鱼，包括丝鼻鲶（Nematogenyidae）、颌齿鲶（Diplomystidae）和拟油鲶，还有 550 多种鳕鱼、700 种比目鱼和 800 种鳗鱼。

本书提及的鱼类均属于两个最大的真骨鱼亚群。其中一个亚群是鲈总科（Percoidea，为辐鳍鱼纲鲈形目下的一个总科），成员较为分散，如黑暗中也能发光的鲾鱼（ponyfish）、会喷水的射水鱼（archerfish）、善于伪装的叶鱼和聒噪的黄花鱼（croaker）。许多栖居在珊瑚礁的鱼类也被列入此亚群，如石斑鱼、蝴蝶鱼、神仙鱼（angelfish）、绯鲵鲣（goatfish）、鲷鱼和拟雀鲷。

另一亚群为隆头鱼亚目（Labroidei），其中包括因喙状和龅状牙齿而得名的隆头鱼（wrasse）、雀鲷、鹦嘴鱼和蓝子鱼，以及栖息在世界各淡水水域的慈鲷。慈鲷中最有名的要数生活在东非湖群的那一支。在 1000 万年至 200 万年前的某个时候，非洲大裂谷沿线地壳再次发生断裂，裂谷中积满了水，形成了马拉维湖（Lakes Malawi）、维多利亚湖（Lake Victoria）和坦噶尼喀湖（Lake Tanganyika）。慈鲷是最早移民至这三大湖中的鱼类，随后它们演化出约 1 700 种特有物种。这些物种仅在此地出现，而且其中一些演化速度十分迅猛。人们认为在 1.25 万年前，维多利亚湖就已完全干涸，也就是说从那时起，湖中约有 500 种特有生物已完成演化。

了解了如此多拥有"完美骨骼"的真骨鱼类，你可能还想知道其他鱼类，那么就让我们沿着鱼类演化树，探索下一个分支。

在美国东部一条河流的安静回水中，比如圣劳伦斯河与密西西比河，往植物根部或树木下仔细观察一番，你可能会看到孤独的演化幸存者。这种生物的身体为圆柱形，外观呈斑驳的橄榄色，通常情况下，成年后体长约为 50 厘米。如果它的尾部有橙色的环，环的内圈有一个斑点，那么你看到的是年轻的雄性个体。它的背鳍呈波浪状，无论是向前游还是向后游都轻而易举。

这便是弓鳍鱼（bowfin），真骨鱼现存的近亲。约 2 亿年前的三叠纪晚期，弓鳍鱼与真骨鱼有着共同的祖先。从美洲到欧洲，从亚洲到非洲，各处海洋和淡水水域都有它们繁衍生息的痕迹。不过，现在只能在北美的河流、湖泊和沼泽边缘看到弓鳍鱼的身影。

因身体构造集结了众家之所长且具有独特性，于是弓鳍鱼自成一组，列为弓鳍鱼目。弓鳍鱼和真骨鱼有一些共同的特征，比如都用鳃从水中吸取氧气，都有鱼鳔，还有用于感知水流波动的侧线，即一系列充满液体的孔洞和管道（后文将详细描述）。弓鳍鱼还有其他一些不同寻常的特征，比如它们的鱼鳔不仅能使之浮于水中，还能用于呼吸干燥的空气，这不禁让人联想到演化树较下方的鱼类，包括下一分支的雀鳝。

在北美的浅滩和杂草丛生的河流与湖泊中，除了弓鳍鱼外，你可能还会发现另一群曾经生活在世界各地的鱼类幸存者雀鳝。雀鳝

弓鳍鱼　©The New York Public Library

共有 7 个种类，与弓鳍鱼在大约 2.6 亿年前有着共同的祖先。雀鳝身上长满了紧密连接的透明鳞片，传说印第安人过去用这种鳞片制作护胸甲和箭头。鳄雀鳝是北美最广为人知，也是体型最大的一种雀鳝。这种雀鳝吻部较长，末端有两个鼻孔，身长达两米，看着很像爬行动物（比如短吻鳄）。不过，它嘴里的两排牙齿立马暴露了真实身份——这根本就不是短吻鳄，只是从远处看来，人们容易被它的外表迷惑罢了。2010 年，在中国香港的一个湖中，人们发现了数十只鳄雀鳝，它们漂洋过海，从家乡来到了这里。当地人慌了神，以为它们是鳄鱼，政府官员很快就把它们带走了。据推测，这些流浪至此的鳄雀鳝是从水族馆里放出来的，放生时，饲养员并没料到他们的"宠物"竟能长到这么大。

⟨✸⟩

　　鱼卵是鱼类演化树旅程下一站所描述的鱼身上最受欢迎的部分。鱼类演化树的第四分支是现存的 27 种鲟鱼。鲟鱼的祖先与鱼龙、蛇颈龙共享侏罗纪时期的海洋，也许当时，它们还能感觉到恐龙在咸水潟湖边踱步的声响，从那时起到现在，它们的外观并未发生太大变化。不同于普通鱼鳞，鲟鱼的鳞片上有一排排刺状突起，称为鳞甲。鲟鱼的吻部肉厚丰满，向上翘起，上面长有状如电敏孔似的斑点，两侧垂下四根鳃须。

鲟鱼　©National Museum of Natural History

　　鲟鱼居住在北半球，幸运的话，你或许能在弓鳍鱼和雀鳝生活的美洲水域与它相遇，此外，在欧洲、亚洲以及大西洋到太平洋的河流湖泊中，也能见到它们的身影。然而，自从人们爱上鲟鱼卵，也就是鱼子酱以来，在鲟鱼的分布范围内很难看到它们的身影了。人们钟爱的鱼子酱包括产自黑龙江（Amur River，发源于中国东北的群山中，最终流入北太平洋的鄂霍次克海）的达氏鳇（kalugas）鱼子酱。在位于东欧和亚洲的里海、亚速海和黑海中，生活着塞夫鲁加鲟鱼（sevruga sturgeon），由它们的鱼卵制成的鱼子酱也十分珍贵。在同一水域中生活的欧洲鳇（beluga sturgeon，一种大型白鲟），其鱼卵制成的鱼子酱质量最为上乘，因此价格也最高昂。雌性欧洲鳇体长可达 8 米，比同名的哺乳动物白鲸（beluga whale）还要长；它的卵巢重量为体重的四分之一，一次可产出数百万颗鱼卵。1924 年，最大的欧洲鳇在俄罗斯被捕杀，体重达 1.2 吨，体内有 245 公斤鱼卵，如果将这些鱼卵制成鱼子酱，按照现在的市场价，至少要花费一两百万英镑才能全部买下。

人们对鱼子酱的需求致使鲟鱼数量骤减，2010 年，鲟鱼被列为全球濒危动物之一——27 种鲟鱼中有 23 种濒临灭绝[1]。锡尔拟铲鲟有着长鞭似的尾巴，20 世纪 60 年代以后，它就再没出现在人们视野中。你唯一有机会见到的鲟鱼就是来自美国太平洋海岸的白鲟，也是极度濒危物种。白鲟身长可达 6 米，是北美最大的淡水鱼，不过，它们通常只能长到 3 米，而且在游向内陆产卵之前，它们更常待在海里或近海处。

　　鲟鱼洄游产卵时遇上水坝，被拦住了去路，这给它们造成了不小的麻烦。同时，它们途经的水域遭到的污染也日益严重，而它们对这些问题无能为力。鲟鱼需要数十年才能发育成熟，且雌性鲟鱼每五年左右才产一次卵。它们并非生长迅速的物种，因此数量很难快速增长。不过好在鲟鱼寿命可达百年甚至以上，这意味着未受影响的个体，即使在野外生存，最终还是有可能找到彼此，繁衍后代。

　　在同一演化分支鲟形目（Acipenseriformes）上的两种鲟鱼近亲，情况更加糟糕。它们分别是美国匙吻鲟和中华匙吻鲟。有些科学家怀疑中华匙吻鲟已经灭绝，它最后一次出现还是在 2003 年。尽管如此，仍有生物团队历经三年时间，自 2006 年至 2009 年间，沿着长江一路从高海拔的青藏高原辗转至上海"找鲟"，最终却只带回两个声呐读数，探测到水中有身形大小疑似中华匙吻鲟的生物。

1　出自国际自然保护联盟（IUCN）濒危物种红色名录。大多数采集鱼卵的人会在雌鲟鱼产卵前便将它剖开。因此，人们提出生产可持续鱼子酱的倡议。

美国匙吻鲟生活在密西西比河流域的湖泊和辫状河道中，因吻部形似船桨，又名鸭嘴鲟（spoonbill catfish），它们的生存情况略微乐观。美国匙吻鲟无鳞，吻部有网眼纹路，为皮下星状骨，体长两米，宽扁的吻部就占了体长的三分之一。直到最近，科学家们才弄清楚这种奇怪的结构有何用处。匙吻鲟桨状的吻部表面布满凹陷的小坑，其中藏有探测弱电场的感受体。匙吻鲟在水中扫动吻部时，就会捕捉到水蚤蠕动时的脉冲，然后猛地张大嘴，像个活板门似的，一口将水蚤吞下。

在北美，人们正在努力帮助匙吻鲟恢复数量，使之恢复昔日辉煌。过去，匙吻鲟的分布范围更广，遍布北美五大湖和至少美国四州，可如今，它们已不见踪影。许多水库都有人工养殖的匙吻鲟，其中一部分供人垂钓。而匙吻鲟需要在水流湍急和有干净砾石的地方产卵，因此水库无法为匙吻鲟提供产卵环境。另外，许多美国匙吻鲟年事已高，正渐渐走向死亡。

寻找"缺失的环节"

沿着鱼类演化树再进一步，我们遇到了长期以来令分类学家头疼不已的鱼类。多鳍鱼（bichir）看起来像满脸微笑的小蛇，共分为 12 种，宠物市场上称它为"龙鱼"（dragonfish）。如果你想要见见野生龙鱼，那得去非洲的河流和沼泽中找寻。多鳍鱼体表覆盖着闪亮的鳞片，背鳍很长，由多段小鳍组成，游动时，会摆动宽大的扇状胸鳍。它们主要通过肺呼吸——用嘴吸气，然后从头顶上的喷水孔呼出气体。多鳍鱼的鳃发育不完全，在死水中，如果无法游到水面呼吸空气，它们就会缺氧而死。

1802 年，解剖学家首次在尼罗河中发现多鳍鱼，他们从未见过如此奇怪的鱼，竟同时具备多个物种的特征。他们由此提出了一个重要的问题：多鳍鱼是否能证明鱼类和两栖动物之间存在联系？

是什么使不同物种产生联系？这是查尔斯·达尔文一直思考的问题。无论在化石中还是现存生物中，只要找到这些明显"缺失的环节"，就能支撑达尔文的物种进化论，并有助于绘制整棵演化树。尤其令人感兴趣的是：水生脊椎动物和陆生四足动物之间有何联系，以及我们的祖先如何适应陆地生活。

19 世纪末，科学界流行这样一种研究手段：研究动物胚胎从而获得关于演化途径的线索。科学家们认为，生命最初由受精卵分裂而成，此时在显微镜下便可以看出各物种之间的不同。为了弄清楚多鳍鱼是鱼类还是两栖动物，又或是介于两者之间，科学家们需要研究多鳍鱼胚胎，但是要获得这一胚胎并非易事。多鳍鱼栖居在刚果河和尼罗河流域等危险的地方，即便今天想前往这类地方仍然很困难。但在一百多年前，有两位学者并未因此退缩，他们决心填补这一动物学空白。

一位是英国人约翰·巴吉特（John Budgett）。幼年时，他就已经是一个敏锐的动物学家了。他在家中养着各类宠物，还建了一个小型博物馆，里面摆满了亲手制作的填充模型和动物骨架，包括一头牛、一头鹿和家里养的设得兰矮种马。他经常去当地动物园为生病的动物检查健康状况，另外，他也希望以此收集新标本。

1894 年，巴吉特前往剑桥大学学习动物学，但他很快就被吸

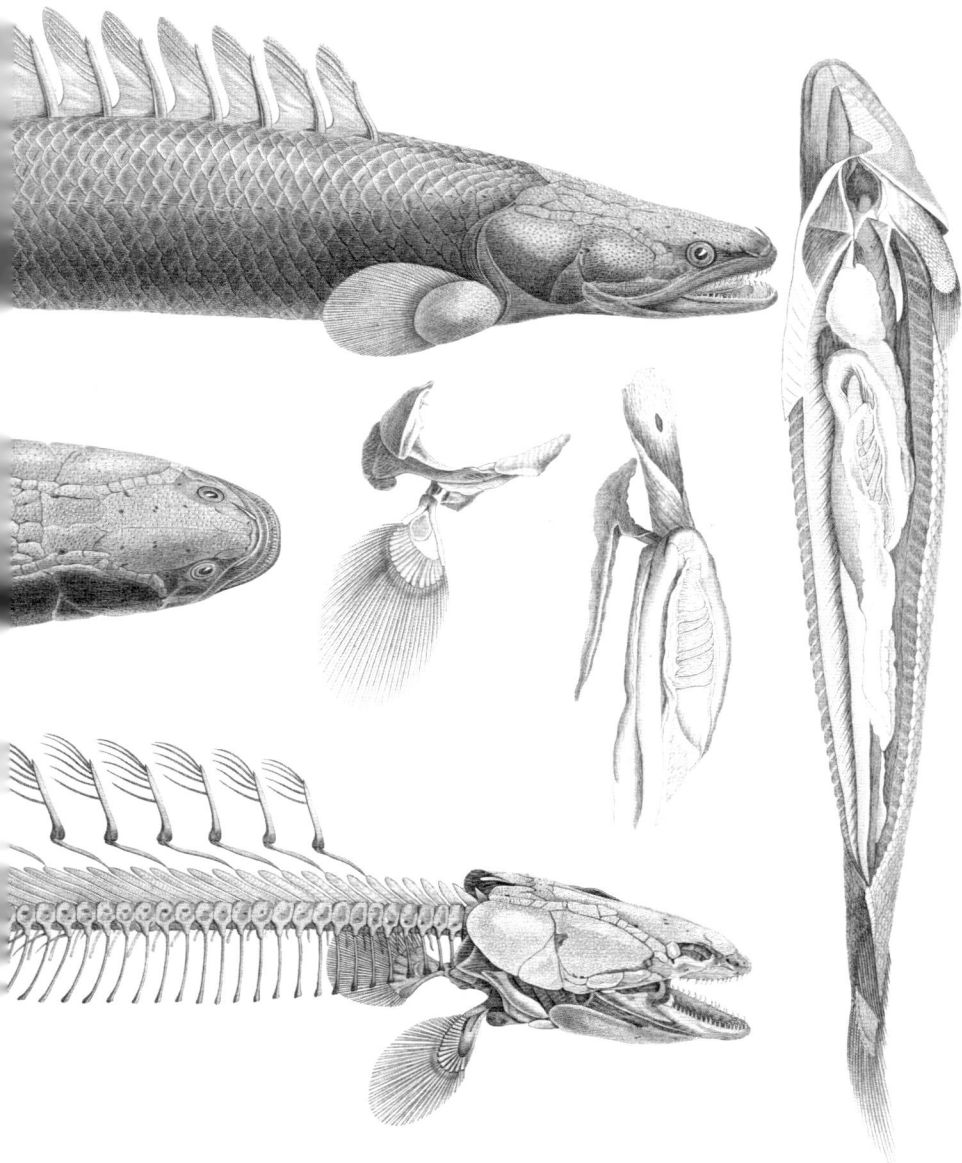

多鳍鱼　©Jomard, M.（Edme-Francois）

引到更远的地方。1896 年，他与另一位剑桥学生约翰·格雷厄姆·克尔（John Graham Kerr）结伴前往巴拉圭，开始了第一次探险。此次探险为期一年，二人要习惯在蚊虫肆虐的沼泽中采集肺鱼（我们很快就会遇到这类鱼）。当地人端上为他俩烹饪的第一顿晚餐后，克尔和巴吉特便找到了第一条肺鱼，真是得来全不费工夫。科尔后来写到，这条肺鱼"最是美味"。从巴拉圭回国后，巴吉特勉强通过他在剑桥大学的最后一年考试，随后制订了探险计划，这次他要寻找多鳍鱼。

与此同时，巴吉特显然还不知道，另一位学者也开始了寻找多鳍鱼胚胎之旅，以获得可能存在的"缺失的环节"。1898 年，内森·哈林顿（Nathan Harrington）离开纽约哥伦比亚大学，前往埃及，并在这儿待了四个月。他在尼罗河中搜寻到了成年多鳍鱼，并多次尝试人工授精，即从雌性多鳍鱼体内取出卵子，再放入雄性精子中，但均未成功。1899 年，从埃及返回美国途中，哈林顿染上热病，最终不治身亡，年仅 29 岁。

约翰·巴吉特本打算去尼罗河，但经朋友建议，1898 年 10 月，他去了非洲大陆的另一端——当时还是英国殖民地的小国冈比亚。在八个月的探险期中，大部分时间都在下暴雨，他沿着冈比亚河深入内陆寻找多鳍鱼受精卵，最终和哈林顿一样一无所获。不过巴吉特至少知道如何捕捉这些不寻常的夜行动物，并明确它们的繁殖季节。现在，他终于知道什么时候回非洲才能找到它们了。

第一次探险结束时，巴吉特将两条活的多鳍鱼带回英国，在他哥哥赫伯特（Herbert）的悉心照料下，它们又存活了三年。这两条人工饲养的多鳍鱼虽有求偶行为，但从未受精。

1900 年，尽管探险途中多次经受疟疾侵扰，但巴吉特并未退缩，再次来到冈比亚。此时正值 6 月雨季的高峰期，他确信多鳍鱼必定会在此时交配。然而，三个月过去了，他仍一无所获。1902年，巴吉特来到了东非的乌干达和肯尼亚再次尝试，但还是空手而归。

次年，幸运女神开始眷顾巴吉特。他回到西非，乘明轮船沿尼日尔河逆流而上，路途十分艰难。"雨几乎就没停过，到处都是霉和锈，"巴吉特在日记中写道，"仿佛身处蒸汽浴室中，让人透不过气。"

经过四次艰苦探险后，巴吉特终于找到了梦寐以求的多鳍鱼受精卵，但也为此付出了巨大的代价。1903 年 8 月 26 日，他在尼日利亚成功完成多鳍鱼的人工授精，并在显微镜下观察到这一透明球体开始分裂成活的细胞球。两天后，巴吉特给老友格雷厄姆·克尔写了一封信，告诉他显微镜下的一幕——多鳍鱼的胚胎发育方式竟和青蛙一样。这些受精卵完整无损（意味着分裂过程中，整个受精卵都在参与，而非部分参与），并且大小均等（受精卵分裂成大小相等的细胞），随后，这一团受精卵会像青蛙胚胎一样，开始卵裂。但当巴吉特准备带着他保存的珍贵胚胎回国时，却再次染上了疟疾。

1904 年 1 月 9 日，巴吉特回到剑桥。在刚绘制完一系列复杂的多鳍鱼胚胎图后，他身上就出现了黑水病症状。黑水病是疟疾的一种致命并发症，患者血液中的红细胞会发生爆裂。十日后，巴吉特离世。他在临终前将自己的研究报告递交给了伦敦动物学会。

巴吉特留下了一组保存完好的受精卵和胚胎，以及一些详细记录胚胎发育的图纸，这是他为之付出生命的研究成果。四年后，另一位科学家，牛津大学的埃德温·斯蒂芬·古德里奇（Edwin Stephen Goodrich）收集了当时关于多鳍鱼的一切资料，称它们"只是一种非常奇怪的鱼类"，并非青蛙的直系祖先。多鳍鱼的许多独特特征分别沿着鱼类演化树的分支演化而来，包括像青蛙一样的早期发育和断肢再生的能力。

很久以后，科学家于 1996 年采用 DNA 测序，证实多鳍鱼并非鱼和青蛙之间缺失的一环，而是辐鳍鱼纲[1]的最早分支，它的鳍由从底部突出的刺组成，刺突的表面覆盖着皮肤。此后，人们对多鳍鱼及其胚胎的兴趣逐渐淡去，但鱼类学家用了相当长的时间研究演化树下一分支的另一个神秘群体。

这一神秘群体就是肺鱼，人们一直误认为它是其他物种，比如1811 年，一颗肺鱼牙齿的化石被当成了龟壳。1833 年，瑞士科学家路易斯·阿加西（Louis Agassiz）——可能是有史以来最权威的古鱼类专家——将另一块肺鱼化石鉴定为鲨鱼，但后来，这一结果被他自己推翻了。1836 年，当第一条活肺鱼出现在亚马孙河口时，

1　也称为辐鳍鱼类，行文至此我们所见的所有鱼类均包含在内，这一分类覆盖类别更多，且位于演化树更高的位置。

欧洲专家们认为这是一种爬行动物，因为取出内脏后，仍然可以在它的内脏标本中看见肺组织碎片。次年，另一个品种的肺鱼在非洲被发现，科学家根据其心脏结构，判断它为两栖动物。

之后的三十年里，关于肺鱼的争论从未停歇，专家们各抒己见。理查德·欧文（Richard Owen）是伦敦自然历史博物馆的创建者，因创造"恐龙"一词为人们所知，他坚信肺鱼本质上就是鱼类，而非爬行动物。他写道，"辨别鱼类，不是靠它的鳃、它的鱼鳔、它的四肢、它的皮肤、它的眼睛，也不是它的耳朵，而是靠它的鼻子。"他确信爬行动物的鼻子有两个开孔，鱼的鼻子只是一个囊，而肺鱼身上则有这种盲囊[1]。

如今，所有已知的六种肺鱼仅生活在非洲、南美洲和澳大利亚缓慢流动的河流、沼泽和淡水池中。它们都有形如鳗鱼一般细长的身体，一些长达两米，一些有着像意大利面一样细长的胸鳍和腹鳍。只有澳大利亚的肺鱼还在用鳃呼吸，而其他五种肺鱼完全依靠一对肺吸氧气。所以，像多鳍鱼一样，肺鱼很有可能在水中窒息。不过，这的确意味着即使在没有水的情况下，肺鱼依然能够存活。非洲和南美洲的肺鱼可以用嘴在泥中啃咬出一个洞，并在洞内填满黏液，然后蜷缩其中，度过漫长的旱季，如此便可存活四年之久。雨季来临时，肺鱼从泥洞里钻出来，看到什么便吃什么，通常吃下的是另一条刚刚苏醒、昏昏沉沉的肺鱼。它们的寿命很长，至少在

1　实际上，肺鱼有一对鼻孔，与嘴巴相连，皮肤上的受体与水中气味分子结合，使它得以吸水。大多数真骨鱼的鼻子也有盲囊结构，因此可用两个鼻孔吸水。

圈养环境下如此。1933 年，人们在澳大利亚野外捕获了一条肺鱼，之后养在了芝加哥谢德水族馆内，这条鱼最终于 2017 年与世长辞。因其高寿，人们都称它为"爷爷"。

有一段时间，人们认为可能存在第七种肺鱼。继第一种肺鱼于澳大利亚被发现后，过了几年，也就是 1872 年，人们在昆士兰北部发现了另一种肺鱼。当时的布里斯班博物馆馆长卡尔·斯泰格（Karl Staiger）在早餐中吃到了肺鱼。这条肺鱼长 45 厘米，体表覆盖着巨大的鳞片，鼻子呈扁平状，与鸭嘴兽的嘴巴惊人地相似。吃鱼前，斯泰格拿着叉子的手悬在半空，好让人画出这条奇怪的鱼，并写了一些笔记，然后他才开吃。法国博物学家弗朗西斯·德·卡斯特诺（Francis de Castelnau）收到了这些笔记和图，将这一新物种命名为扁嘴雀鳝，认为它是一种新的肺鱼，与北美鳄雀鳝有关联。但人们再未发现这一物种的标本，约 60 年后，悉尼一家报社收到了一封信，信中提到了这一奇怪生物并揭露了真相：实际上，斯泰格的早餐就是一场骗局，不过是将鲻鱼的身子、鳗鱼的尾巴、鸭嘴兽的嘴和澳大利亚肺鱼的头拼接在一起罢了。

时至今日，肺鱼的研究仍处于风口浪尖，在化石和演化研究、胚胎学、分子测序等领域受到了广泛关注，但仍有一些问题悬而未决。其中一个问题是：鱼类首先演化出的是肺还是鱼鳔？它们是不是先演化出了肺和可渗透气体且布满血管的器官，然后再将这些器官作为密封的漂浮装置？是鱼鳔演化出了肺，还是二者是独立形成的？

胚胎时期，鱼鳔和肺都从肠道的一个囊发育而来。没有鱼能同时拥有这两个器官，所以，相比于克拉克·肯特（Clark Kent）和超人是同一个人却拥有不同身份，鱼鳔和肺不可能同时出现。

你可能认为鱼鳔是鱼的一种独特特征，因为我们见过的所有鱼类均有此特征。然而肺鱼没有鱼鳔，这表明肺的形成时间可能更早。

几年前的一项研究证实了这一观点。来自纽约康奈尔大学的萨拉·隆戈（Sarah Longo）将肺鱼、匙吻鲟、鲟鱼、弓鳍鱼、雀鳝和多鳍鱼逐个放入 CT 扫描仪[1] 中。通过扫描，她可以仔细观察这些鱼的血管的详细排列，揭示长有肺[2] 的鱼（肺鱼、弓鳍鱼和多鳍鱼）和长有鳔的鱼（鲟鱼、雀鳝和匙吻鲟）之间的关键相似之处。隆戈发现所有这些器官都连接着一对肺动脉，血液经同一根血管从心脏流向肺部。但在鲟鱼和雀鳝体内，这些血管有所退化，因此从未被人们发现。实际上，它们的鱼鳔和更古老的鱼类的肺一样，均由同一根血管连接。这也从另一方面证明，鱼先演化出了肺，而后为了适应环境才形成了鱼鳔。

肺鱼在鱼类演化树的同一分支上还有两个近亲。这三种鱼统称为肉鳍鱼（或肉鳍鱼类），它们与辐鳍鱼的主要区别在于，它们的鳍有肉质，连接尾部和肩胛骨。正如我们所见，肉鳍鱼分离出的第一根枝杈指向何种鱼还不太清楚，但毫无疑问，所有鱼类在鱼类演

---

1   这些机器用于医学成像，可获得完整活组织的高分辨率切片，切片可合成 3D 图像。

2   人们认为弓鳍鱼的"肺"实际上是一种演化后的鱼鳔。

化史中都至关重要。

空棘鱼（coelacanths）可能是当今最为人所熟知的鱼类，人们以为它们早在数百万年前就已经灭绝了。直至 1938 年，定期去当地码头的南非生物学家玛乔丽·考特尼 – 拉蒂迈（Marjorie Courtenay-Latimer）在渔民们捕捞的鱼货中发现了奇怪的东西。这是一条淡紫色的大鱼，体表有闪光的银色斑纹，尾巴呈三叶状，还有四个巨大的肉鳍。拉蒂迈将这条两米长的鱼搬上手推车，随后运走，寻找保存遗体的地方。这一发现就像一头活生生的迅猛龙从遥远的沙漠中慢步走来，既出人意料，又令人激动不已。最终，南非鱼类学家 J.L.B. 史密斯为这种鱼创造了一个全新的属，并以拉蒂迈的名字命名，即拉蒂迈鱼（latimeria）。

如今已经确定，至少有两种空棘鱼生活在深海中布满洞穴的火山斜坡处。玛乔丽发现的新物种栖居在科摩罗群岛周边，以及马达加斯加、莫桑比克和南非海岸附近。1998 年，另一位生物学家马克·厄德曼（Mark Erdman）在印度尼西亚的一处渔市发现了第二种空棘鱼。曾经至少有 80 种空棘鱼游荡在世界各地的海洋和淡水水域，但已知的现生后代中仅有这两种 [1]。

1　空棘鱼仍面临灭绝威胁。国际自然保护联盟将这两种空棘鱼列为极度濒危和易灭绝物种，主要由于小规模渔业仍会偶然捕获它们，于是，那些认为吃空棘鱼能延年益寿的傻瓜们愈发变本加厉。

自从空棘鱼被重新发现以来，人们发现了更多关于空棘鱼习性的细节。雌性会产下体积大过棒球的卵，这些卵自孵化到发育完全需三年之久（这一过程称为卵生）。白天，成年空棘鱼挤在 250 米深的洞穴里，也难怪科学家们这么久也找不见它们。夜晚，它们会下潜 500 米，捕捉鱼类和乌贼。起初，人们认为空棘鱼可能会用肉质的鳍在海床上潜行，但微型潜艇拍摄的画面显示，它们漂浮在海底，并用两对鳍呈对角线划动，如同蜥蜴爬行一般。但空棘鱼并非两栖动物、爬行动物或其他四足动物的直系祖先。为此，我们需要看看另一组肉鳍鱼和另一种肺鱼的近亲。

　　穿越至约 3.8 亿年前的泥盆纪，空棘鱼、肺鱼以及肉鳍鱼的另一分支（称为四足形类[1]的变异种群）正同游一片海域。有些看起来像肺鱼，在开阔的水面游动；另一些更像巨型蝾螈，它们没有鳍，却有四肢。它们在沼泽和湿地的植物丛中爬行，还能抬起头，掠过肩膀向后看，然后挥动八只小指头。

　　随着一系列引人注目的化石浮出水面，所有这些早已消失的动物一一出现在古生物学家们的视线中。其中，最新发现的是提塔利克鱼（tiktadlik）——2004 年，人们在加拿大北部的埃尔斯米尔岛看见过它的身影。提塔利克鱼形似肺鱼和小型鳄鱼的结合体，可能会在浅水区徘徊，它会猛地冲出来，以躲避大型掠食性鱼类的利嘴，或捕食正要爬上陆地逃跑的昆虫。

1　四足形类动物现已全部灭绝，其中包括真掌鳍鱼（eusthenopteron）、潘氏鱼（panderichthys）、鱼石螈（ichthyostega）和棘螈（acanthostega）等。

提塔利克鱼和它泥盆纪时期的同胞们经历了一系列从水生向陆生的转变，向世人展现了别致的生物序列，或许就连查尔斯·达尔文也会对它们研究一番。这些肉鳍鱼的骨骼排列表明，肉鳍鱼先是渐渐适应了邻水区，接着才去更远的陆地生活。因此，四足动物祖先的演化过程并非一蹴而就，而是循序渐进、分阶段进行。这就是古生物学家一直找寻的"缺失的环节"，即鱼、蛙之间的水生向陆生过渡过程。

这些过渡鱼类在多年前如何迈出上岸第一步尚未可知，但最近对现存鱼类的研究为我们提供了振奋人心的新线索，比如约翰·巴吉特毕生寻找的奇怪鱼类——多鳍鱼。虽然多鳍鱼并非四足动物的直系祖先，但我们可以从它身上了解已灭绝鱼类是如何学会走路的。

水位下降时，多鳍鱼会用胸鳍四处爬行。2014 年，蒙特利尔麦吉尔大学（McGill University）的艾米丽·斯坦登（Emily Standen）发现多鳍鱼能够快速提升行走能力。她将一些多鳍鱼养在一个装满水的普通水族箱内，另一些鱼养在装有浅浅一层水的水族箱中，水的深度不足以让多鳍鱼在箱内游动。一年后，与能够在水中游动的多鳍鱼相比，另一水箱中的多鳍鱼改变了行走方式：它们把头抬得更高，鱼鳍与地面贴得更紧，因此滑倒的次数有所减少。不仅如此，它们的骨骼和肌肉也因适应了新的生活方式而发生变化。由于提塔利克鱼及其近亲适应了陆地生活，人们在它们的骨骼化石中也发现了类似的结构重塑。此前，科学家们从未证实这类鱼的行动方式的可塑性，这一特性体现了鱼类的灵活性，说明它们能快速适应变幻莫测的外部环境。

现存鱼类中，空棘鱼和肺鱼是否与四足动物的关系最近还未有定论。数十年来，分类学家一直在不断重新排列演化树上的枝条，时至今日，虽有最新的遗传学研究成果，但争论仍未休止。2013年，空棘鱼的基因组测序完成，所有线索已准备就绪，但仍无法解开谜团。部分问题在于对照组动物群体的选择，也就是所谓的外类群。两个独立的研究小组取用板鳃动物（鲨鱼和鳐鱼）为外类群，将肺鱼列为四足动物姊妹群的首位。一切似乎都没有破绽，直到2016年的另一项分析，让情况发生了改变。一个来自日本的研究团队将真骨鱼作为外类群，结果空棘鱼就成了四足动物的近亲。然而2017年，该团队再次尝试将雀鳝和弓鳍鱼作为外类群，这才恢复了肺鱼与四足动物的亲缘关系。研究结果可能会再次改变，但目前而言，那些嚼着泥土、呼吸空气的肺鱼是与人类亲缘关系最近的鱼类——约4亿年前，我们有着共同的祖先。

〜〜〜

让我们从暂停的地方沿着鱼类演化树继续行进，来到12个分支中的第9个，这儿的主人至少在4.5亿年前就已经从主干中分离出来。除真骨鱼外，它是唯一一种仍有少量现存物种的鱼类。让我们正式欢迎板鳃类（elasmobranch）！板鳃类一名源自希腊语，意为"被敲打的金属鳃"，也许是因为敲打过的金属易弯曲、有弹性，所以这一叫法算是对其柔软骨骼的肯定。

如今，我们可以发现约一千种板鳃鱼类在海洋中遨游、栖居，其中约一半是鲨鱼。它们身形圆润笔直，鳃长在身体两侧，常见的有大白鲨、太平洋鼠鲨（salmon sharks）和灰鲭鲨（makos，包括所有种类的鲭鲨）、大青鲨、远洋白鳍鲨（oceanic whitetips）和各种礁鲨（reef sharks，包括所有真鲨）。此外，还有许多不为人知的种类：有的神经兮兮，有的婀娜多姿，有的羞羞答答，还有的可称为盲鲨（如此称呼，并非它们真的看不见，而是因为它们从深海游到有光线的海域时，会紧紧闭上小眼睛）。此外，还有豹纹鲨（zebra sharks）和糙齿鲨（crocodile sharks），会咧嘴笑和哭的猫鲨，以及灰六鳃鲨（cow shark，又称牛鲨）和蛙鲨（frog shark）。

板鳃类的另一半为鳐鱼，它们全身呈扁平状，底部有鳃和嘴，顶部有喷水孔，如黄貂鱼（stingray）、面具虹、电鳐和电鳗，以及蓝宝石鳐（sapphire skate）和小白鳐（munchkin skate）。它们形态各异，有的形似风筝，有些则是完美的圆形。鳐鱼大多平躺在海底或河床上[1]，除了一双突出的眼睛外，大部分身体都被沉积物埋着。蝠鲼和鹰虹等在开阔水域中畅游时，会拍打翅膀一样宽阔的胸鳍。

有些鲨鱼身形和鳐鱼相似，呈扁平状，并且腹部可以摊开趴在海床上。须鲨（wobbegong）身披斑纹，嘴部附近垂下挂满青苔的触须，因此可以和礁石融为一体静等猎物。锯鲨（sawshark）吻部较长，两侧长有牙齿，可用于找寻藏身海底的猎物。它们看起来很像锯鳐（sawfish），不过，一看鳃的位置便知谁是锯鳐谁是锯鲨：锯鳐是鳐鱼，鳃位于身体下部；锯鲨是鲨鱼，鳃长在身体侧面。

1　与几乎栖居于海里的鲨鱼不同，许多黄貂鱼生活在淡水中。

自从潜水以来，我一直渴望见到鲨鱼，并且从未觉得它们可怕。除了偶尔见到几头鹿，我在英国很少看到大型野生动物，因此对我而言，能近距离接触鲨鱼实属快事。很多人误认为鲨鱼全是食人血肉的危险猛兽，我的朋友和家人也这么认为，因此我决心为鲨鱼正名。

我在伯利兹进行了为期两个月的潜水探险，当时我深信自己必会发现一条鲨鱼。在近海礁石上潜水两三次之后，我开始泄气了。然而，就在离开的前几天，我终于看见了曙光。等待让此次相遇变得更加令人心满意足，我也深知，相遇如此艰难，罪魁祸首必定是数十年的过度捕捞。

第一次遇见鲨鱼时，我正在漂流潜水，当时水流湍急，流速比我平时游泳的速度快许多。此时，我发现前面有一条大黄貂鱼，而它旁边有一条护士鲨（说明有些鲨鱼即使不游动，也不会窒息）在沙滩上安静地打着盹。于是我游了过去，刚好看到那条竟比我还大的鲨鱼，它灰色的皮肤十分光滑，眼睛很小，圆钝的吻部下挂着一撮似是修整过的胡子。它抬起头，缓缓地拍打尾巴，窜进水流溜走了。

护士鲨多在夜间活动。晚上，它们游到暗礁附近找寻一番，看看海底有没有藏着螃蟹和软体动物。与其他板鳃类动物一样，护士鲨也有感觉器官，可探测到活体发出的弱电场。不捕猎时，护士鲨会歇上一整天。由于活动量少，它们的能量消耗得到最大限度的减少，即使周围没有太多猎物，依然可以存活。与真骨鱼相比，鲨鱼的代谢率非常低——它们耗氧少、能量需求低，因此食量也不大。大白鲨啃食漂浮的鲸类尸体后，可能在接下来的六周内都无须补充能量；而一条鲑鱼的食量至少是同体型鲨鱼的四倍。护士鲨是所有鲨鱼中耗能最低的，并且新陈代谢率也是目前最低。2016 年的一项研究显示，比起灰鲭鲨等快节奏活动的鲨鱼，护士鲨每公斤体重单位时间内耗氧量要少 80% 左右。

这种节能方式是所有板鳃纲生物的"优良传统"，也是它们繁衍不息的关键。板鳃纲生物的骨骼重量较轻，是轻巧的软骨而非沉重的硬骨，人类鼻子和耳部的弹性组织与这种软骨类似。鲨鱼有着巨大的油性肝脏，功能与真骨鱼的鱼鳔类似，可减缓下沉速度，保持漂浮状态，从而提高游动效率。将干燥空气中重达一吨的姥鲨置于水中时，由于肝脏增加了浮力，它的体重仅 3.3 公斤。肝油是维生素 A 的来源之一，也可用作航空工业的高级润滑剂，于是 20 世纪，人们大肆捕杀姥鲨以获取肝油。[1] 由于肝油富含角鲨烯，可用于制造化妆品和痔疮霜，即便如今，人们仍在捕杀各种深海鲨鱼以获取这种物质。[2]

此外，板鳃类鱼的皮肤也能帮助它们提升捕食效率。不同于真骨鱼，它们的鳞片上覆盖着微小凹凸的小齿，这种齿状物由牙齿高

---

[1]   如今，姥鲨受到欧盟的法律保护。

[2]   尽管几乎没有证据表明角鲨烯有任何健康益处，但保健品公司仍以胶囊形式出售角鲨烯。

度演化形成，可减少阻力，如此，它们便可在水中畅游。板鳃类鱼的身形也因此更具流线型，游动时更自由、安静，便于接近猎物。

这些高效的板鳃类鱼也更长寿，锯鳐的寿命长达 40 年，角鲨能存活百年之久。2016 年，科学家宣布格陵兰睡鲨（Greenland shark）为世界上最长寿的脊椎动物。格林兰睡鲨居于北极深水区，身长可达 7 米，体表呈斑驳的灰色，仅有一片非常小的背鳍，看起来更像巨型海豹而非鲨鱼。人们可通过它们的眼睛推算出年龄。20 世纪 60 年代，人类进行大气层热核武器试验时，一颗核弹落入海中，从此，核弹所产生的放射性危害渗入海洋生态系统。研究人员通过格陵兰睡鲨晶状体上放射性物质的放射周期，推算出它们至少可存活 270 年，甚至可达 400 年。在漫长的生命中，许多睡鲨都缓慢地生长着。大白鲨只需生长十几年就会性成熟，而格陵兰睡鲨可能要等到 150 岁的时候才会首次交配。

当板鳃类鱼终于能繁衍后代时，通常会见上一面，再结为伴侣并交配。而真骨鱼等大多数其他鱼类，都不会如此。[1] 偶尔，潜水员会恰好碰见这一盛况，还能一瞥求偶仪式。且看这一幕：一只处于发情期的雌性珊瑚礁蝠鲼（reef manta ray）在前面游着，后面跟着数十只求偶的雄性，乌泱泱的一大群四处巡游，场面甚是壮观。或许为了找出最强健的潜在伴侣，这只雌鱼扭动着身体，在海里翻腾，甚至一跃而起，以求关注。当她最终敲定另一半时，会让雄鱼

1　除个例外，一般鱼类的交配方式为：雌性在水中产卵，雄性射出精子，从而体外受精。

的嘴贴着自己的胸鳍，雄鱼则会用小齿（并非吃东西的牙齿）一口咬下去。此时，可能会有情敌过来，试图将这只雄鱼打倒，但如果他紧紧咬住雌鱼的胸鳍不放，身体就会翻转，他与雌鱼的腹部就会紧贴在一起。

和所有雄性板鳃类鱼一样，蝠鲼有一对演化的腹鳍，称为鳍脚，悬于身体下方。它们看起来像伸出的睾丸，作用同阴茎，即将精子送入雌鱼体内。蝠鲼与空棘鱼一样，为卵胎生，受精卵会留在雌性体内并孵化。经过长达一年的孕期，受精卵发育完全后，蝠鲼幼崽降生（为单胞胎或双胞胎），它们裹在父母宽大的鳍内，如同裹在毯子里的婴儿。[1]

锤头鲨、蓝鲨和其他鲨鱼均为胎生，也就是说，雌鲨通过脐带为未出生的幼崽提供食物和氧气，与哺乳动物的生育方式类似。这类鲨鱼也会产下少量发育完全的幼崽。板鳃类鱼的第三种繁殖方式就是在海床上产卵——并非卵胎生，而是带壳卵生。它们产下的卵被坚韧的皮革质卵壳包裹，看起来像巨型意大利饺子，常被称为"美人鱼的钱包"。幼崽从中爬出后，空无一物的卵壳常被冲至岸上。根据卵壳的形状和大小，可辨认它属于哪一物种。猫鲨的卵壳两端都有长长的卷须，可缠在海藻上。澳大利亚海岸附近的黑虎鲨（port jackson shark）会产下螺旋形卵壳，随后叼起卵，塞入岩石缝中。十个月后，幼崽孵化成功，长约 20 厘米，足足有本书页这么长。

1　"蝠鲼（manta）"一名源自西班牙语，意为"毯子"。

少数板鳃类鱼会有第四种繁殖方式，即无性生殖。众所周知，雌性窄头双髻鲨（bonnethead shark）、豹纹鲨、东太平洋绒毛鲨（swell shark）、斑竹鲨（bamboo shark）和锯鳐均在无雄性参与的情况下分娩。其卵子虽未受精，仍可直接发育成胚胎，孵化出与母体基因相同的后代。雌鲨在难以找到配偶时，可用此法繁殖，高效易行。无性繁殖常见于昆虫，但一些爬行动物、鸟类和两栖动物也会采用这种方式（据人们所知，没有现代克隆技术的辅助，哺乳动物无法进行无性繁殖）。

无论如何繁育后代，板鳃类鱼都有一个非常重要同时十分明显的特征，即体型大。大多数黄貂鱼至少和垃圾桶盖一般大，有些也许会更大。2015 年，人们在泰国的一条河里捕获了一只宽 2.4 米以上、体长（从鼻子到尾巴）超过 4 米的淡水缸鱼（freshwater whipray）。试想将一头大象熔成一个球后，再将其踩扁，这条淡水缸鱼便是这般模样。其尾部末端有一根长 38 厘米的毒刺，表面覆有大片由牙齿高度演化而来的小齿，这种齿状结构常见于板鳃类鱼的体表。如果你以为这根毒刺是用来攻击敌方，那就大错特错了。黄貂鱼只是用它来保护自己，起到防御作用。

鲨鱼中，侏儒额斑乌鲨（dwarf lantern shark）的体型较小，你甚至可以轻而易举地将其收入囊中。但大多数成年鲨鱼要大许多，包括目前世界上最大的三种鱼类：鲸鲨、姥鲨和巨口鲨，它们的体长在 7 米 ~20 米。与此同时，超过一半的新生鲨鱼在海中学习游泳的时间，比人类蹒跚学步的时间还要长。

在鱼类演化树的这一分支上，板鳃类鱼还有其他鱼类做伴。有这样一群鱼在深海畅游：它们的头像兔子脑袋，嘴巴小，牙齿也小，身体呈锥形，后部拖着一条缎带般的尾巴。这种鱼类属银鲛科[1]，有时也称为鼠尾鱼。在 4.2 亿年前的志留纪时期，这一姊妹类群就从板鳃类中分离出来。许多银鲛科鱼的脑袋千奇百怪，鼻子也形态各异，看起来像被人抓住后做了个整形手术。雄性银鲛科鱼的头部通常有一个可伸缩的器官，会在交配时派上用场：该器官会伸出一个尖头，对准雌性头部的凹处插入，防止她在兴致正浓时游走。

沿着美国太平洋西北海岸，夜间冒险出海的潜水员可能会瞥见一种俗称"神仙鱼"的银鲛科鱼。它们有着翠绿的大眼睛，闪亮的青铜色皮肤上覆盖着白色斑点。它们会在开阔的海面游动，轻摆三角形胸鳍，缓缓转圈。数年前，在华盛顿州的普吉特海湾（Puget Sound），研究人员发现了一条白化病银鲛科鱼，它通体纯白，是一种罕见、没有其他颜色的鱼，宛如真正的天使。

✑

在鱼类演化树的底部，仅有两个种群，但它们并非简单的一一排列。事实上，这也是这棵树最具争议的部分，或对整个脊椎动物类别都有影响。

最末的这两类鱼长相与鳗鱼相似，尽管位于底部，却是身形细

1　全头亚纲拥有数十种化石物种，银鲛科是唯一幸存者。银鲛科与板鳃类一起组成了软骨鱼纲。

长的真骨鱼的唯一远亲。它们身体的一端为圆嘴，另一端是扁平的桨状尾巴，而且二者在鱼界都声名狼藉。七鳃鳗刚出生时攻击力微弱，下属的 38 个种类均在河流中产出幼崽，它们会在泥里埋上几年，滤食水中漂浮的食物。接着，它们会长成一米长的寄生体，移居海中。此时，它们会牢牢附着在寄主体表，寄主通常是某种真骨鱼，并用锋利的舌头在寄主身上刮出一个洞，吸食其血肉。饱餐一顿后，七鳃鳗会摆脱旧寄主，寻找新目标，而上任寄主因失血而精疲力竭，甚至可能死于伤口感染。

七鳃鳗　©The New York Public Library

鱼类演化树底部的另一种群是盲鳗，它们的粉红色皮肤松散无鳞，好似爬进了一只长筒袜中。相比七鳃鳗，它们和文雅几乎不沾边，且饮食习惯令人生厌——它们会将尸体里里外外吃个遍。在沉入海底的死鱼或死鲸的腐烂尸体内，你很可能会找到 70 多种盲鳗中的一种。它们会从动物身体的任何部位钻入，或是现成的孔，或当场撕开一个洞，然后气定神闲地享受盛宴，最后只剩下皮和骨头。

盲鳗有两个奇怪的习惯，使其有别于其他动物。首先，它们有一种神奇的能力，可分泌大量黏液。如果将盲鳗置于水桶中，很快你就会得到一桶透明的软泥，产自盲鳗身上的毛孔。2017 年，一辆运送 3.4 吨活体盲鳗的卡车在俄勒冈州侧翻，满地都是盲鳗，它们分泌的白色黏液粘满了高速公路。紧急救援人员用高压水管和推土机，花费了数个小时才清理完毕，而成千上万的盲鳗仍在黏液上四处滑动。这些盲鳗本来要送至韩国，那儿的人们食用盲鳗，并将黏液作为蛋清的替代品，用于烹饪。同时，研究人员也忙着研究盲鳗的黏液，试图提取这种线状蛋白质，制造新的材料和纤维面料。

人们认为，盲鳗用这种黏液堵塞捕食者的鳃，从而脱身。但事实上，如果一不小心，盲鳗很容易被黏液蒙住口鼻，窒息而亡。为避免这种情况，它们会把自己打成结——这也是它们的第二个聪明手段——然后身体穿过这个结，便可避开黏液。如果你抓住一只盲鳗，它们同样会将自己打结，再用这个结推开你的手。

一般而言，七鳃鳗和盲鳗不具有其他鱼类的特征，以此可将它们区分开来，比如它们都没有下颌。它们是仅存的无颌鱼（后文将提到许多其他早已灭绝的无颌鱼）。它们也没有完整的脊柱，但有一个由软骨组成的头骨，以及一条沿着背部伸长的神经索，也就是脊索。因此，它们被认为是两种最古老的鱼类。七鳃鳗和盲鳗，谁先完成演化？这一问题似乎并不重要，却是生物演化问题的争论核心。

人们普遍认为，约 5 亿年前，盲鳗就已完成演化，开启了整个脊椎动物谱系。然而，最近的遗传学研究提出另一种观点，即盲鳗不是最古老的鱼类，而只是七鳃鳗的姊妹群。若如此，二者成为脊椎动物演化树不同分支上的两个关系紧密的种群。

由此可知脊椎动物和无脊椎动物之间的明显差距，即无脊椎动物没有脊椎。和脊椎动物最近的无脊椎近亲是被囊动物，也称为海鞘（sea squirt）。成年海鞘会定居海中，黏附在礁石上，静静地滤食水中生物。幼年海鞘则会表现出与脊椎动物的亲缘关系——形如蝌蚪，扭动着身体，背部有一条僵直的脊索，可四处游动。这使得海鞘成为脊索动物中的一员，脊索动物是脊椎动物所在类群的主要分支，如果我们沿着鱼类演化树移步到下一分支，就会发现它们。

　　人们正在寻找介于海鞘和脊椎动物之间的物种。最早的脊椎动物，也就是盲鳗、七鳃鳗和其他鱼类的共同祖先，是什么模样呢？这才是脊椎动物演化树上真正缺失的环节，就在树的根部。仰头望向顶部摇曳的枝杈，我们可以看到成千上万的物种：骨架由硬骨或易弯曲的软骨构成的鱼；栖居于山间溪流和深海的鱼；有肺或有腿的鱼。这棵树上还栖息着其他所有脊椎动物，从穿行于海中的鲸鱼和海豚，到拼尽全力成为两栖动物的人类祖先，它们都要带着"水肺"才能在海中遨游。不过，人们尚不清楚这一伟大血统究竟源自何处。

比目鱼为何不笑了？

马恩岛传说

很久以前，在迷人的马恩岛附近海域，所有的鱼聚集于此，决定选出一位海中之王。每条鱼都希望自己当选，所以都美美地打扮了一番。

其中有一条红鲂鱼（red gurnard），人称"加格船长"，身穿一件华美的深红色外套；还有一条高大威猛的鲨鱼"灰马"，如往常一样凶巴巴，却把它那鲨鱼皮擦得闪闪发亮。一条名为阿塔格的黑线鳕（haddock）也来到了选举现场，此时还在努力擦去魔鬼在它皮肤上烫的黑点。

鲭鱼布雷·戈姆大摇大摆地晃悠着，信心十足，认为自己必会当选。它竟将大海和天空的颜色都穿在了身上，没错，就是那件细条纹外套，蓝得耀眼，仿佛身披钻石一般。但其他的鱼对这种招摇过市的行为不屑一顾，也不喜它那俗丽的装扮，于是转过身去，不予理睬。

最终，鲭鱼布雷·戈姆落选，而鲱鱼斯凯丹才是真正的赢家。正当所有鱼在庆祝新王登基时，另一条也希望成为国王的鱼却姗姗来迟，它就是比目鱼福禄克。"你来得太晚了，"所有的鱼向它喊道，"斯凯丹现在是国王了！"比目鱼大费心思，做足了准备，还为此在身上缀以红斑。"那我该怎么办呢？"它哭喊着。鳐鱼斯卡拉格说道："看招！"话音落下，便用尾巴拍打比目鱼，导致它的嘴巴歪到了脸的另一边。从此，比目鱼一直是这般模样，再没笑过。

第三章

五彩斑斓的鱼

一条通体呈香蕉黄、浑身印着墨蓝色条纹的鱼游经我面前，一双亮晶晶的眼睛藏于"黑色面具"之下，看着像是揣着宝石的盗贼。某种程度上，皇帝神仙鱼（emperor angelfish）做到了美艳与端庄兼备，我想这也是我如此喜欢它们的一个原因。在神仙鱼中，我眼前的这条个头挺大，大约有我的指尖到手肘那么长。它游到礁石暗处，确保安全后，又转过身瞧着我。

　　我一直惦记着它们。每每在海中瞧见这种鱼，我的内心就会感到满足，因为我知道它们就在那儿，不会游向别处，即使我没见着它们，也会有一种归属感。我曾在红海、马尔代夫、菲律宾、澳大利亚和斐济见过神仙鱼，虽然海域不同，看到的却是同一张面孔。

　　此时，我身处拉罗汤加岛（Rarotonga）——南太平洋上一座群山起伏、层林叠翠的岛屿，周围环绕着珊瑚礁和清澈的蓝绿色潟湖。涨潮时，我从海滩上涉水而出，不需要船，穿梭在珊瑚巨石之间，还能观观鱼。只要不退潮，我就能一直享受这惬意时光。

潟湖里的生命色彩斑斓，仿佛置身一个没有玻璃外墙的大型水族馆。我在水中划着，想要饱览一番。放眼望去，珊瑚礁色彩多样、形状各异，令人眼花缭乱，难以看见鱼的踪影。但在这纷繁的水下世界，总有办法发现鱼儿，并将它们对号入座。

首先看鱼的形状。即使是同一种类的鱼，外观轮廓也截然不同，由此可辨别子弹形状的隆头鱼，身形椭圆的小雀鲷，以及壮实的宽尾石斑鱼和纤细的叉尾鲷鲷。你也可以根据关键特征加以区分，如锯鳞鱼（soldierfish）的大眼，绯鲵鲣下颌处的那撮触须，以及鼻鱼（unicornfish）的前额。一旦脑海中有了雏形，你就会开始注意到外形相似的鱼群，而且它们的行为和行进方式也很相近。小雀鲷属于小型鱼类，它们成群结队地在珊瑚群上方徘徊，当你靠近时，它们会在珊瑚枝丫间穿行，在你的指缝间游窜。鳚鱼往往藏身于珊瑚巨石中间，偶尔探出头。虾虎鱼的长相和鳚鱼相似，但体型更大，常与虾做伴，生活在海底洞穴中——虾负责把沙砾铲出洞外，虾虎鱼则小心翼翼地在外望风。隆头鱼和鹦嘴鱼拍打着胸鳍，依靠推力在水中划动；鳞鲀（triggerfish）摆动着大背鳍和臀鳍前行；天竺鲷（cardinalfish）则静静地靠在礁石上。

再者，可通过观察鱼的颜色和花纹缩小范围，识别特定的物种。最容易辨认的是蝴蝶鱼（butterflyfish）和神仙鱼，它们体表的颜色丰富，斑点和条纹醒目。熊猫蝴蝶鱼（panda butterflyfish）和浣熊蝴蝶鱼（raccoon butterflyfish）很容易识别，它们和毛茸茸的熊猫、浣熊一样，眼部花纹黑白相间，仿佛戴着眼罩一般。雀点刺蝶鱼（keyhole angelfish）通体呈深蓝色，腹鳍有一处椭圆形的白色斑块，形如钥匙孔，让人不禁想要凑近瞧瞧。

当你逐渐了解鱼类并能开始辨别时，你会在脑海中记下陌生物种，以便日后查找。在拉罗汤加潟湖时，我就使用了这个方法。我在这儿发现了一种白黄相间的蝴蝶鱼，它的身上有一个黑色的斑点，好像被雨淋了一样；我还遇见了一种神仙鱼，通体呈黄色，鳍的边缘为霓虹蓝色，每只眼睛都围在一个圈里，好似戴了副眼镜。后来，我在鱼类识别指南中翻找了一遍，才知道这两条鱼分别为单斑蝴蝶鱼（teardrop butterflyfish）和柠檬皮神仙鱼（lemonpeel angelfish）。

有时，还需注意当地的罕见鱼类。比如，我在拉罗汤加岛注意到了一条猩红色的神仙鱼，它的体表有五道条纹，颜色与薄荷色相近，这就是红薄荷神仙鱼（peppermint angelfish）。1992 年，人们在拉罗汤加岛的一处海底珊瑚礁上发现了它，此前从未在其他地方见过此鱼。华盛顿特区史密森学会（Smithsonian Institution）在一次科学考察中发现此鱼的活体，并捐赠给夏威夷威基基水族馆（Waikiki Aquarium），以便日后研究，同时也让公众可以观赏此鱼。许多私人鱼类收藏家想要购买这条外观奇特的小鱼，并给出高达 3 万美元的报价，但均被水族馆的饲养员拒绝。红薄荷神仙鱼只在深海现身，远远超过了我的肺部承受能力，我在深海无法呼吸。于是，我和自己打趣道，说不定我真能有机会一睹真容呢。

潮水开始退去，潟湖中的水渐渐流出，我依依不舍地拖着脚步朝海滩挪去。我还能看见色彩明艳的鱼儿游来游去，许多鱼还未成年，但随着年岁增长，它们身体的颜色也会改变。在它们中间，我发现了一样"绝世珍品"，感到十分欣喜，它甩了一滴水到我的面罩里，水滴流入了我的鼻腔。它的形状和大小就像一颗巨大的蓝莓，淡黄色的体表上布满黑色圆点，它翘着嘴，身体不停地左右摆动，看上去像是一个被顽皮孩童拖在身后的小氦气球。但实际上，它是一条年幼的"黄色盒子鱼"（yellow boxfish，又称粒突箱鲀）。发育成熟后，它的球状轮廓会变成方形盒子一般，体表颜色会从亮黄色变成脏芥末色，再变成蓝色。

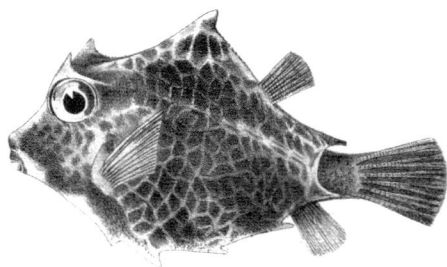

箱鲀　©De Kay, James E.（James Ellsworth）

　　毕加索鳞鲀（Picasso triggerfish，又称阿氏锉鳞鲀）也在潟湖巡逻。它的大小和外形有如一个扁平的橄榄球，侧身的黄色和茶褐色花纹错落有致，像是一幅喷绘作品；身上的四条白色纹路如同艺术家用手指蘸着未干的颜料留下的杰作。在它金色的双眼间，飘着几道深蓝色条纹，面部还有荧光蓝的泪痕，上唇铅笔形的胡子正好与这模样相配。这副夸张的装扮会伴随毕加索鳞鲀一生，即便刚出生也不例外。最后，我站起身，走到海滩，又看了一会儿这些小鱼。远远望去，它们在这一指深的水中游动，身上的花纹也缩得很小，但仍不难认出。

鳞鲀　©The New York Public Library

　　除了珊瑚礁外，这些色彩斑斓的鱼还有其他居所。当成年银鲑（coho salmon）离开寒冷的北太平洋水域到森林环绕的河流中产卵时，它们的体色会从银色变成深红色。我在英国南海岸的潮池中看到了紫色叉鼻喉盘鱼（*Lepadogaster purpurea*），它的背部点缀着蓝绿色斑点，犹如绿松石一般闪闪发光，又像一双双眼睛凝视着我。在北美，沿着旧金山和下加利福尼亚之间的海岸，脾气暴躁的勃氏新热鳚（sarcastic fringehead）分布在此，居住于大号的空贝壳中。雄性勃氏新热鳚会互相攻击，展开激烈的肉搏战，双方张开大嘴，像撑开了一把红黄两色的伞。再往东，密西西比河流域澄莹清凉的溪流是近 200 种鳉鲈（darter）的家园。这些鱼如手指般大小，大多以明艳亮丽的花纹闻名，其中一些仅在某一条溪中活动。糖果鳉鲈（candy darter）那闪耀的绿玉色肌肤上饰有橙色条纹；带纹鳉鲈体表则有明亮的翠绿色宽带（banded darter）。2012 年的一项研究显示，斑点鳉鲈（speckled darter）至少有五种，每种身上的色彩都不相同。鉴于美国总统奥巴马重视清洁能源和环境保护，新发现的鳉鲈便以他的名字命名，其中，奥巴马鳉鲈（*Etheostoma obama*）体表呈明艳的橙色，带有蓝色斑点和条纹。[1]

为何鱼的色彩如此斑斓？许多鱼类学家一直在思考这个问题。研究发现，鱼类将体表颜色作为一种工具——隐身、恐吓、警告和求偶，并且十分擅长使用这项工具。由于光线发散及波长变化，光线和色彩在水下的表现方式不同，鱼类很好地适应了它们。研究色彩斑斓的鱼类的同时，也揭示了更多关于生物世界运作规律的细节。鱼类的色彩变化体现了它们惊人的演化速度，我们也可从中获得关于多彩世界如何形成的线索。

><

1857 年 12 月，博物学家兼收藏家阿尔弗雷德·拉塞尔·华莱士（Alfred Russel Wallace）抵达印度尼西亚的安汶岛（Ambon），租了一艘船，跨越海湾，到达该岛的内部。他历经八年时间，用脚步丈量了 2.2 万千米路程，最终完成东南亚之行。在此期间，他收集了成千上万的动物标本，对人类和野生动物进行了细致的观察，并提出了有别于查尔斯·达尔文的进化论。安汶湾的水清莹澄澈，华莱士甚至不用将头伸进水中，也能一眼望见海底，看到

1　为保护 150 万平方千米（58 万平方英里）的海域，包括诸多珊瑚礁和极度濒危的夏威夷僧海豹栖息地，奥巴马扩建了位于太平洋中部的帕帕哈瑙莫夸基亚国家海洋保护区（Papahānaumokuākea Marine National Monument），这也是其政治遗产的一部分。

从未见过的珊瑚礁。他后来在《马来群岛自然考察记》(*The Malay Archipelago*)一书中写道："这是我所见过的最令人惊叹、最美丽的景象之一。"

海底的珊瑚和海绵构成了一座座山丘、山谷和峡谷，华莱士称其为"动物森林"，"林中"栖息着鱼群，它们色彩各异，"蓝色、红色和黄色……还有耀眼醒目的斑点和宽条纹……我惊异于此，久久不愿离去。"

20 年后，华莱士写了一篇文章，探讨为什么许多生物都有鲜艳的颜色。动物们将自身裹在如此艳丽的色彩中，乍一看是在公开邀请路过的捕食者前来用餐，这一做法实在令人难以理解。当捕食者偷袭或猛扑猎物时，猎物也会利用色彩隐藏自己。尽管如此，在自然界中，动物们经历了一次又一次的演化，才拥有了大胆艳丽的色彩，这一点在鱼类中体现得淋漓尽致。华莱士认为，动物界的色彩变换出于自我保护意识。

"色彩虽艳丽，却常常能起到保护作用，"华莱士写道，"因为大地和天空，树叶和花朵本就散发着纯净而明艳的色彩。"生活在如此丰富多彩的世界里，动物们用鲜艳的颜色来隐藏自己，也就情有可原了。比如，绿色毛毛虫身上有粉红色的斑点，形似它们喜欢啃食的石南花。华莱士指出，鹦鹉、绣眼鸟、夜莺、巨嘴鸟和食蜂鸟等许多热带鸟类，都身披绿色羽毛，与其栖息地中的常绿植物相互辉映。在极地地区，对北极熊和北极狐而言，白色更利于它们隐身于冰雪之中。

华莱士提出，岩礁鱼类以体色作为伪装，隐身于艳丽的海藻、海葵和珊瑚中。他列举的例子包括海马及其澳大利亚的亲戚、有"奇怪叶状附肢"的叶海龙或草海龙。继华莱士之后，潜水员和科学家们还发现了许多其他伪装技术一流的海马，它们身上的粉红色和橙色疙瘩与它们栖息的多节海扇相衬映，或者和栖居的柔软珊瑚家园一样，也有黄色和紫色的成簇结构。

大斑躄鱼[1]（warty frogfish）是另一种具有完美伪装能力的岩礁鱼类。这种短胖的鱼通常为黄色和橙色海绵状，大多数时候一动也不动，通过改变自身的颜色和结构适应周遭环境。疣状躄鱼隐藏能力极佳，要给潜水员指明其真身所在，实在难上加难。2016年，海水温度升高导致珊瑚白化现象严重，此后不久，人们在马尔代夫发现了一条纯白色躄鱼。珊瑚产生热应激时，会排出生活在其透明组织中的微小有色藻类，从而发生褪色，变成幽灵般的白色。躄鱼对周遭变化迅速作出反应，也变为白色，甚至长出绿色的成簇结构，显然是为了呼应死去的白珊瑚上将要生长的海藻。

对于海马、躄鱼等行动缓慢的鱼类而言，上述形式的色彩伪装效果显著。但是对于更活跃的鱼类而言，它们身处变化多端的环境之中，需要更复杂的伪装。2015年的一项研究揭示了加勒比暗礁上的茸鳞单棘鲀（slender filefish）如何以迅雷之势变换体色——至少有16种不同的"装扮"供其选择，快速"变装"后，便可与周遭任何事物相协调，哪怕是一片绿色的海藻，一片苍白的花边海

---

1 在国内市场通常被叫作五脚虎、皇冠五脚虎。——编者注

扇，又或是软体珊瑚上的一片金色叶状体。这些小鱼总能根据不同的环境改变"装束"。

有些鱼甚至可以扮成猎物的模样。一种名为棕拟雀鲷（dusky dottyback）的小型食肉鱼栖居在大堡礁（Great Barrier Reef）蜥蜴岛（Lizard Island）附近的水域里，其体色可变换成黄色或棕色，并以黄色或棕色的小雀鲷为食。

瑞士巴塞尔大学（University of Basel）的法比奥·科特西（Fabio Cortesi）领导的一个研究小组进行了一项简单的实验，以测试这些捕食者如何利用身体颜色狩猎。实验区位于野生珊瑚礁处，潜水员先将黄色或棕色的雀鲷圈养在此，随后，在不同颜色的雀鲷组别中放入捕食者棕拟雀鲷，它们同样为黄色或棕色雀鲷的变种[1]。两周后，潜水员查看棕拟雀鲷的变化，发现它们改变成了与猎物相同的体色。实验室进一步研究表明，当捕食者与被捕食者体色相同时，捕食的成功率会更高。通过与雀鲷保持相同体色，捕食者棕拟雀鲷便可顺理成章地混入雀鲷群中，并接近警惕性较低的雀鲷幼鱼，让对方误以为自己是同类的成年雀鲷。如此看来，棕拟雀鲷扮演了鱼界的"披着羊皮的狼"。

即使在显眼处，鱼类也可依靠颜色和花纹隐藏自身的外形轮廓。神仙鱼的蓝黄条纹与斑马的黑白条纹雷同，让捕食者难以辨认

1　变种是指同一物种种群中出现了不同变异特征，如大小或颜色。通常，雄性和雌性之间存在差异，这种现象被称为性别二态性。

鱼的身形和具体位置。当一大群条纹鱼游过时，它们身上的条纹看上去连成一线，因此很难一一辨别。鱼类还会利用身上的花纹隐藏特定部位，比如，神仙鱼的深色"眼罩"能够帮助它们避免被捕食者啄伤眼睛。

蝴蝶鱼常依靠眼部条纹和身体上外圈呈荧光蓝的大黑点隐藏自身。捕食者误认为这是一双假眼睛，于是转移攻击点，不再针对蝴蝶鱼脆弱的头部。当蝴蝶鱼游向明显危险的地方时，它们身上的眼状斑纹也能迷惑敌人。

虽然历经了数十载的研究，仍然很难验证上述理论。而且，无论鱼类还是鸟类，蝴蝶还是飞蛾，为何都演化出了眼状斑纹，学界一直未有定论。

另一项研究同样针对蜥蜴岛附近的雀鲷，研究人员并未在任何幼鱼尾部斑纹附近发现咬痕，这表明这些斑点不会诱导捕食者攻击错误部位。莫妮卡·加利亚诺（Monica Gagliano）来自澳大利亚昆士兰詹姆斯库克大学（James Cook University），她提出，这些斑纹可能是"装饰性遗留物"，是雀鲷过去拥有的生存优势，如今已派不上用场；也可能是捕食者现在演化得更加聪明，知道了眼状斑纹的用处，不会再被愚弄。

◁×

华莱士在关于动物保护色的文章中指出，夜晚光线较弱，为了与环境相融，夜行动物的体色往往较深、较暗。相比之下，水下夜行动物的常见体色并非黑色，而为红色。赤鳍棘鳞鱼（red squirrelfish）、锯鳞鱼和大眼鲷为热带夜行鱼类。深海鱼类的体色通常也呈红色。2017 年，人们在西澳大利亚海岸首次拍摄到一种新的深海物种，名为海龙（sea dragon），体表呈宝石红色，是海马的亲戚。橘棘鲷（orange roughy）生活在深海山脉中，活着时呈砖红色，死后褪为橙色。阳光射入水中后，光线发生变化，因此这些深海鱼类都身披红色外衣。

照射地球的太阳光由多种颜色组成，每种颜色的光都有特定的波长。人类肉眼通常能感知到从短波蓝光和紫光到长波橙光和红光之间各种颜色的光。无论强弱，所有波长的光都能穿过空气，当所有光混合在一起，我们看到的即为白光。然而，阳光进入水面后，会分散为不同波长的光，波长较长的光能量较少，很快就被水分子吸收。在 20 米以下的清澈水中，几乎看不见红光。继续往深处，其他颜色的光也逐渐会被水吸收，依次为橙光、黄光和绿光。蓝光波长短，能量高，能穿透至海洋深处，这就是大多数海洋呈蓝色的原因。为了适应周围环境，许多开阔海域的生物演化为蓝色。

那么，既然红色并非海洋的颜色，为何还有深海动物和夜行动物呈红色呢？原因在于色素的作用原理。大多数物体呈现出某种颜色，是因为它们含有色素分子，这些色素分子吸收特定波长的光，并反射其他波长的光，而我们所看到的颜色就是物体反射的颜色。由此可知，秋叶呈红色，是因为它含有花青甙色素，可吸收绿光和蓝光，并反射红光。然而，当你把这片红叶带至深海时，由于没有更多的红光可以反射，它会很快褪色，先变成不显眼的灰色，然后变成黑色，即使带有红色色素，也无法显现。同理，太阳落山时，第一种消失在水中的光是红光，因此夜行动物和深海动物利用红色伪装自身。

白天，在较浅的水域，红色不再是伪装色，而是凸显自身的颜色。华莱士曾提到，颜色和花纹可作为对其他动物的警告。鲜艳的颜色可以警示攻击者注意隐藏的毒液或危险的尖刺，因此攻击者可以及时辨别，避免受到伤害，比如蜜蜂和黄蜂的黑黄两色条纹。华莱士并未提到鱼类身上有这种警示性的颜色，但这样的例子数不胜数。蓑鲉身上有红白相间的条纹，警告攻击者它们有长长的毒刺；刺尾鱼尾部末端有带毒的片状物，并因此得名，这些片状物通常为明亮的警告色。

即使无毒无害，一些色彩斑斓的鱼也会为自己"涂上"警告色。无毒害的物种会带有假警告色，假装有毒，并以此自保。白斑鳎（whiteblotch sole）便是以假乱真的鱼类之一。幼年时，它会伪装成一种有毒的扁虫，而且它本身也和扁虫长得十分相似。二者都喜欢躺在海底，缓缓漂荡，黑色的皮肤上饰以橙色条纹和大白斑。捕食者误认为白斑鳎是一种难吃的扁虫，就会连连退步，碰也不会碰它。

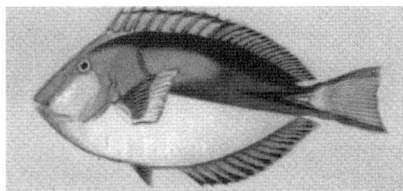

刺尾鱼　　©British American Tobacco Company

动物如何利用色彩？色彩的运用如何代代相传并不断演化完善？华莱士思考着这些问题，并总结了自己的观点——动物对色彩的运用是"自然史上最神奇的篇章之一"。不同物种之间的色彩和花纹也各不相同，正如华莱士所言，有些色彩和花纹会给物种带来"更好的生存机会"，使它们保持低调或者用于警告攻击者。最实用的色彩自然会从父辈传至下一代，且每一代都会经历相同的色彩选择，直至伪装或警告色产生作用，让攻击者将注意力转移到其他动物身上。但色彩的演化并不止于此。

随着时间的推移，捕食者也可能发生变化，并且越来越善于识破伪装，所以一代代的猎物会继续采用最好、最具保护性的颜色和花纹，并将这一传统发扬光大。华莱士虽未道破，但这确实是演化。他写道，这为我们提供了一个令人满意的线索，来解释为什么我们在动物界中会看到"各种各样的颜色和独特的标记，乍一看除了美丽迷人，似乎百无一用。"

虽然许多动物外在颜色鲜艳，但并非所有动物都靠色彩隐身或以色"唬"人。有些鱼类既不藏身，也无毒，更不会假装有毒。继华莱士的那篇关于保护色的文章发表之后，其他理论也相继问世，比如鱼类可能在身体留下色彩信息，以供其他鱼类了解自己。

50 年前，奥地利动物学家康拉德·洛伦兹（Konrad Lorenz）提出了一个想法，即许多珊瑚礁鱼用所谓的"平面设计颜色"[1]或海报色来装饰自己。他认为珊瑚礁鱼会将自己的身体作为一个活广告牌，用张扬的"广告海报"彰显自己的身份和性别。

洛伦兹是研究动物行为的先驱，他对攻击行为尤其感兴趣。他把珊瑚礁鱼养在水族馆中，观察它们如何相处——多数情况下，它们相处得并不融洽。在同类物种或相近物种之间，打斗时有发生，它们会互相撕咬，最终自相残杀。为了解在自然的环境下，动物们会有怎样的行为，洛伦兹前往佛罗里达群岛（Florida Keys）和夏威夷的卡内奥赫湾（Kaneohe Bay）一探究竟。他跟随着野生鱼类浮潜至海底，看到类似的冲突正在上演，但通常不会置对方于死地，输家不会四处游荡等着被打，而是会迅速游走。他认为，珊瑚礁鱼鲜艳的色彩和花纹是在告知对方自己的身份。这和球迷穿着统一颜色的服装有异曲同工之妙，只不过鱼儿并非要和对手过招，而是想和同类"切磋"，其他同类鱼可能是它们最大的竞争对手。洛伦兹确信，鱼类让自己明艳的体色与珊瑚礁的色彩相呼应，以示主权，抵御入侵者。

洛伦兹的海报色理论获得了学界认可，但在后续研究中，该理论又遭到了反驳。有些鱼似乎符合这一理论，即更鲜艳的体色表明该物种更好斗、更具有攻击性。例如，红牙鳞鲀通体蓝色，看上去

1　指平面设计、网页设计、图形设计等领域中的颜色选择和搭配。

不太惹眼，因此脾性相当温和；而毕加索鳞鲀体色浮夸得多，更爱争强好胜，正如我在拉罗汤加岛所见。然而，在一些其他物种中，情况恰好相反——体色简单低调的鱼类更易怒。

许多物种在成年期和幼年期的模样天差地别，这一事实进一步佐证了海报色理论。幼年时期的神仙鱼通体呈深蓝色，体表有白色与电光蓝相间的同心圆花纹。等到它们两岁左右的时候，黄蓝条纹才会渐渐显现，替换掉同心圆花纹。人们认为，幼鱼能通过这种外观变化安抚成年鱼的情绪。

1980年，德国生物学家汉斯·弗里克（Hans Fricke）在红海进行了一项有关神仙鱼的研究。他带上两条小型彩绘木鱼潜入水中，一条印有成年神仙鱼的条纹，另一条印有幼鱼身上的同心圆花纹。他将这两条木鱼固定在不同种类神仙鱼的珊瑚礁领地，观察它们的反应。你可能会认为真正的鱼才不会被一动不动的木鱼愚弄，但它们的确对这两条木鱼做出了不同的反应：成年神仙鱼攻击成年木鱼的次数更多，而不理会幼鱼。这项简单的研究表明，幼鱼的体色可能会安抚好斗的成年神仙鱼，确保自身安全地在珊瑚礁中穿梭，直至成长到能为自己的领土而战时，才会展现成年鱼体色。其他几种神仙鱼也有相似的体色和花纹，就像身着统一校服似的，且很难区分它们幼年期的外观，这再次印证了幼鱼试图躲避冲突的观点。

不过，这一观点似乎并不适用于所有鱼类。在另一项研究中，主角是生活在加利福尼亚海带森林里的一种大型雀鲷——美国红雀（garibaldi，也称加州红宝石），其幼鱼的体色似乎不能保护自身。

加州大学圣巴巴拉分校的托马斯·尼尔（Thomas Neal）收集了许多美国红雀的幼鱼，其中一些身上仍然点缀着幼年时期的金属蓝斑点，还有一些鱼的斑点刚刚褪去，通体呈橙色。他把这些大小相似但体色不同的幼鱼放入成年鱼群中，发现它们也会攻击有斑点的幼鱼。

　　一些鱼的海报色并非为了驱赶入侵者，而是邀请对方留下。在珊瑚礁上，形形色色的隆头鱼和虾虎鱼扮演着牙医和卫生保健员的角色。它们建立了清洁站，每天为"患者"啄掉死皮和鳞片，清洁牙缝，并且吸食掉"患者"皮肤上的吸血寄生虫。许多"清洁鱼"都身披蓝黄条纹，这也是珊瑚礁"住民"常见的颜色组合。在清澈湛蓝的海水中，远远就能看见珊瑚礁的这两种颜色。在色谱环上，蓝色和黄色相距甚远，属于对比色，因此可在水下形成强烈对比。身穿这两种颜色的"外衣"，"清洁鱼"仿佛在为自己的清洁业务做广告。

✠✗

　　鱼类利用色彩隐藏自己或尽可能发出警告的理论基于一个前提：它们自己能看到这些颜色。事实的确如此，鱼类眼睛的基本结构与人类相似，它们也有一对充满液体的眼球，且瞳孔狭窄，可让光线进入眼内，同时还有一个将图像聚焦在视网膜上的晶状体，眼球后侧为一层感光细胞。然而，鱼类和人类的眼睛也有不同之处，即晶状体的形状。当光线从空气进入我们的眼睛时，会向内弯曲并聚焦于视网膜上。然后，眼部肌肉调节椭圆晶状体的形状，从而调整成像（远视或近视人群需佩戴眼镜）。而在水下睁眼时，人的视线会变得模糊，这是因为光在空气中和液体中的折射率不同，你的眼球瞬间失去了在空气中的聚焦能力，成像就没那么清楚了。如果鱼的晶状体和人类一样，它们就得戴上镜片厚厚的眼镜才能在水中看清物体。不过，鱼类的眼睛里有球形晶状体，可以使光线的弯曲程度更大。当你下次要烹饪一条鱼做晚餐时，煮之前记得观察它的眼睛，就会发现圆如滚珠的透明球形晶状体，但煮熟后就变得不透明了，因为其中的蛋白质已然变性，和水煮蛋的蛋白质变性是一个道理。当聚焦于近处或远处物体时，鱼眼的晶状体会在眼球内移动，就像将放大镜移远或移近聚焦一样。

色觉产生于视网膜上被称为视锥细胞的特殊感光细胞，每个视锥细胞会对特定波长范围的光作出反应，它们吸收光子并向大脑发射神经信号。通过比较来自不同视锥细胞的信号，大脑便可解读这些色彩信息。人类通常有三种类型的视锥细胞，我们的大脑将这三种细胞发射的色彩信息解码为连续的彩虹色谱，色彩范围介于靛蓝和红色之间。

为了确定鱼能看到的颜色，生物学家对它们的视网膜进行解剖，并用分光光度计将光束照射至视网膜上，测试它们会吸收何种波长。20 世纪 80 年代，微型分光光度计就已经问世，它可以将细针状的光束照射至单个视锥细胞上。这类研究表明，鱼的种类不同，其视锥细胞的种类也各不相同。有的鱼类有两种视锥细胞，有些则有四种，还有一些鱼类对人类看不到的光很敏感。

比如，各种淡水鱼演化出了"红移视觉"，能够看见远红光和红外光，但人类无法看见这两种光。原因在于，当阳光射入淡水时，泥土和藻类微粒会吸收特定波长的光，并将环境中的光汇集到光谱的红色端，因此可见的红光会更多。不仅如此，一些迁徙物种在从海洋向内陆迁徙的过程中，会将所见色彩调整为最易感知的色彩。如鲑鱼和七鳃鳗（clampreys）在蓝色的海洋中游动时感知蓝光的能力更佳，随着向内陆迁移，它们会调整自己的视觉色素，从而能看到远红光和近红外光。柠檬鲨（lemon shark）则反向调整视觉：幼鲨生活在浑浊的浅水区域，能很好地看见红光，长大后迁移至近海，会在迁徙时将可见光从红光调至蓝光。

有些鱼类还能看见紫外线。长期以来，人们一直认为鱼类无法看到紫外线，因为紫外线在水中会变得分散，从而干扰视线，几乎没有用处。但事实证明，对于寿命较短的一些鱼类而言，紫外线却是完美波长，可向同类近距离发出加密信息。而其他鱼类，特别是捕食者，则无法看到紫外线，自然也就无法接收信息。关于雀鲷的研究表明，其面部的复杂花纹能反射紫外线，帮助它们区分敌我。在人类眼中，安汶雀鲷（ambon damsel）[1] 和柠檬雀鲷（lemon damsel）体表均呈黄色，长相极为相似，但在紫外线的照射下，这两种雀鲷的面部花纹截然不同。这些花纹似乎是加密的海报色，只对同类可见，而捕食者看不见。捕食者的寿命往往更长，它们的眼球内有紫外线过滤器，这是其内置的太阳镜，或许是为了保护自己免受长期光照。体型较小、寿命较短的物种似乎发现了这一点，它

1　分布在从日本到澳大利亚的西太平洋海域。1868 年，也就是阿尔弗雷德・华莱士来到安汶 10 年后，荷兰鱼类学家彼得・布里克（Pieter Bleeker）将该物种命名为安汶雀鲷。

们巧妙地利用紫外线照射到身上的所呈现花纹进行秘密交流，而不会被敌人发现。

　　鱼的皮肤上有一种特殊细胞，能产生炫目鲜艳的颜色，被称为色素细胞。色素颗粒将特定的颜色赋予这些星形细胞，常见的色素细胞有黑色素细胞、红色素细胞和黄色素细胞，还有极罕见的蓝色素细胞。目前，蓝色素细胞仅在两种动物身上被检测到，且均为鱼类，它们是麒麟鱼（picturesque dragonet）及其近亲花斑连鳍（mandarinfish）。[1]在西太平洋帕劳的一个浅水潟湖里，我发现了一条花斑连鳍，和小拇指一般大，它透过珊瑚丛的枝杈偷偷向外张望。仅那一瞥，它便向我展示了身上绚丽的橙绿色花纹，还有那镶着深蓝色花纹的宽鳍，犹如洒满了青金石粉末。

　　除了这两种鱼身上的蓝色，世界上所有其他生物的蓝色均非自然色，而是结构色。不同于色素反射特定波长的光，结构色是由光在材料内部反射，并以不同方式反射、衍射和散射而产生的颜色。从蓝天、彩虹和蓝眼睛，到蝴蝶的翅膀和黑长尾猴（vervet monkey）亮蓝色的阴囊，自然界中随处可见蓝色结构色。鱼身上常见的银色和蓝色则是由皮肤细胞中的虹细胞形成的结构色。虹细胞含有鸟嘌呤晶体，就像一面小镜子，能反射和干扰照在它们身上的

1　人们未来可能会在其他生物身上发现蓝色素细胞，比如蓝皮肤的毒箭蛙（poison-arrow frog）便是候选者，不过，尚未有人验证。

光，从而呈现不同的颜色。它们的反光方式与软体动物形成的珍珠或珍珠母类似，其实，人造珍珠通常就是用磨碎的鱼鳞覆盖在玻璃珠上制作而成。

色素细胞和虹细胞层层相叠，产生了鱼类身上的所有色彩和花纹。随着眼内肌肉改变鸟嘌呤晶体的方向，鱼类体表颜色会逐渐或瞬间发生变化，并将色素层挤压或拉伸，从而隐藏或显现层内色素。

即使在无任何遮挡的开阔水域，许多银色的鱼也会调整层层虹细胞，从而消失在人们的视线中。鳀鱼（anchovy）、鲱鱼、鲭鱼和金枪鱼会利用水下独特的光线条件伪装自己。要想探究其中的原理，首先想象一片透明玻璃垂直悬于开阔的水面上。如果你从略低于玻璃的位置向上看，则无法看见玻璃，这是因为光线直接穿过玻璃，你所见到的只是玻璃后面的水。而在水中，你则可以看到这块玻璃，因为部分光线会反射到你眼中，且不一定与背景匹配，你可能会像照镜子一样，看见玻璃中的自己。接着，回到水下，将玻璃换成镜子。除非一群鱼游过，你才能看见它们的倒影，否则镜子就会像水面上的那块玻璃一样消失，你只能看见与背景完全匹配的蓝光。这是因为日光从水面渗透进来时，会逐渐均匀褪色，且光线强度与同一水平面持平；如果你在水下慢慢旋转，会看到水中的亮度没有明显变化。关键之处在于，水中的镜面反射面前的光线，其强度与镜子背后的光线强度相同（如下页图所示，光束 A 与光束 B 相遇）。因此，你不太能确定看到的是镜面反射的倒影，还是在透过玻璃看背后的水，毕竟两者呈现的效果一致。同理，鱼也可以将身体作为镜面，从而消失不见，似是与水融为一体。为此，它们必须保持银色的身体垂直，这可能是许多鱼类身形单薄扁平的原因之一。体形肥胖的鱼则会在皮肤内甚至是身体的圆形部位，垂直排列晶体，从而产生与镜面相同的效果。不过，鱼在游动时或多或少会偏离垂直方向，"消失计划"就此失败。因此，我们能看到银色鱼群在螺旋式游动时，身体闪闪发光。

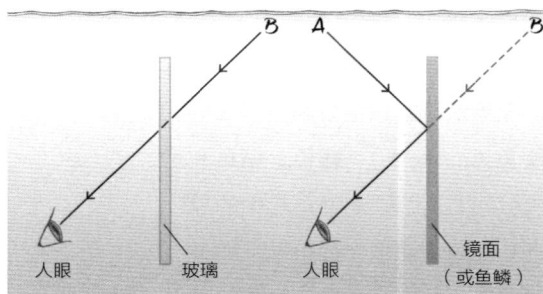

鱼的"消失"原理

一面镜子，或者一条带银边的鱼，是如何像一块玻璃一样消失在水中的。

要欣赏鱼儿身上鲜艳夺目的色彩和闪亮光泽，最好的方法就是在水下观察。一旦离开水，鱼身上的色彩和光泽就会迅速褪去。这并不奇怪，因为它们演化到这一步是为了让同类看见，而不是陆地上的人类。在水下摄影技术出现之前，人们只有通过艺术家们高超精湛的画技，才能观察到鱼儿绚丽多彩的模样。艺术家们或是亲眼见过，或是凭借非凡的描述，才得以绘制佳作。

1790 年 3 月，英国皇家海军舰艇"天狼星号"撞上了诺福克岛（Norfolk Island）附近的珊瑚礁，该岛距离澳大利亚东海岸约1450 千米。"天狼星号"是第一舰队的旗舰，数年前，这支舰队来到澳大利亚建立罪犯流放地。当"天狼星号"沉没时，船长约翰·亨特（John Hunter）做的第一件事就是确保无人溺亡。船上共 200 人，大部分为英国囚犯，全都安全上岸。之后几天，在"天狼星号"解体之前，人们尽可能多地将粮食从舱内运出。被冲上岸的物品中，有一个漆盒，其主人是海军军官候补生乔治·雷珀（George Raper）。

　　三年前，雷珀跟随"天狼星号"离开了英国，此后，他一直在绘制通往南半球的航海图，以及途经港口的情况。期间遇上海难，物资逐渐匮乏，尽管雷珀饥饿难耐，却仍专心描绘当地野生动物的图像。

　　11 个月后，救援队终于赶到，此时雷珀已经完成了一系列精细复杂的彩绘，其中包括诺福克岛周围水域的诸多鱼类。例如，有着猩红鱼鳍和黄色嘴唇的长吻裸颊鲷（sweetlip emperor），还有脸颊上扑了紫绿两色"腮红"的桑氏盔鱼（sandager's wrasse）。这两种鱼很容易辨认，至今仍栖居在诺福克岛。

　　但是，其他鱼类艺术家的作品就没这么逼真了。

　　18 世纪早期，在印度尼西亚的安汶岛上（后来，阿尔弗雷德·华莱士对这里的珊瑚礁赞不绝口），一个荷兰人花费数年时间为鱼类画像。他就是塞缪尔·法洛斯（Samuel Fallours）。此人曾在部队服役，后在荷兰东印度公司担任牧师助理。当地渔民给他带的鱼成了他的绘画"模特"，随后，他再将这些画作卖给公司高管和欧洲收藏家。他精心绘制的作品被多本书收录，其中包括1719年出版于荷兰的《鱼类、龙虾和螃蟹》（*Poissons, écrevisses et crabes*，书名全称为《在摩鹿加群岛和南部海岸发现的鱼类、龙虾和螃蟹》）。这是史上第一本彩色海洋生物书籍，书中充满了令人惊叹的奇异生物，但只印了100本，堪称世界上最珍贵的自然历史书籍之一。[1]法洛斯的画作具有强烈的个人风格，与其说是一丝不苟的插图，不如说是临摹物种的艺术品，但我们仍能辨认出他笔下的鱼类，比如箱鲀（boxfish）、鳞鲀和蝴蝶鱼。不过，在配色方面，他比乔治·雷珀更有创意，或许是有意为之，以便向热衷收藏异国奇珍的欧洲客户出售更多画作。他笔下的条纹和斑点大胆而夸张，鱼身画满了自创的几何图案和装饰性螺旋曲线。如果爱丽丝仙境里也有一个水族箱，那她定会透过玻璃看看这些鱼。

在真正的鱼类中，常出现非比寻常的色彩，这是因为雌性更喜欢选择明媚亮眼的雄性作为伴侣。雄性会在雌性面前拼命显摆它那浮夸的外表——"选我！选我！"它们在无声地吆喝着，"我是孩子父亲的不二人选！"你可以在许多动物的身上看到性别标识，通常能显示出雄性和雌性之间的差异。一般而言，雌性体色较低调暗沉，而雄性身上的色彩更为绚丽夺目。孔雀的羽毛和山魈的蓝粉色

1　2007年，该书的一份副本在伦敦拍卖会上以43 200英镑的价格售出。

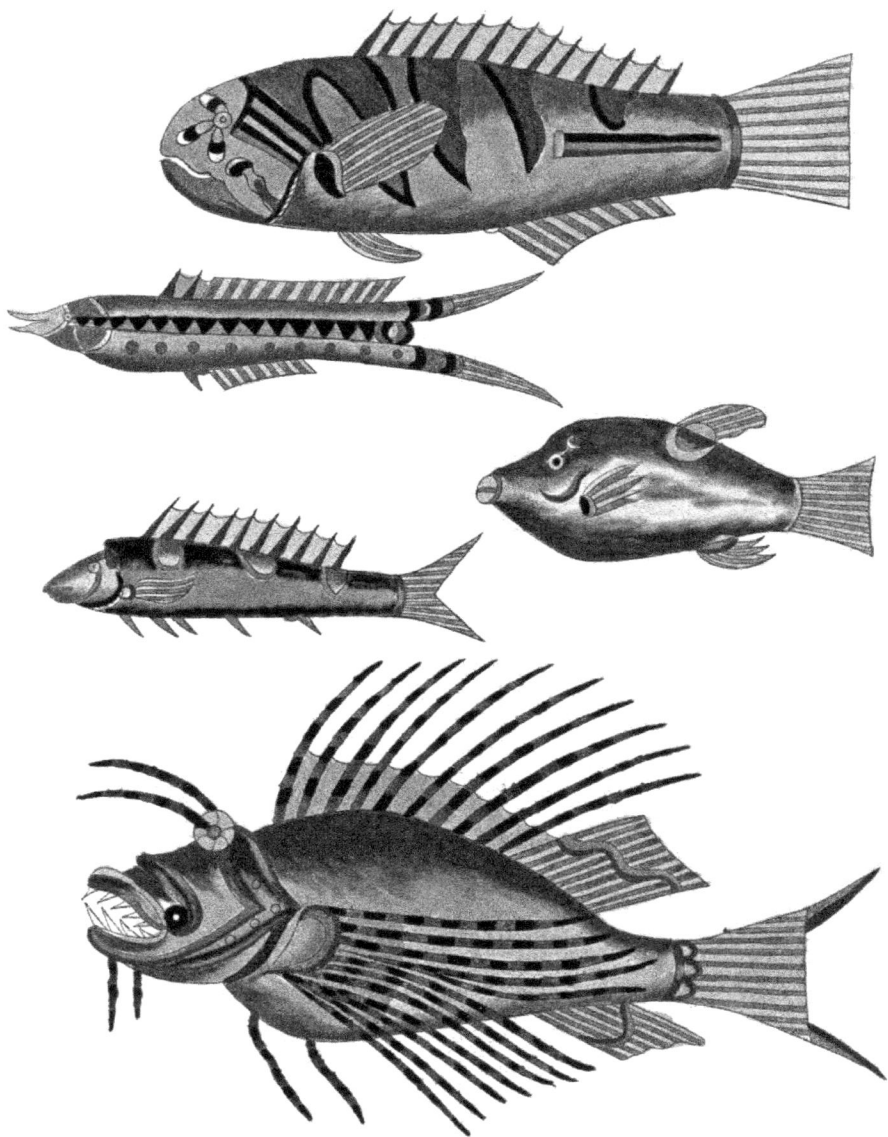

塞缪尔·法洛斯绘制的鱼

图中分别为隆头鱼、河豚和狮子鱼。出自《鱼类、龙虾和螃蟹》（1719 年）。

臀部便是最好的例子。随着时间的推移，由于雌雄基因的组合，雄性特征愈发夸张花哨——一种基因让雄性产生鲜艳的体色，另一种基因让雌性发现这些色彩的魅力。当雌性选择与光彩夺目的雄性交配时，她可能会生出像孩子父亲一样绚丽多彩的雄性后代，或者和她一样喜欢明艳色彩的雌性。这些雌性无需像同族雄性那样炫耀自己的体色，她们自身也会携带多彩基因，只是这些基因为隐性，无法显现。决定色彩和色彩偏好的基因代代相传，久而久之，雄性后代的体色越来越鲜艳，雌性则更加欣赏它们的迷人色彩。

由此引出一个问题：为什么雌鱼更偏爱色彩鲜艳的雄鱼？这绝不是胡乱选择，事实上，鲜艳的体色或可体现雄鱼身体状况好，拥有优质基因。对鱼而言，橙色和红色为优选。这两种颜色来自类胡萝卜素，但鱼自身无法产生这种色素，所以只能从食物中获取，主要为虾、蟹和其他彩色的无脊椎动物（这也是火烈鸟羽毛呈粉红色的原因）。为让自身色彩鲜艳，雄鱼必须吃很多食物。由此可见，最艳丽的雄鱼营养充足、身体康健、觅食能力强，同时还是游泳健将，所有这些品质均源自优质基因。选择这类雄性做配偶，雌性就能够保证后代同样拥有良好基因。

在许多鱼类中，雄鱼拥有夺目的体色离不开雌鱼的选择。从多彩的美国鳔鲈和红鲑鱼到挺着红肚皮的棘鱼（stickleback），再到用短暂闪光求欢的斑马鱼（zebrafish）以及鹦嘴鱼（初为雌性，体色低调暗沉，之后转换性别，变成色彩华丽的雄鱼），皆是如此。还有一种特别的鱼，它们一方面体现了雌鱼的关注所能赋予雄性的力量之大，另一方面表明性别如何推动演化朝着特定的色彩方向发展。多年来，这种鱼被赋予了多个不同的名称——因其繁殖能力强，数量庞大，故称为"百万鱼"；又因雄鱼全身布满色彩斑斓的斑点、条纹和色块，因而被称为"彩虹鱼"，不过，这些3厘米小鱼的常用名为"孔雀鱼"，也称"古比鱼"。

此种鱼以英国人罗伯特·古比（Robert Guppy）的名字命名。[1]150年前，他发现了该物种，不过，他并非第一个发现孔雀鱼的人——德国探险家威廉·彼得斯（Wilhelm Peters）比他早几年。但是，正是古比先生将这些小鱼带回英语国家，引起了广泛关注，因此，孔雀鱼也被称为"古比鱼"，而非"彼得斯鱼"。[2]

自发现以来，孔雀鱼已成为分布最广的鱼类之一，世界各地都能看见它们的身影——人们将它引入全球各地的淡水水域，以防控蚊虫，阻止疟疾传播。它们还曾在国际空间站待过一阵，也是备受人们喜爱的宠物，是水族箱里的"常住民"。

起初，在孔雀鱼移民全球乃至飞入太空之前，它们只是加勒比海的"原住民"，后来迁入了南美洲。再后来，古比先生在特立尼达拉岛（Trinidad）发现了它们。这儿的山脉横跨北部海岸，覆盖着茂密的云雾森林，吼猴、豹猫、麝香猪和极度濒危的金树蛙在此安居。河流和瀑布倾泻而下，掠过雾蒙蒙的凉爽山间，再注入清澈

1　全名为罗伯特·莱奇米尔·古比（Robert Lechmere Guppy），中间名"莱奇米尔"更为人们熟知。

2　多年来，孔雀鱼的学名发生了变化，各种名称被相继弃用，最终确定为孔雀花鳉（*Poecilia reticulata*）。

的池塘和溪流，这里也是孔雀鱼的家园。

在过去的 60 年里，许多生物学家穿梭在特立尼达拉岛的山地密林当中，只为探索栖息于此的野生孔雀鱼。早年间，来自美国的埃德娜（Edna）和卡里尔·哈斯金斯（Caryl Haskins）夫妇首先注意到，并非所有特立尼达拉岛的孔雀鱼都有着同样色彩斑斓的外表。在一些池塘和溪流中，他们发现雄鱼明艳亮丽，腾跃时好似一道彩虹；而在另一些池塘和溪流中，雄鱼的体色深沉许多，看起来更像雌鱼。

20 世纪 70 年代末，新泽西州普林斯顿大学的约翰·恩德勒（John Endler）来到特立尼达拉岛，开始拍摄孔雀鱼。从他的照片中可以看出一个有趣的现象：在靠近山顶的地方，拍摄的孔雀鱼的颜色最鲜艳；但当他向下游走时，鱼身上的颜色越来越淡。

恩德勒还注意到，在特立尼达拉岛，其他鱼类的习性也会因地而异。在海拔较高的池塘里，他只发现了一种掠食性物种——哈氏拟四眼鳉（Anablepsoides hartii）。它偶尔从水中跃起，从悬垂的植被上抓甲虫和蚂蚁，并因此得名。在极少数情况下，哈氏拟四眼鳉会吃掉一些小孔雀鱼。在山脚处和某些深谷中，恩德勒发现了更多种类的掠食性鱼类，包括孔雀鱼最可怕的劲敌，一种名为米列特鱼（millet）的贪婪猎手。这位掠食者不会冒险逆流而上，因此，有了瀑布和急流作屏障，孔雀鱼待在溪流和池塘的上游更为安全，可以远离这些饥不择食的敌人。

从岛上山脉的山顶至山脚，栖居着各种鱼类群落，恩德勒凝望着它们，脑海中浮现出一个问题：雄性孔雀鱼既想引来雌鱼关注，又不想被捕食者逮住，是否会进退两难？一方面，它们需要足够绚丽的体色吸引雌鱼；另一方面，它们身上的色彩又不能太招摇，否则捕食者很容易就能发现它们。

通过对比数千张照片以及统计鱼类数量，恩德勒发现了一种奇妙的关联。在最安全，即捕食者最少的池塘里，雄性孔雀鱼的体色最为明艳，且身上有许多大斑纹，且以蓝色和闪亮的显眼色调为主；而在捕食者较多的地方，雄鱼的体色则最为暗淡。

但是，每个理科生都该知道，有关联并不一定意味着存在因果关系。孔雀鱼是否会遭受攻击与体色似乎有联系，但这一现象或许只是巧合。为进一步验证该想法，恩德勒做了一些实验。

1976 年 7 月，在特立尼达拉岛山脉的下游处，他挑了一条危险（于孔雀鱼而言）的溪流，这里栖居着孔雀鱼和许多米列特鱼。他舀出 200 条孔雀鱼，并拍摄照片，然后在不远处一条被瀑布切断的溪中将它们放生。在新家里，孔雀鱼只与哈氏拟四眼鳉为伴，后者是一种温和的捕食者，很少关注孔雀鱼。如此一来，恩德勒基本上为孔雀鱼排除了被捕食的压力。

两年后，恩德勒返回此地，从迁移种群中舀出一些孔雀鱼，并再次拍下它们的照片。离开劲敌仅两年，孔雀鱼的体色明显变得更加鲜艳。并非每条鱼的体色都有所改变，而是最明艳的雄鱼成功吸引了雌鱼，并繁衍了许多后代，于是这种绚丽体色得以代代相传。短短数代[1]，雄鱼携带的色彩基因已经传播开，新一代雄鱼的整体体色更加明艳。比起母体群（恩德勒也核查过），移居后的雄鱼无需面对被捕食压力，身上的斑纹也更大、更鲜艳。

恩德勒控制并改变了孔雀鱼的生存环境，并由此发现在多种因素共同作用下有关演化的重要线索。与以往不同的是，这次的实验场所在野外，而非实验室。雌鱼会选择色彩鲜艳的雄鱼，而捕食者也会时刻关注雄鱼体色的变化，两种自相矛盾的力量影响着雄鱼，长年累月，它们自然会演化出新的体色。当被捕食概率增大时，雄鱼会淡化体色，增加生存机会；当生存环境较安全时，雄鱼体色会更加明艳，想方设法吸引雌鱼。

恩德勒认为仅在野外实验还不足以验证自己的观点，于是将一些孔雀鱼带回普林斯顿大学。他模拟特立尼达拉岛的溪流，搭建了一系列人造池塘。并在一部分池塘中放入哈氏拟四眼鳉（孔雀鱼被捕食概率小，较安全），另一部分中放入米列特鱼（孔雀鱼被捕食概率大，较危险），然后向各个池中引入孔雀鱼（雌雄两性均有）。

仅 14 个月后，他发现，在有哈氏拟四眼鳉的池中，雄性孔雀

1　雌性孔雀鱼在 10~20 周龄时产下第一批后代，雄性则在七周或更短的时间内发育成熟。对于真骨鱼而言，孔雀鱼的交配方式不同寻常，即雄鱼用特化的臀鳍（即生殖腺）将精子射入雌鱼体内，然后雌鱼产下幼鱼。

鱼的体色最鲜艳。在较危险的池中，雄鱼身上的斑纹不仅变小了，就连蓝色及其他荧光色的斑纹也消失了。恩德勒似乎已经找到控制孔雀鱼体色明艳程度的开关，可以任意调控。

在特立尼达拉岛的溪流中，孔雀鱼无处可藏，捕食者可谓战无不胜。但珊瑚礁的结构复杂而崎岖，在此栖息的鱼类可以迅速摆脱捕食者的视线，从而完美隐身。当捕食者靠近时，鱼儿会一头躲进珊瑚下或钻进一个小洞中藏身。危险解除后，它们又会现身，显摆自己的体色，甚至会窜到明亮处，吸引伴侣的注意，同时吓退入侵者。对于一些居住在珊瑚礁里的鱼，其体内的色素颗粒会在色素细胞内扩散，因此，遇到竞争对手时，它们身上的海报色会愈发惹眼。夜晚，当它们在海底休息时，会自动将体色调暗，以免被捕食者发现。

约翰·恩德勒的实验令孔雀鱼一战成名，成为世界上最有名气的鱼类之一，至少生物学家们如此认为。过去数十年里，对于那些关注演化和生态学重大问题的研究人员而言，它们无疑是讨论热点。

如今，全球各地的实验室中均可见到孔雀鱼的身影，且仍有生物学家冒险前往特立尼达拉岛密林山区对它们进行研究。因此，有关孔雀鱼生活习性的细节每年都有所新增，随之增长的还有人们对生物灵活性和适应性的新认识。2007 年，多伦多大学的研究人员发现雄性孔雀鱼身体两侧的色块分布不均匀或不对称。当雄鱼为雌鱼舞蹈，试图说服其与自己交配时，雄鱼只会向雌鱼展示花纹更漂亮、色彩更艳丽的一侧。

2013 年在特立尼达拉岛进行的一项研究显示，雌性孔雀鱼更喜欢长相怪异、颜色罕见的雄性。但如同留着潮人胡子、穿伐木工衬衫或戴着厚框眼镜等始于少数前卫人群的新时尚一样，这类装扮很快便随处可见，最后甚至人人都是一个模样。那些曾经在孔雀鱼中罕见又新鲜的色彩因受到过分追捧，最终变得十分常见，自然不再受雌鱼青睐。雌鱼可能会演化出对稀有色彩的偏好，因为这样可避免近亲繁殖和交配。因此，孔雀鱼种群的色彩基因世代传承，反复杂糅多种色调，独享"彩虹鱼"的美誉。

许多其他研究，特别是加州大学河滨分校的大卫·雷兹尼克（David Reznick）的研究实验室所做的研究，都表明在特立尼达拉岛的溪流中，孔雀鱼除颜色外的其他特质也会迅速改变。例如，它们的体型、寿命、性成熟年龄以及后代的数量和体型都会根据被捕食环境的变化而快速发生变化。

雷兹尼克的研究团队以"达尔文"[1]为单位测定孔雀鱼的进化速率。在一项研究中，雷兹尼克发现实验中孔雀鱼的进化速率在 3 700 至 45 000 达尔文，而在化石记录中测量到的最快速率为 0.1 至 1 达尔文。不过，有些人称，比较这两个时间尺度毫无意义，一个测定的是孔雀鱼在数月内发生的变化，另一个测定的是古老物种在数百万年时间里的演化。但雷兹尼克等人认为，通过这种微观演

---

1   1949 年，英国科学家霍尔丹（J. B. S. Haldane）提出以"达尔文"作为比较进化速率的单位。"达尔文"单位的定义为：某一特定性状在 100 万年中以自然对数 e 为倍数的变化，其中 e = 2.718（或其前后附近数值）。

化过程，我们可以知晓地球上所有生物的历史。

至少现在，野生孔雀鱼仍被认为是单一物种。研究表明，在其他鱼类中，雌性的颜色选择会迅速建立交配障碍，分裂种群，并最终演化出新物种。如果雌性固定选择某种色彩的雄性，那么物种演化也就无法推进了。

混合所有颜色，颜色却更暗

30 年前，500 种慈鲷生活在非洲五大湖之一的维多利亚湖水域，然而，此后约 70% 的种群已经灭绝。人们通常认为尼罗河鲈（Nile perch，又称尖吻鲈）应为此负责。20 世纪 50 年代，这些大型掠食性鱼类被引入湖中作为食物来源。它们身长可达两米，尤喜以慈鲷为食，但并非所有种类的慈鲷都符合它们的胃口。尼罗河鲈拒绝食用的慈鲷种类至少有 200 种，其中大多已灭绝。关于慈鲷之死还有另一种解释，即与掠食性尼罗河鲈只有间接关系。

类似于孔雀鱼，雌性慈鲷也倾向于选择某些颜色的雄性为配偶，如今人们认为这是阻止多种慈鲷杂交的唯一原因，因为不同的物种不能相互交配并产生可育的后代，这种误解十分普遍。事实上，不同的物种可以成功地在一起交配繁殖，只是它们通常会因为某些因素而无法交配，或是物理障碍，如山脉隔断；或行为影响，如雌性只与某种特定颜色的雄性交配。在短短的 1.25 万年里，除颜色选择外，再无其他杂交屏障出现，因此维多利亚湖的慈鲷才得以迅速演化。数十年来，由于湖水发生变化，雌性慈鲷的颜色选择偏好这一脆弱的屏障，就不复存在了。

20 世纪 20 年代，如果你去维多利亚湖游泳，把头埋在水下，睁开眼睛，就能看到前方 5 米 ~8 米的物体。但如果你在 20 世纪 90 年代这么做，或许可视范围仅有 1 米。农田径流中的肥料刺激湖中浮游植物大量繁殖，因此湖水变得越来越浑浊。同时，周围的森林树木惨遭砍伐，根系无法抓牢土壤，沉积物大量涌入湖中，导致水土流失。那为什么要砍伐树木呢？答案是为了用木头生火熏烤引入湖中的尼罗河鲈。

奥勒·西豪森（Ole Seehausen）目前在瑞士伯尔尼大学（University of Bern）工作，他在实验室和野外进行了诸多研究，证实维多利亚湖的浑浊湖水对栖息其中的慈鲷有所影响。在水族箱中，当雌性慈鲷被单色光照射时（十分接近维多利亚湖中的环境），它们将无法区分不同物种的蓝色雄鱼和红色雄鱼。在光线昏暗的水中，雄鱼的体色仿佛被洗掉一般，变得模糊不清。正如前文提及，当水下越深的地方，红色就会变得越暗淡，直至完全看不见。因此，雌鱼再也不能通过雄鱼体色分辨对方为同类还是异类，于是，杂交屏障变弱，各种慈鲷之间开始随机交配。

在野生环境中，似乎也出现了相同情况。在维多利亚湖中，清澈的水域是大多数慈鲷的家园，它们的体色仍然鲜亮显眼。在这部分水域，雌性慈鲷仍然可以清晰地看见雄鱼体色，并选择同类物种交配。但是，水越浑浊，鱼的颜色就越单调，雌鱼与同类的交配概率也越低，因此存活的种类也越少[1]。

1　研究人员还发现许多杂交鱼，正是异种鱼类交配的结果。

慈鲷的境遇令人担忧，不仅是因为它们会成为尼罗河鲈的盘中餐，还因为在浑浊的湖中，慈鲷很难看清彼此的体色，于是正常的交配行为会受到干扰。在光线晦暗的地方，杂交物种不再拥有绚丽的色彩，原有物种也会渐渐消亡。不知不觉，许多物种就这样毁于人类之手，世界也少了几分色彩。

智慧之鱼——鲑鱼

爱尔兰传说

从前有一口井，井边种着九棵神奇的榛子树，如果你往井里瞧，可能会看见一条闪闪发光的大鲑鱼在水中转圈。有一天，每棵树都抖落了一颗坚果到井里，鲑鱼吃掉这九颗坚果后，获得了世上所有的知识。曾有预言称，伟大的诗人范格斯（Finegas）会抓住这条鲑鱼，当他吃掉它后，就会上知天文下知地理。

范格斯在井边守了整整七年，试图钓起这条鲑鱼。最终，他得偿所愿。他让徒弟芬恩·麦克库尔（Fionn MacCool）为自己烹饪这条鱼，并警告他："无论如何，你绝不能吃它。"芬恩照办了，小心翼翼地将鱼洗净，放在泥炭上烤。当芬恩伸手去翻鱼时，一滴热油溅到他手上。芬恩顿时感到剧痛，本能地将烫伤的拇指放进嘴里，想要给拇指降降温，缓解疼痛。

事后，范格斯注意到芬恩的眼中燃着一团新的火焰，问道："你吃鱼了？"芬恩坦言自己并未食用，只是拇指被热油烫伤，然后舔了舔。范格斯这才恍然大悟，原来芬恩已经从鲑鱼那儿获得了所有知识。从此，芬恩只需吸一吸拇指，就能回想起世界上所有知识，并因此成为一名伟大的战士，以及爱尔兰赫赫有名的精锐战团——费奥纳骑士团的领袖。

第四章

发光的鱼

1815 年，汉弗莱·戴维（Humphry Davy）发明了矿用安全灯，在此之前，英国煤矿工们往往需要提着一桶死鱼进入矿井。矿井内含有甲烷气体，如携带明火下矿，则会引发爆炸，因此矿工需要携带替代光源。一桶腐烂的鱼可以发出微弱的冷光，足以让矿工在井下视物。在黑暗中发光的并非鱼自身，而是尸体上附着的分解鱼肉和骨头的细菌，尤其是眼内细菌。

在 19 世纪初，随着新技术的出现，大约就在矿用安全灯取代"死鱼光源"之时，科学家们渐渐发现鱼在活着的时候也会发光。19 世纪 30 年代，在一次为期三年的捕鲸航行中，外科医生兼博物学家弗雷德里克·德贝尔·贝内特（Frederick Debell Bennett）亲眼见证了 10 条发光的鱼被拖网带上岸。在甲板上的一桶海水中，这些灯鱼（scopelus）游来游去，鳞片闪闪发亮，身上还有一排排浅凹部位正发出亮光。但它们死后，身上的光也熄灭了。

许多无脊椎动物会在黑暗中发光，比如珊瑚、蛤蜊、水母、千足虫、蜈蚣、磷虾、鱿鱼，当然还有那些人们熟知的发光动物，比如萤火虫，它们实际上并非蝇类或其他小虫子，而是甲虫。有些真菌会发光（无人知其原因），但就我们所知，暂未发现自身会发光的植物，或任何自身会发光的鸟类、哺乳动物、爬行动物、两栖动物或鱼类以外的脊椎动物。在脊椎动物中，仅有鱼类能进行生物发光。

大多数鱼类栖息在深海之中，只有当人们开始研究深海时，才能渐渐知晓哪些鱼类会在黑暗中发光。长期以来，人们一直以为海洋深处空无一物，毕竟，什么生物能在高压和漆黑的环境中生存呢？然而，有一种观点悄然兴起——或许值得潜入深海一探，说不定真能发现有趣的生物潜伏在黑暗之中呢？当人们开始研究深海时，发现鱼类以截然不同的方式，顺利地适应水下生活。

1872 年 12 月 7 日，前英国军舰"挑战者号"从英格兰东南部肯特郡的谢佩岛出发，这是深海探险史上的转折点。

位于伦敦的英国皇家学会曾向皇家海军借船，用以开展漫长而艰巨的环球探险。皇家海军批准后，移出了船上的枪支和弹药，并将船舱改装成存储室和研究实验室。新"挑战者号"搭载着 21 名海军军官、216 名船员和 6 名科学家，开启了一段全新航行。

在长达一千天的航海历程中，探险队沿着北大西洋和南大西洋的外缘航行，绕过印度洋的南部地区，穿越太平洋中部，抵达当时被称为"南极大冰障"的南极洲。此次航程近 7 万海里，相当于绕地球赤道三周多。

"挑战者号"所到之处皆会停留，科学家们会将科学仪器置于海中测量有关海洋的重要数据，这种做法前所未有。绳子和钢琴线是船上的必备品，此次携带总长超过 400 千米。科学家们将铅块系在绳索上投入海中，通过测量绳索深入海底的长度获知海底深度。探险队在太平洋测得马里亚纳海沟深度为 8 184 米，人们认定此处为海洋最深处（20 世纪 50 年代同名英国探险队再次测量此处深度，测得最深处约为 10 900 米，因此命名为"挑战者深渊"）[1]。绳索还被用作拖网，从深海处捕捞生物。"挑战者号"的科学家们探测了海下 200 米至 1 000 米之间的"暮色带"，日光渐渐渗透至此处变为昏暗的蓝光，还不算太黑暗。他们把拖网撒向更深处，直至 1 000 米以下的"午夜带"（midnight zone），此处无阳光照射。他们四处探寻，发现了许多奇怪生物。无论是继续在海上探险，还是之后数十年在世界各地的实验室里研究海洋，参与"挑战者号"探险的科学家们都揭示了一种新海洋观，即海洋深处生活着的更加千奇百怪的生物，其数量之多远超人类想象。

在"挑战者"号探险之前，已知的深海鱼类不到 30 种，而且仅在海深约 100 英寻[2]处就能发现这些物种。返回英国后，"挑战者号"卸下船上装载的 144 个新物种，均由科学家们从 2 900 英寻深处收集而来。

1　最新测量数据显示"挑战者深渊"深度为 10 916 米。
2　测量水深单位，1 英寻 ≈ 1.8 米。——译注

这些物种首次向人们展示了深海鱼类的多样性和独特性，其标本现藏于伦敦自然历史博物馆。其中有斧头鱼（hatchetfish），因形似斧头而得名，你可以想象抓着它的尾巴，用它金属般锋利的身体来砍木头；有吞噬鳗（gulper eel），它们的嘴奇大无比，下颌似铰链，松松垮垮地与头部连接，一张嘴便可将大大小小的猎物一并吞下，然后存在弹性强的胃囊中；有拟海蜥鱼（halosaur），其身形细长有如鳗鱼一般，有着扁平呈三角形的吻部；还有一群生物看起来肉肉的像部分充气的足球，下颌可怖且前额有触手状突起，这群鱼均属鮟鱇鱼，其中包括黑角鮟鱇（black seadevil）、垂钓鱼（wolftrap angler）及角鮟鱇。

英国海洋生物学家约翰·默里（John Murray）在长达50卷的探险发现报告中记述了上述的所有鱼类。他随"挑战者号"历经4年航行，看到许多新捕上岸的鱼都有一个显著的特点，即它们身上都闪着星团般的发光圆点，或者有闪光发亮的黏液渗到甲板上。

当时，科学家们还无法冒险进入深海观察活鱼，亲眼瞧瞧这些鱼如何利用发光的身体部位和渗出的黏液，而只能研究这些鱼的身体。不过，幸运的是，即使从深海被打捞上来，许多鱼的身体状况仍非常好，科学家们可由此推测它们在深海中的活动情况。

默里认为，灯笼鱼或许会在黑暗中疾驰，尾部闪烁着亮光吸引猎物，从而唾手可得，一个转身便可大口啃咬它们。他也曾想象过深海龙鱼捕食的情景。深海龙鱼的体长与人类手臂相当，它们以满嘴毒牙武装自身，下颌处悬着一根触须，即发光器钓饵。默里确信，此发光器钓饵定是用来引诱其他鱼类进入"危险范围"，好让深海龙鱼轻易捕获猎物。默里猜测，深海龙鱼黝黑的皮肤上闪着白色亮光，移动时或许可以吓跑接近它的捕食者，正如他所写道，像"云之影子"一般令人发怵。

"挑战者号"收集的许多鱼的眼睛附近都有发光的囊，可发出足以视物的明亮光线。它们可以"向它们想去的方向发射光线"，默里写道。当这些鱼想要隐匿身形时，它们可以像拉下百叶窗一样关闭头顶的"亮灯"。

如今已过去近150年，科学家们仍能在深海中有所发现。少数幸运的人可以乘坐潜艇深入海下数英里，透过厚厚的丙烯酸玻璃，亲眼看见窗外闪闪发光的鱼。而用"遥控操作潜水器"（ROV），即水下机器人携带着摄像机下潜，将实时图像传送至水面，人们便可看到生龙活虎的发光动物。类似的研究显示，约翰·默里关于动物如何利用生物发光的许多理论都准确无误，例如，在黑暗中，灯眼鱼（flashlight fish）似乎确实会利用眼睛下面的光来视物，鮟鱇鱼也确实会用发光的肉质突起和触须引诱猎物。研究小组还发现，鱼的黑暗世界中所存在的远不止于此。

欢迎来到蓝光世界

最新的统计数据列出了1 510种辐鳍鱼类和51种能发光的鲨鱼。鱼类演化多次才拥有了生物发光的能力，远亲物种间反复演化至少30次才得以形成这种能力。鱼类不仅能在黑暗中发光，还是"发光界"无可争议的翘楚。

鱼类的发光方式主要有两种。一半以上的鱼类，通过体内的某种化学反应发光。它们已经演化出一种或多种分解酶的基因，这些酶通常为萤光素酶，包含一系列不同的发光分子，即萤光素。酶加速氧气与萤光素的化学反应，萤光素发生氧化后，其分子内部的化学键断裂，释放出光子。

发光分子的确切来源尚未可知，但所有发光的海洋生物都利用了相同的四种萤光素分子。鱼类主要使用其中的两种，即海萤和腔肠素，同样进行生物发光的鱿鱼、虾、水母、蛇星（brittlestar）和浮游生物体内也有这两种萤光素分子。许多不同的动物体内含有相同的萤光素分子，人们第一反应可能会感觉有点奇怪，但也许它们是从食物中获取这些分子，而且许多动物的饮食相差无几。深水光蟾鱼（midshipman toadfish）是一种发光的鱼，似乎可以佐证上述情况。北美太平洋海岸是深水光蟾鱼的主要聚集地，生活在此的深水光蟾鱼，有些能发光，有些则不能。栖居在太平洋南部加利福尼亚的深水光蟾鱼身上布满了数百个明亮的发光点，这些点即为发光器官。华盛顿的普吉特海湾北部的深水光蟾鱼的表皮上虽然也有相同结构，但它们却不能发光。然而，如果你喂给它们正确的食物，它们就会发光。该食物就是一种桡足类的微小甲壳类动物，仅可在南方见到。桡足类动物或许可以为深水光蟾鱼提供萤光素，如果没有它们，北方的鱼仍会生活在黑暗中。

另一半生物发光鱼类并非生来就会发光，而是由于体内含有大量的发光菌群所致。这些发光的微生物广泛存在于海洋之中，培养它们的菌落并非难事——只需用棉签擦拭一块被冲上岸的漂浮废料，置于皮氏培养皿中培养一段时间，就能观察到一些正在繁殖和爬行蠕动的微生物发出微光。如果你能忍受，也可以找一条死鱼，等着它发光，就像煤矿工人曾使用的"死鱼光源"一样。

细菌过量或可导致罕见而怪异的现象——海上持续闪着昏暗的微光[1]。偶尔，各自漂离的细菌会因为某些情况集合在一处，密度之大足以促使彼此发出光亮。1995 年，索马里海岸形成了所谓的"乳白色海洋"。卫星图像显示，"乳白色海洋"覆盖面积约为 15 000 平方千米，聚集了约 400 万亿个细菌。

长期以来，理论认为海洋细菌演化出发光能力是为了引诱鱼类吃掉自己。细菌寄生在鱼的粪便、蜕壳的蟹壳以及虾壳等有机海洋物质中，通过让这些零散的碎片发光，海洋细菌增加了被鱼发现并吃掉的机会，从而迈入理想的家园——鱼的肠道内部。许多鱼类对于细菌入侵自己体内持睁一只眼闭一只眼的态度，因为顺便还能借用细菌产生的光。

为容纳这些细菌伙伴，鱼类还演化出特殊器官，如鮟鱇鱼额头上悬着鱼竿一样的结构，学名为"钓饵"[2]（esca）。大多数鱼类或自身就能发光，或利用体内细菌发光，但至少有一种鱼类两者兼而有之。发光树须鱼（illuminated netdevil）属鮟鱇鱼的一种，其头部有一个球根状的诱饵，可利用细菌发光，看上去像一颗小小的腌洋葱；此外，其下颌处长着一撮触须，形似一片海藻，可根据身体内部的化学反应而发光。

---

1   与热带海洋中由海浪、船只和嬉戏的海豚激起的波光不同，这些生物发出的光源自受干扰的浮游生物——甲藻（dinoflagellate）。

2   一种发光肉质器官。

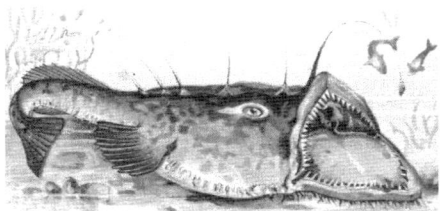

鮟鱇鱼　　©The New York Public Library

　　诸多鱼类都不止一次地演化出了生物发光能力，足以证明这一能力的用处之大。生活在黑暗中，鱼类能够制造和控制自身发光，这一强大优势可胜却万物。

　　许多鱼类利用生物发光隐藏自己，而非招摇过市，吸引其他鱼的目光。在海面 1 000 米以下的"暮色带"，鱼类居民们冒着被捕食者发现的风险，抬眼一瞧，便会看见蓝光笼罩中的黑暗剪影。如果你在一个日落后不久的晴朗夜晚出门，抬头看看夜空，或许可以看见类似的情形——一只鸟或一只蝙蝠飞过头顶，犹如一个黑影在深蓝的幕布下一闪而过。为隐藏自己，有些鱼身上的光点排列在不同的线条上，打破了原有的身形轮廓，用以混淆视听，作用与神仙鱼的蓝黄两色条纹类似。许多鱼的腹部覆盖着光团，使自身包裹在蓝光之中，从而隐藏自己在暗光下的身影，这种现象称为"反照明"（counter-illumination）。它们甚至还可以调整腹部亮光，以精确匹配从上方渗出的蓝光强度，确保随时随地都能隐身。此策略多用于"暮色带"的鱼类，包括地球上数量最多的脊椎动物——钻光鱼和灯笼鱼。它们大部分时间都在昏暗少光的环境中度过，并且一直隐身，假装自己根本不存在。

同样，雪茄达摩鲨（cookie cutter shark）的腹部也会发出蓝色的光。19世纪30年代，弗雷德里克·德贝尔·班尼特（Frederick Debell Bennett）在捕鲸航行中捕获了这些半米长、纺锤形的鲨鱼，并将其发出的光描述为"真正可怖的现象"。他还注意到这些鱼的脖子上有一条深色、不发光的带状条纹，中间粗，向两端逐渐变细。他猜想，这条带状条纹看起来像一条小鱼的影子，是因为雪茄达摩鲨想通过此法伪装自身以期吸引体积更大、游速更快的动物，如海豚、鲸鱼和金枪鱼。当"捕食者"飞速赶来，本以为可以获得食物，没想到却扑了个空，反被雪茄达摩鲨咬下一口肉。这种寄生鲨鱼诱使"捕食者"前来后，会紧紧咬住它们的皮肤，再原地转身撕扯掉它们的肉，随后游开，只留给对方一个规整的圆形伤口，因此也叫饼干切割鲨[1]。如果班尼特的猜想正确，那么就可以解释游速较慢的鲨鱼为何能追上并咬伤游速较快的"捕食者"，后者身上常被发现有饼干形状的疤痕。由此，雪茄达摩鲨也将成为已知的唯一会利用影子模仿其他物种的动物，和皮影戏中的影人有异曲同工之处。

　　其他鱼类还会利用蓝光互相交流，好比萤火虫利用自身发出的萤光相互打着暗语，如果你对着一条灯笼鱼闪烁灯光，它可能会误认为你是潜在伴侣，会同样以闪光作为回应。管眼鱼（barreleye）也称为鬼鱼（spookfish），会在腹部给彼此留言。由于这种鱼十分

1　与其他大多数鲨鱼一次换一颗牙齿不同，雪茄达摩鲨剃刀般的利牙整齐相连，这意味着换牙时，它们必须同时换掉所有的牙齿，就像吐出一副假牙一般。

脆弱，打捞上岸时已被渔网刮得遍体鳞伤，因此在很长一段时间里，人们对这种鱼的了解甚少。不过，在 2004 年，人们在加利福尼亚海岸处 600 米深的水下拍摄到了太平洋管眼鱼的真容。它的头部有一个透明罩，与宇航员的头盔相似，当它们试图抓取附着在管水母（siphonophores，水母近亲）刺状触须上的食物时，该透明罩或可保护在罩内转动的绿色管状大眼睛[1]。它那管状眼睛总是向上张望，时刻关注上方动静，这模样像极了望远镜。管眼鱼的两只管状眼睛旁各有一只更小的眼睛，眼内有一层闪亮的鸟嘌呤晶体用以聚焦光线，而无正常的透明晶状体，因此它们是唯一拥有"反光眼睛"的动物，并且可以聚焦生物发光动物（包括其他管眼鱼）发出的暗淡蓝光。此外，管眼鱼的肠道末端有一个叫做直肠球的结构，内部充满了共生的发光细菌。光线射入其平坦腹部时，会像自行车反光器一样反光。腹部反光不仅掩盖了管眼鱼的身体轮廓，还让不同物种在管眼鱼的腹部呈现不同的深色图案。如此一来，管眼鱼可在黑暗中向同类传递暗号，亮明不同物种的身份信息。

夜间时分，在靠近水面的地方，另一群发光的鱼在浑水中用自身发出的光互相交流着，它们就是辐鱼（ponyfish）。这种鱼体型小，体表呈银色，常在河口和沿海水域的浅滩中徘徊。如果时间凑巧，你会看到整个鱼群闪着亮光一同游动的盛况，这些亮光主要由雄性辐鱼发出。它们的食道周围有一圈发光组织，其中富集了大量共生细菌，此外，它们的鱼鳔呈银色，也可反射光线。辐鱼侧身有两扇"透明窗户"可让光线从体内透出，若不想发光，关闭"窗户"

1　著名的僧帽水母（*Physalia physalis*）就是一种典型的管水母。

即可。如果辐鱼身上未发出光亮，则很难区分其种类。不过，一旦它们发光，便可看出不同种类辐鱼显示的特定亮点和闪光序列。雌性辐鱼也会发光，但亮度通常比不上雄性（雄鱼喉咙处的发光环大小是雌鱼的两倍）。雄性辐鱼会用自身发出的光与雌鱼交谈，诱惑它们过来瞧瞧自己在要什么花招。

生物发光帮助鱼类识别彼此，就像孔雀鱼和慈鲷的彩色花纹一样，或许在物种演化中发挥了重要作用，尤其是在没有物理障碍的开阔水域。利用生物发光交流的鱼类通常也是种类最多的群体。例如，灯笼鱼共 252 种，其头部、尾部和身体两侧有专属的发光图案，通过这些图案便可向同类亮明身份。与此同时，钻光鱼发光只为掩盖身形轮廓，而非在黑暗中传递信息，目前已知的钻光鱼种类为 21 种。研究发现，新物种的演化速度在深海鱼类中更高，和灯笼鱼一样，它们利用光亮吸引异性、识别彼此。深海鲨鱼亦是如此。灯笼棘鲛（lanternshark，也称乌鲨）是所有鲨鱼中体型最小的一科，许多灯笼棘鲛的体长仅相当于人类手掌长度，目前已知的种类为 38 种，在鲨鱼属中算得上种类繁多。它们居于"暮色带"，此处光线昏暗，因此它们总是想方设法照亮自己。绒腹灯笼棘鲛（velvet-belly lanternshark）长有锋利的毒刺，如光剑一般尖锐发亮，或许是为了吓退捕食者，其身体两侧和尾部也有发光图案。被捕捞的鲨鱼在游动时会左右转动身体，以便让同类看见自己发出的闪光信号。雄鲨甚至有发光的鳍足，这是一种类似阴茎的结构，会断断续续地发出光亮，大概是在向雌鲨施展自己不可抗拒的魅力。

截至目前，所有这些鱼发出的光亮颜色相似，多为蓝色，从而与"暮色带"的下沉光衬映，对开阔海域中诸多鱼类来说是十分舒适的色光，它们通常在蓝光中视物效果最佳。但有一种发光的鱼并未遵守这种蓝光规律。

龙鱼就是不走寻常路的鱼类，它们发出的是红光。它们在黑暗中发出红色光束捕食猎物，并用加密波长相互交流，像戴上夜视镜一样。发出红光的龙鱼能揭穿红色生物的伪装，这是因为深海暗处缺乏红光，环境色通常呈现为黑色，于是在黑暗环境中，龙鱼的体色更加显眼突出。龙鱼不仅能发出红光，还能看到红光，它们调整视野的方式非同一般。

其中一种名为黑软颌鱼（stoplight loosejaw）的龙鱼，有着球状的红色眼睛。不同寻常的是，其视网膜上有一种可检测到红光的色素，该色素可用作光敏剂，让鱼看到光谱中的远红光部分。同时，该色素还是改良版的叶绿素，植物、藻类和细菌利用叶绿素从阳光中获取能量。众所周知，动物无法合成叶绿素，因此黑软颌鱼体内的叶绿素定是来源于食物，但它们如何摄取该物质仍未可知。

这种特殊的叶绿素分子由一种生活在浅海周边泥浆中的细菌产生。这种微生物从未发现于黑软颌鱼生活的深海或开阔水域，但不知何故，这种叶绿素进入了桡足类动物（还是那些小甲壳类动物）的体内，而黑软颌鱼正是以桡足类动物为食。浅海和深海之间如何产生联系尚未可知。生活在水下数百米深处的鱼类借用一种特殊色素在黑暗中视物，而这种色素通常用于光合作用，这的确不可思议。

"秘密涂鸦"

早在 19 世纪，人们就已经发现了会生物发光的鱼类，但数十年之后，人们才发现了另一种发光动物，其数量较为庞大。1927年，英国博物学家查尔斯·菲利普斯（Charles E.S. Phillips）给《自然》杂志写了一封简短的信，描述他在英国南海岸托贝（Torbay）海滩上看到牢牢附着在岩石上的发光海葵。他带了几只这种形似花朵的动物回到伦敦，用紫外线照射，发现它们的触须尖端发出亮绿色的光。菲利普斯在信中称，在海洋生物研究中，紫外线灯可用作辅助工具，但当时无人理会这一建议。

直至 30 年后，才终于有人尝试在水下利用紫外线灯进行海洋研究。20 世纪 50 年代末，理查德·伍德布里奇（Richard Woodbridge）携带自制的紫外线灯潜入美国东北部缅因州附近的寒冷水域，亲眼看见无脊椎动物发出的光点亮了周身环境。和菲利普斯一样，他也写信给《自然》杂志，强调这个新型研究工具大有用处，但同样未激起一点浪花。伍德布里奇把自制的紫外线灯借给科幻作家兼潜水爱好者阿瑟·C. 克拉克（Arthur C. Clarke），后者试用后便在 1963年的《海豚岛》（Dolphin Island）一书中介绍了此灯的用途。书中人物带着紫外线灯在澳大利亚大堡礁潜水，他写道："当紫外线照射在各种珊瑚和贝壳上时，它们似乎突然重生了一样……在黑暗中闪耀着蓝色、金色和绿色的荧光。"

生物学家们这才明白使用紫外线灯的巧思，并开始用紫外线照射各种动物，发现许多动物都会发光。蜘蛛、蝎子、虎皮鹦鹉、蝴蝶、浮游动物、珊瑚、软体动物和虾蛄都有这种能力，但它们自身并不发光，而是操控周围的光以达到相同效果。这并非生物发光，而是生物的荧光性，同时，研究人员逐渐发现，许多鱼身上都有相同形式的"秘密涂鸦"。

德拉瓦卡岛（Drawaqa Island）是斐济森林岛屿链之一，在其东侧，有一片被称为"日出海滩"的沙地。夜幕刚刚降临，满月倒映在海面上，此时我更愿称为"月升海滩"。

我从潜水棚出发，短途跋涉了一会儿，便从小岛这头走到了另一头。我背上潜水装备，涉入清凉的水中，在水的浮力中享受松弛感。我在水中漂浮了一会儿，穿上脚蹼，整理好比平时更多的潜水装备。

首先，我测试了两盏挂在手腕上的防水灯，一盏发出普通白光，另一盏则为深蓝色的光。其次，我脖子上系有一个黄色的塑料面罩，瞅准机会我便将这面罩掀起戴上，这一刻我感觉自己像是乐高积木中的女宇航员。

接着，我按下按钮，放出潜水服中的空气，沉入一片黑暗的水中，感觉自己置身于茫茫寂静。我一直很喜欢夜间潜水，第一次夜潜时，我本以为自己会又冷又怕，迷失在黑暗中。这感觉就像在夜间潜入森林，脑海中浮现出一些看不见的野兽，它们在手电筒照不到的地方埋伏着。但不知怎的，夜间潜水的感觉与想象完全不同。水中虽一片黑暗，却能让人放松，浮躁的心灵也终归沉静。我不禁在此深思冥想，周围安睡的鱼儿们更是平添一抹祥和。

在我前面，我的"潜水伙伴们"发出亮光，形成一座座光池，呼出的气泡就像银色的祷文升入天空。我打开那盏白光防水灯，光线打破了黑暗，之前无影无踪的红光和橙光又重见天日。早些时候，也就是太阳当空之时，我曾在同一地点潜水，此时所见比当时更为生动。我轻轻地下沉，跪在海床的沙地上，开启与众不同的夜潜之旅。

戴上黄色面罩后，我关掉了白光灯，十分激动地在一片漆黑中小坐片刻。睁眼与否区别不大，于是我打开蓝光灯，周遭世界瞬间改变。

几秒钟前，放眼望去，珊瑚礁还满眼尽是柔和的绿色和棕色，现在却变成了一个神奇仙境。背景犹如红丝绒般深沉而柔和，分叉的珊瑚似是伸出霓虹绿色的"手指"，"指尖"还泛着紫色。脑珊瑚（brain coral）的枝干纵横交错，绿色和红色覆盖上方，犹如蜿蜒山谷。礁石上处处闪着光点，仿佛满天的星光沉入海底。

我手中的防水灯发出蓝光，犹如魔杖，我指向哪里，那儿的珊瑚礁和"居民们"都会向我发光以作回应。小海螺拖着一个鲜红的螺旋形贝壳，它那豆绿色的脚在海床上缓缓滑行。海葵只有我的手掌大小，独自在水中拨弄自己的黄色触须——将它们一个一个地拨到中间的口盘处，好似在舔手指。

我再次打开白光灯，确认这不是梦境，珊瑚礁暂时恢复常态。随后，我又转换成蓝光，再一次掉进爱丽丝的兔子洞。我面前坐着一条蛇鲻（lizardfish，又称狗母鱼），通常来讲，这算不上让人激动不已的鱼类。它们的体表呈斑驳的米色，几乎与海底融为一体，希望不被发现。在我的蓝光照射下，这条蛇鲻全身闪着夺目的硫酸绿色的光，在周围的海床沙地上投射明亮的阴影。还有一条绯鲵鲣，它的下颌处有两根长长的触须，看起来就像在荧光黄的油漆里浸过一样。一条石斑鱼则躺在海床上，发出斑驳的红光。

并非所有的鱼都在我的蓝光照射下发出不同颜色的光。例如，一条镰鱼（moorish idol）蜷缩在小洞里，它此时并未发光，看着就像一张未冲洗完全的底片，模糊而灰暗。但当我向珊瑚壁下方窥视时，发现了一条小鱼，这是一条背对着我的鲷鱼。白天，这种鱼的体色半白半黑，眼睛后侧有白色线条。现在到了夜晚，沐浴在我的蓝光下，它的侧身新增了绿色条纹。我看了一会儿，直到它转过身来，对我噘着嘴，嘴唇上仿佛涂着鲜艳的红色唇膏。

在那次潜水之前，我从未注意到鱼身上的荧光图案。这些图案一直存在，只是我错过了多姿多彩的世界，因为和大多数科学家和潜水员一样，我没有以正确的方式看待它们。

我在斐济岛看到的所有发光动物的皮肤上都有荧光分子，这些荧光分子可以改变颜色，产生通常不存在的波长。荧光色素吸收了防水灯中发出的蓝光，然后重新发出不同颜色的光。通常，紫外线或蓝光等波长较短的光被吸收后会成为波长较长的光重新发射，形成绿光、黄光和红光，似彩虹一般。当光子激发荧光分子中的电子时，电子会短暂地进入一个高能状态，待其冷却后再次释放光子，就会发生上述情况。这种转变十分迅速，意味着荧光物质只有在光照下才会发光，而不像磷光表盘或卧室天花板上的夜光星星，它们会吸收光子，并在很长一段时间后重新发光。

各类荧光物质会干扰照射到它们表面的光的波长。常见的荧光分子是叶绿素，因此许多珊瑚会在蓝光照射下发出红光：生活在珊瑚组织内的单细胞藻类含有荧光叶绿素，可以将蓝光转化为红光。

最广为人知的发光海洋生物，至少在科学界如此，或许要数水晶水母（crystal jelly），它们恰好同时具有生物发光和荧光两种能力。这种微小而脆弱的生物栖居于美国西海岸，跟随太平洋洋流四处漂泊。水晶水母通体透明，但当它们碰撞到其他物体时，会发出绿色的光。于水晶水母而言，发出绿光需要两个步骤。首先，水母体内的发光蛋白质发生化学反应，产生蓝光光子，这一步是生物发光过程的一部分。接着，蓝光照射到荧光分子上，这种分子会改变蓝光波长，从而使水母发出绿光。

第二种分子称为绿色荧光蛋白（GFP），这种分子于 20 世纪 60 年代首次从水母体内提取出来，对科学研究产生了革命性的影响[1]。如今，实验室里随处可见克隆版本的绿色荧光蛋白，研究人员可在克隆版的绿色荧光蛋白上标记特定基因，只需用紫外线或蓝光照射，便可观察到它们在活细胞或身体部位的反应时间和位置。

1　在其他动物身上也发现了各种荧光蛋白，但水母的荧光蛋白的应用仍最为广泛。

因此，可利用绿色荧光蛋白对扩散的癌细胞进行荧光标记，并追踪神经生长以及它们与大脑连接的过程。甚至还可将绿色荧光蛋白用于鱼的基因改造，使其在黑暗中发光，但此法最初作为污染物测试。当一条转基因斑马鱼游经被污染的水时，会发出亮光，发光的转基因鱼现在也可以作为宠物出售。在过去的数年里，人们发现许多鱼类天生便能发出荧光，无须基因改造。人们在一次意外中发现了它们的"秘密涂鸦"。

就在埃及的红海岸边，德国图宾根大学（University of Tübingen）的海洋科学家尼科·米歇尔斯（Nico Michiels）决定戴上用红色塑料薄膜覆盖的面具潜水。他想要亲自测测，当他潜入海中，红光从射入水中到消失到底需要多久。

我们通过 Skype[1] 聊天时，尼科告诉我："这感觉有点瘆人。"下潜至 5 米处，水下光线已经相当昏暗。潜至 10 米深时，尽管当时正是热带地区的正午时分，他仍感觉像在夜间潜水。此时，周围水中的所有红光都消失了，再加上经过改良的面罩挡住了其他波长的光，因此尼科根本看不见任何光。

"我完全看不清我的潜水电脑，"他说，"更看不见与我一同潜水的伙伴。"

1 　一款即时通信软件。——译注

尼科的眼睛逐渐适应了黑暗环境，他注意到暗礁上的珊瑚隐隐地发着红光，这是因为与珊瑚共生的藻类含有叶绿素，故而发出红光。

这时，尼科突然发现一双小小的红眼睛在向他眨眼。我的电脑屏幕上也有一双这样的眼睛盯着我，原来是尼科的 Skype 头像——一条虾虎鱼，看上去也像是戴着一副红色的大眼镜。

"我非常兴奋，"他告诉我。此次潜水，除了那些眼中泛着光的鱼，他几乎看不见别的鱼。此时此刻，他明白了，在这个不同寻常的红色世界中，他能看到与众不同的事物。

当时，还未有人发表过关于荧光鱼的科学论文。尼科认为，发光鱼领域长期以来被研究者弃之脑后，其中一个原因是人们夜间潜水时携带的是紫外线灯，而此时大多数鱼类已经躲起来并入睡了。我的运气不错，在斐济夜潜时，倒是发现了几条鱼。

"说实话，从来没有人蠢到在面罩上覆盖一层红色滤光薄膜，"尼科向我抱怨，"因为很显然，在水下戴着这玩意，你将什么也看不见。"

不过，受此启发，尼科迈入了一个全新的研究领域。在此之前，他主要研究蚯蚓和扁虫的生殖行为。但见过那个"红色世界"后，他将重心转向发光的鱼。在之后的几年里，他仍旧戴着那副红色面具，在世界各地潜水，找寻发光鱼类的踪影。尼科及其研究团队将鱼带回德国实验室，分别用蓝光和紫外线照射它们，发现许多鱼无法生物发光，它们发出的是荧光。

2008年，有关发光鱼类的第一篇论文发表，文中提到，尼科及其团队共发现30多种荧光鱼类。其中许多荧光鱼类的眼周都有红色环状花纹，有些则浑身闪着红光，但鱼类并非只发出红光。尼科首次发现荧光鱼后，美国自然历史博物馆的约翰·斯帕克斯（John Sparks）领导团队从各个海域收集珊瑚礁鱼，并从水族馆购得其他鱼类。在蓝光照射下，他们发现除了红光外，有些鱼还会发出绿光，有些则发出橙光，还有一些鱼身上有着色彩斑斓的图案，仿佛来自一个永远闪着各色荧光的迪斯科舞厅。不仅如此，鱼类演化树的各个分支上都能见到它们的身影，比如，发出荧光的鲨鱼、黄貂鱼、比目鱼、石鱼、鳎鱼、虾虎鱼、鳞鲀、海马、鳗鱼、鲻鱼和隆头鱼。

斯帕克斯的研究成果于2014年发表，当时的尼科·米歇尔斯完全相信许多鱼类都能发出荧光，于是开启了一项更重大的研究——了解鱼身上的荧光现象如何形成，以及荧光的用途。正如他戴着红色面罩潜水时所见，太阳光中大部分红光被水吸收，且在水面以下10米处消失。如果无红光照射，鱼身上的红色色素便会缺失，并逐渐变为灰色或黑色（正如前文提及，深海中，红色常用于伪装，且效果极佳）。荧光海洋生物颠覆了这一物理规律，将可用的蓝光转化为消失的红光，制造出更多海洋中不可见的颜色。

重点在于如果用蓝光照射一条鱼，便可看见它发光的模样，正如我在斐济岛所见，但这并非鱼在自然条件下的本来面目。尽管鱼的表皮含有荧光色素，但它们眼中的彼此并不是荧光色素所呈现出来的形象。与自带发光蛋白的水晶水母不同，大多数浅水鱼类不会随身携带蓝光灯而让自身发光，故而鲜有人注意到鱼类会发出荧光。

不过，我学着鱼的样子，戴上黄色面罩去潜水——许多鱼的眼球呈黄色，它们看世界时仿佛戴着黄色太阳镜，因此凸显了波长较长的光，如红光、橙光和黄光，极大概率增强了鱼类对荧光色的感知能力。这一点很关键，因为如果没有人类潜水员手持电筒对其照射，鱼类发出的荧光要微弱得多。在斐济的那晚，我周围发出的荧光鱼极有可能是被月光照亮，而非人力所为。而在白天，正是射入水中的阳光分离出大量蓝光照射在鱼体表面，才使它们呈现出荧光色。

最大的问题是它们为何会产生这些色素？尤其是为何鱼的体内会多次演化形成发出荧光的能力？在最近的调查中，尼科的团队发现了 272 种红色荧光鱼类，其中许多为捕食者，常常埋伏在海底，不希望引起其他生物的注意。这些"潜伏者们"包括鲉鱼（scorpionfish）和比目鱼，它们依靠伪装来欺骗毫无戒心的猎物，诱使猎物游进它们触手可及的捕食范围。它们身上的荧光反而使其不易被察觉——表皮上覆盖着的斑驳荧光，帮助它们与珊瑚礁中富含叶绿素的簇簇海藻融为一体。

就像许多会生物发光的近亲一样，有些鱼或许也能用荧光交流。它们的鳍上有很多荧光斑块，可以朝彼此闪光，然后在捕食者发现它们之前迅速收起亮光。雄性隆头鱼的脸部有红色荧光图案，可以帮助它们识别入侵者。这些小鱼暴躁易怒，如果在它们面前摆放一面镜子，它们会误以为镜中的自己是另一条鱼，从而摆出具有攻击性的威胁姿势，欲与镜中的自己一决高下。至少它们在普通白光的照射下会如此行动。当尼科的同事托拜厄斯·格拉赫（Tobias Gerlach）在镜子前放置滤光片来阻挡红光时，雄性隆头鱼看不见镜中小鱼的面部荧光图案，战斗力会减弱，也就没那么好斗了。这表明荧光色可能为海报色，其发光方式或许连康拉德·洛伦兹也未曾预料。

尼科的另一个观点或许可以解释为何这么多种鱼类都会发出荧光。尼尔斯·安特斯（Nils Anthes）主导的最新研究表明，红色荧光在虾虎鱼等小型食肉动物中尤其常见。它们会捕食更小的猎物，譬如虾——在海底完美隐身，极难被发现，但虾的眼睛很难伪装，可能会暴露它们的行踪。尼科及其团队认为，这些小鱼的荧光眼睛，和他在红海发现的第一条荧光鱼一样，发出的光或许足够明亮，以至于猎物的眼睛在近距离内也会向它们反射光亮。

夜晚用闪光相机给猫或鳄鱼拍照时，你会看到它们的眼睛在黑暗中会反射光亮。荧光鱼也能发出类似的光，只不过反射的光线源自眼睛而非闪光灯。一双眼睛发出的红光可能会使另一双眼睛也发出光亮。尼科称，这些虾"将自己伪装得很好，但眼睛除外。如果你有办法让它们的眼睛闪闪发亮，就能识破它们的伪装。"

上述理论表明，一些荧光鱼利用的光线弯曲技巧与灯眼鱼和黑软颌鱼的"头灯"原理类似，只是光线没那么耀眼。尼科指出，并非所有鱼类都想如此醒目，"它们定有极微妙的机制调控光线亮度。"

然而，对于鱼类视觉领域，尼科才刚入门，他必须再加把劲才能让经验丰富的研究者们接受他的观点。"要说服其他人，还需相当长的时间，"他说。他的团队正在从所有可能的角度出发，观察鱼类的荧光现象，比如，鱼眼能探测到什么？荧光如何影响鱼类行为？鱼类如何控制全身的荧光图案？他说："我们现在只是在构建论点。"

研究过程中，尼科试图了解鱼眼背后藏着怎样的秘密。当他戴着红色面具，无意间瞥到这些鱼在向他闪着光亮，他说："还有更多线索等着我们发现。"

日本大鲇

日本江户时代传说

很久以前，人们便知道，在日本列岛下藏着一条巨型鲇鱼，大家称它为"大鲇鱼"（O-namazu）。唯有建御雷神（Takemikazuchi）能镇住大鲇鱼——他将巨石压在大鲇鱼身上，从而阻止它给世界带来巨大的灾难和不幸。

一日，建御雷神前往一座秘密寺庙与众神会面，并留下渔民之神惠比寿负责看守大鲇鱼。但惠比寿喝得酩酊大醉，打起了瞌睡。大鲇鱼趁机挣脱了巨石的压迫。它猛地一甩尾巴，引发了一场可怕的地震，江户大部分地区因此被摧毁，死亡人数达数千人。

幸存者们讲述着许多有关地震和大鲇鱼的故事。有人说，大鲇鱼嫉妒其他鱼类在日本料理中更受欢迎，于是引发地震；也有人说，大鲇鱼因为人类贪得无厌，所以以地震作为惩罚，迫使让富人献出巨额财富；还有人说，商人和木匠等狡诈之人迫使大鲇鱼引发地震，造成破坏，如此一来，他们就可以从灾后重建中大捞一笔，但这并非大鲇鱼本意。

第五章

鱼群

当一条沙丁鱼游过东太平洋冰冷的海水时，它看似形单影只，实则有上千条鱼簇拥着它一路疾驰，围着它转圈。和许多鱼一样，沙丁鱼并不擅长单独行动，因此它们总是结伴同行。这群鱼似乎以为它们是一个整体，于是一起转弯，一起加速向前，又一起减速后退。沙丁鱼虽小，但并非"机械零件"。它们精于观察，有自己的想法和感受，又擅长听取意见，明白下一步计划是什么，并且有自己的一套"潜规则"，用于保证鱼群步调一致。

一定程度上讲，选择加入哪个鱼群意味着要在其中找到与自己体型相近的鱼类。它们做决定时需遵守数条规则。规则一，不要成为鱼群中体型最大或者最小的鱼，否则会因太过显眼而成为"出头鸟"，被捕食者率先吃掉。尚不清楚鱼儿们如何与同伴比较大小，但它们总有办法辨别。

接下来的规则与距离相关，可以确保沙丁鱼不会撞到其他鱼，或彼此间隔过远。规则二，如果与后面的鱼靠得太近，距离在两个身长以内，那么就会加速前行。规则三，如果与前面的鱼相距过度靠近，那么就会减速缓行。

当它们行动完全一致时，看上去好像所有的鱼儿在同时转圈，不过在鱼群中，并非"人人平等"，其中有领导者，也有追随者。我们目光锁定的那条鱼是追随者，因为它在鱼群中间靠后的位置游动，而非队伍前方领头的位置。它或观察距离最近的几条沙丁鱼，或视野范围内的所有沙丁鱼，观察着同伴游动的方向从而决定自己该往哪儿游。沙丁鱼通过身体两侧的侧线感知同伴游动时产生的水波压力，从而确定最近同伴的位置。

突然，一股恐慌的浪潮席卷了整个鱼群，所有沙丁鱼向下俯冲，挤在一起。原来它们遇到了海狮。队伍后方的鱼虽未来得及看见海狮，但已经从周围同伴的身上获得了信息——它们闪闪发光，转动着身体，预示着危险即将来临。潮水此起彼伏，将鱼群卷起，这场面堪比体育馆内墨西哥球迷制造的人浪。海浪的移动速度远超沙丁鱼自身的游速，因此危险来袭时，这关乎生死的重要信息便跟随着波涛，一浪接着一浪地在鱼群中传播开来。

获知危险信息后，沙丁鱼越来越焦虑，愈发密切地关注着周围情况，并更加精准地模仿同伴动作。现在它们置身危境，对于所有鱼而言，融入鱼群、保证步调一致比以往任何时候都更加重要。任何一条鱼的节奏错乱，便会引起海狮的注意，成为它的捕食目标。沙丁鱼融为一体后，海狮很难识别其中任何一条鱼，于它而言，所有的鱼已经消失在鱼群中了。

海狮越挫越勇,这次它将鱼群一分为二。虽被强行分离,但鱼儿们知道它们必须保持团结,于是它们像奔流的喷泉一样回流,组成一个新的鱼群。海狮虽未袭击成功,但已经将沙丁鱼群逼向岸边,这样它们只能在沙质海湾中活动。海狮一次次地向鱼群猛扑,却屡战屡败,看似沙丁鱼能读懂海狮的心思,但其实它们只是游速太快,快得让海狮始料不及。鱼类神经系统发达,信号在大脑和肌肉之间迅速传递,因此它们能在一秒内做出反应。

但海狮决心已定,势必拿下对方,于是再次冲进鱼群。形势愈发紧张,沙丁鱼游得更快了。鱼群转身而动,最终形成了一个紧闭旋转的球体。每条鱼都拼命地向中心游,想让后面的鱼为自己挡蔽危险,尽可能远离捕食者的"虎口"。此时,鱼儿们惶惶不安,不再互帮互助,于是形成了这种队形,每条鱼都在利用这种排列方式,只为自保。

最后,海狮接连吃了两条沙丁鱼。它们虽遭不幸,但鱼群中的大部分鱼仍处于安全境地。正是因为团结一致,大多数沙丁鱼都安然无事,逃脱了海狮的捕杀。相比之下,如果它们独自在海中漂泊,仅靠一双眼睛观察周围动态,就没这么幸运了。

尽管古代鱼类文献将在水中了此一生的生物统称为鱼类,但这并不足以区分鱼类与非鱼类。生物在三维液态空间中的移动方式,才是判定其是否为鱼类的关键。

回首 15 岁那年在加州的情景，我注视着一个与现实截然不同的世界——成群的沙丁鱼娴熟地避开海狮的血盆大口。鱼类所处的环境密度是空气的 900 倍，黏稠度是空气的 80 倍，正是这些环境因素造就了鱼的一切行为。它们必须推动身体向前才能克服水的阻力，但另一方面，鱼类仅需一个鱼鳔就可以摆脱重力的牵引，在浮力的作用下轻而易举地浮于水中，就算是鸟类、蝙蝠或昆虫也无法如此轻松地"飞行"。

其他水生动物都有各自的水下活动方式：鱿鱼和章鱼通过喷射水柱推动自己前进；有些水生动物的头部两侧有"耳朵"似的结构，可以随意摆动前进；螃蟹和虾用扁平的桨状腿移动；较小的水生生物则用触须和毛发在水中划行。但没有动物能超越鱼类，它们在水中游得那样快、那样猛、那样远。毕竟，鱼类历经数亿年的演化，才得以在水中潇洒自若地畅游。

泳姿大不同

你可以先观察一条鱼，单从身形就能知道它的游动方式。不久前，我在西非的塞内加尔第一次看到了黄鳍金枪鱼（yellowfin tuna）——当时它被竖立在一张碎冰床上，面朝市场的天花板。这只黄鳍金枪鱼的体型硕大无比，我的手臂大约只能环抱它银色身体的一半。从它那满是结实肌肉的鱼雷形躯干便可看出，这条鱼一定游速极快，且擅长力量搏斗。它的尾巴被切下，静静地躺在它身边，仿佛柜台里又钻出一条金枪鱼。这尾巴形如一轮优雅的新月，虽不太适合掌舵，但在金枪鱼巡游时却是减少阻力的理想之选。在长时间巡游时，为进一步减少阻力，金枪鱼会将一对胸鳍缩进身体两侧的凹槽中，使身体出现平滑的流线型轮廓，如此一来，便能在海中畅游自如。当它们捕猎时，又将胸鳍向后翻出，便于控制方向、追逐猎物。它的一对细长的鳍也呈亮黄色，形似镰刀，可助其保持平衡，以免游动时身体发生翻转。一排排三角形黄色小鳍自腹侧沿背部排列，一直延伸至尾部，这种流线型结构或许可将水流推向身体两侧及后部，从而产生向前的推力。

柜台后面的鱼贩想要捡起黄鳍金枪鱼的尾巴，奈何又重又滑，没能成功。他又试了试，仍是徒劳，直到有人前来帮忙。我很好奇，行驶在大西洋的塞内加尔渔船上，需要多少人才能将这光滑的庞然大物搬到甲板上。

鲭鱼、剑鱼、青枪鱼（marlin）和旗鱼的外形与金枪鱼相似，它们都是身形似鱼雷，尾巴似叉状或新月，且演化程度高、耐力持久，可进行长距离游动。剑鱼和旗鱼是公认的"游泳冠军"，它们能以每小时 100 千米的速度冲刺，但最近的研究表明，这一数据有些言过其实。即便如此，这些捕食者仍不小觑。旗鱼的爆发速度约为每小时 32 千米，远超比它们小的一切猎物，这一数据更令人信服。如果游速更快些，还会产生气穴现象，即水流在高压下形成气泡，而后气泡破裂，产生强烈的冲击波，此时鱼将面临被空化气泡伤害的风险。在珊瑚礁上，枪虾（pistol shrimp）捕食时会快速合上巨螯，喷射出一道高速水流，由此触发气穴现象，形成空化气泡，这也是珊瑚礁噼啪作响的主要原因。虾的外壳牢固坚硬，可以承受巨大冲击，但脆弱易受伤的鱼皮和鱼鳞则不行。

旗鱼　©British American Tobacco Company

　　灰鲭鲨和鼠鲨等鲨鱼外形与金枪鱼和旗鱼类似，身形呈鱼雷状，尾巴呈叉状，它们也能长距离游动。这些鲨鱼没有鱼鳔，甚至也无脂肪含量高的肝脏为其提供强大浮力，因此它们在水中有下沉风险。尽管如此，它们长有巨型胸鳍，横截面状如机翼，恰好能弥补上述缺陷。当它们向前游动时，胸鳍上方的水流速度比下方快，从而产生向上的浮力。2016 年的一项研究发现，大锤头鲨（great hammerhead shark）有 90% 的时间都是侧身游动，与垂直方向的角度保持在 50°~75°，这一泳姿看起来虽不协调，但高背鳍却能为其增加在水中的浮力。

　　与远距离游泳运动员相比，长有宽扇形尾巴的鱼类往往是爆发力惊人的短跑运动员。白斑狗鱼（pike）、梭鱼（barracuda）和石斑鱼（grouper）等伏击型捕食者，拥有宽大的尾巴，可以将大量的水向左右推。拖着一条大尾在水中游动固然费力，会产生强大阻力，但短距离捕食需要势如破竹的速度和惊人的爆发力，因此利用这条大尾捕食效果显著。

　　海浪翻滚，鳗鱼从头到尾都会随着波浪上下起伏，它们调头跟着另一方向的浪潮起伏就可以向后游。长刀鱼（knifefish）身体僵直，下腹长鳍呈波浪状游动；弓鳍鱼也有类似的姿势，但它们依靠背鳍游动。

比目鱼的游动方式和身形直立的鱼一样，只不过它们侧身平躺着游。鲽鱼（placie）、比目鱼等鱼类在孵化后的数周内，往往以直立方式游泳。随后，它们的头盖骨开始弯曲、移动，嘴巴也变形了，一只眼睛越过脸颊的中轴线移至另一只眼睛旁（物种不同，移动的眼睛也不同）。因此这些鱼的扁平身躯会具有两面性，一面呈淡淡的灰白，另一面则有深色斑纹。成年后，它们会侧着身子，将灰白的一面贴着海床，深色的一面朝上，起到伪装的作用，最终，两只眼睛都在头的同一侧，并排仰望。现在，它们不再左右扫尾向上游动，而是上下摆动尾巴前行。一些板鳃类鱼也采用这种侧身平躺的生活方式，趴在海床上"守株待兔"，但它们的泳姿却有所不同，如魟鱼（skate）和鳐鱼（ray）由上及下挤压全身，将腹部紧贴海床，游动时拍打着向两侧伸展的巨大胸鳍，就像鸟儿拍打翅膀那样。

飞鱼（flying fish）的鳍则更像鸟的双翼。它们在水下加速，然后一跃而起腾至空中，展开巨型胸鳍并保持不动，即使不扇动双鳍也能滑行数十米甚至数百米。2010 年，韩国首尔大学（Seoul National University）的朴亨敏（Hyungmin Park）和崔海川（Haecheon Choi）将飞鱼标本放入风洞，发现飞鱼的滑翔效率堪比鹰隼。鱼类学会飞行或许是为了躲避捕食者。从水下往上看，海面就像一面镜子，能反射光并呈现倒影，除非天气晴朗时，飞鱼的身影恰好投射至水面，否则居于水下的捕食者无法看见它们。长期以来，飞鱼一直以这种方式逃脱捕食者的追捕——人们在 2.35 亿年前的岩石中同时发现飞鱼与巨型鱼龙的化石，后者可能飞鱼试图躲避的捕食者。

还有一些鱼从体形便可知晓，只要一有机会，它们就会逃避游动。深海中食物匮乏，鮟鱇鱼只能顺水漂流以保存体力，仅在危急时刻或需要捕食时，才会摆动尾巴。蟾鱼趴在海床上，尽量与周遭环境相融，迫不得已时，才会将胸鳍当作腿，艰难爬行；如遇紧急情况，它们甚至会瞬间起身，奔驰而过。斑点长手鱼（spotted handfish）会张开形似手脚的胸鳍和腹鳍，在澳大利亚的海底蠕动爬行[1]。

当鱼儿成群游动时，情况开始变得复杂起来。所有鱼类中，一半的鱼类会互相做伴，一同畅游，四分之一的鱼类成年后会长期与其他鱼类一同生活。倘若将鲱鱼、沙丁鱼或鳀鱼与同伴分开，它们就会立刻变得焦躁不安。

鱼群主要以两种形式聚集。第一种是散聚形式，类似于松散的社交聚集，即鱼儿们聚在一起闲游；第二种是密集形式，出于某种原因，所有的鱼突然决定统一步调游动、转圈，它们密集游向同一方向，身体平行，泳姿优美。不过，再密集的鱼群也可能失去有序的队形，各自散乱成小鱼群。数十年来，科学家们一直在研究鱼群

1　鮟鱇鱼、蟾鱼和斑点长手鱼同属鮟鱇目（Lophiiformes）。

的这两种聚集形式，试图了解集群的形成过程和原因，即它们如何从单枪匹马变成三五成群，最后发展成队伍庞大的鱼群。

康拉德·洛伦兹提出醒目的海报色观点，并在晚年致力于研究鱼类的社会生活以及它们的聚集形式。到了一定时候，有些鱼开始和睦相处，不再为争夺领土而相互打斗，洛伦兹想观察这种行为转变的产生过程。

1973 年，洛伦兹因其在动物本能领域的研究成果而荣获诺贝尔奖[1]。他用奖金在维也纳郊外的家中建造了一个巨型水族箱，此箱长 4 米，宽 4 米，高 2 米，可容纳 3.2 万升海水，足以装满 300 多个浴缸。他在箱中放入各种各样的珊瑚鱼，包括数十条白黑黄三色条纹相间的镰鱼幼鱼。之后的几年里，他大多会在午前观察这些鱼。

1989 年洛伦兹去世后，人们在他书房的抽屉里发现了一份不完整的手稿，其中十分详尽地描述了他长达 1 000 小时的夜间观鱼所获。他给每一条鱼都取了名字，看着它们表演各种复杂的高难度动作。镰鱼会用尾巴互相拍打，或者紧咬对方下颌缠身搏斗；它们还会结对竞速，绕着水族箱比赛游泳，或者慢慢向后退，假装落后，再给对方来个措手不及。手稿上满是洛伦兹画的草图，记录了每条鱼在箱中占领的地盘。1977 年 3 月，他在笔记中写道："格露

1　洛伦兹以研究动物出生时的行为而闻名，他指出，刚出生不久的动物会跟随它们最初看到的能活动的生物，由此提出"印刻现象"。

布（Glub）和弗里斯（Fris）将各自的领地合并，但仍不允许巴乔（Bajo）进入。一旦它俩任何一方进入巴乔的领地，巴乔就会发起选择性攻击……但库娜（Kuna）仍被困在左侧壁的遮蔽处。"

最终，格露布、弗里斯、巴乔和库娜及其他镰鱼解决了彼此争端，共同建立了一个完整的永久鱼群，在水族箱中绕圈漫游。珊瑚礁上也有类似的一幕，鱼儿从"自立为王"划分领地到成群结伴，但从未有人亲眼见证这一转变过程。洛伦兹承认，即使他的水族箱足够庞大，但和浩瀚海洋相比仍是小巫见大巫。不过他认为，通过这一"微观世界"，我们可以知晓在无人观察的情况下，鱼类的野外生活是何景象。

水族箱中的进一步研究有助于破解鱼群的"排兵布阵"，研究对象通常为食蚊鱼（mosquitofish）和斑马鱼等温和的小型鱼类。通过观察鱼群的形成过程以及追踪单个鱼的运动轨迹，研究人员发现它们调整彼此相对位置时是有规律可循的，即它们不会离得太远，也不会靠得太近；当遭到捕食者攻击时，鱼群中的鱼会紧紧聚集在一起，从而保证步调更加一致，同时想方设法躲避追捕——分散游向水族箱侧壁，再井然有序地重新聚集。

这种聚集方式看似有效，但并没有联合起来形成有机整体，也就是说鱼群中没有领导者出面集合所有鱼的想法。研究发现，鱼群中的确存在胆大者，它们敢于冒着被捕食风险，愿做领头者。饥饿的鱼往往冲在前面，因为相比落后的追随者，它们获取食物的机会更大。

研究表明，鱼群聚集可使其中的成员获益。最明显的一点是，它们身形相同，队伍庞大，可迷惑形单影只的捕食者，从而降低鱼群被捕食的风险。各成员甚至会轮流暂离安全的鱼群，游向附近的捕食者以刺探敌情，再重返鱼群。如果形势紧急，抵御袭击已经刻不容缓，或捕食者埋伏在别处，它们会立即回到鱼群，显然这是要向同伴汇报情况。同时，鱼群聚集也便于各成员找寻食物，尤其在食物分布零散且难以获取的时候，正所谓"众人拾柴火焰高"，结伴找食总好过单独行动。

　　相比之下，聚集同游比独行更能节省体力。就好比紧跟车流的自行车或汽车，鱼群较后方的鱼稍稍用劲就能跟上队伍。鱼摆动尾巴时，会带起一圈圈漩涡，队伍中其他的鱼必定会在漩涡中穿行。但鱼不会在湍流中挣扎，而是会游到两条鱼中间的合适位置，可能是前后方向，也可能是左右方向，然后从漩涡中获得额外的推力。即使是"领头鱼"也可以利用后面同伴的漩涡推力节省体力。人类一直在向自然界讨教经验，并将鱼类的行动方式应用于人类世界——鱼群中的鱼借助前后或左右同伴产生的漩涡推力得以省力前行，同理，将风力涡轮机放置在合适的位置，可以使其工作效率提高十倍。

　　为更深入研究鱼群动力学，研究人员自制人造鱼群。基于对活鱼的观察，他们为实验用鱼设定了移动程序。随后，再将这些经过编程后的鱼放入虚拟水族箱中，观察它们的游动情况。同时，虚拟捕食者也会被放进水族箱中，按照电脑指令行动并追捕鱼群。

　　数百个模拟鱼群的计算机模型已设置完成并会不断完善，直至统计的运动数据与真鱼完全一致。但这就足以说明该模型可完全替代真鱼吗?

这一问题由瑞典乌普萨拉大学(Uppsala University)詹姆斯·赫伯特-里德的(James Herbert-Read)及其同事提出。于是,他们开始着手探究人们是否能够辨别出真实鱼群和电脑模拟鱼群的差异。2015年,他们制作了一款简单的在线游戏,里面会播放两段内容相同的视频,均为绿色的圆点在旋转,只是一段视频是真实鱼群的二维轨迹,另一段则是电脑模拟鱼群的。游戏玩家们需要选出他们认为的真实鱼群。

不出意料,研究鱼类运动的学者们很擅长这款竞技性极强的游戏,每次都能选择正确。近2 000名普通玩家也尝试了一番,虽然成绩不如学者玩家,但仍可发现端倪,并指出两种鱼群的明显区别,只不过他们不能完全分辨模拟鱼群和真实鱼群。

模拟鱼群未能通过这个鱼类版本的图灵测试[1]。赫伯特·里德的游戏并非测试模拟鱼群的智力水平,而是测试它们是否有和真鱼一样的游泳能力。尽管从统计学上讲,模拟鱼群的行动方式与真实鱼群一致,但人眼就可以看出其中的不同之处。打造完美的模拟鱼群仍需努力,毕竟,鱼类如何在水中行动以及如何结群只有它们自己知道。

1　1950年,数学家艾伦·图灵(Alan Turing)研究出一种测试人工智能的方法,即一个人能否通过屏幕分辨出回答他们问题的是另一位人类还是一台计算机。

追寻鱼群

多年前，我开始研究鱼的行动方式和鱼群的活动。一天晚上，我乘着一艘小船离开婆罗洲北部海岸，一场冒险之旅就此拉开帷幕。当时我还是一名博士生，同时也是一个小型研究团队的成员，我们即将前往中国南海的一个偏远岛屿。第一天夜里，我兴奋得睡不着觉。船长在钻井平台的灯光下选择航线，我则待在甲板上，望着大陆的黑影沉入地平线。船在起伏的海浪中缓慢航行，在这两天两夜的航程中，我晕船太厉害以至于无法入眠。我浑身都在抖，开始对海洋产生厌倦。最终，一个小岛上的灯光映入眼帘，我的内心惴惴不安。数月以来，我一直期待着这次旅行，并为此做足了规划，但快到目的地时，我却怀疑自己犯了一个严重的错误。

弹丸礁（Swallow Reef）是一座形似泪珠的环形珊瑚礁。水面上仅有一条狭窄的沙子和混凝土带，长1 500米，岛上的一条跑道可作为小型潜水胜地。研究团队在露天安营扎寨，以天为被地为席，如遇雨天，我们就会睡在跑道旁边一个生锈的集装箱里。洗漱设施由水桶组成，要方便时，要么爬到岛的另一端的稀疏灌木丛中解决，要么跳进海里——这个办法似乎更好。这里没有网络，没有通信信号，甚至用电也成问题。

我很兴奋能来到这个朝思暮想的地方，但同时深感孤独，我突然意识到熟悉的人和地方距我那么远。原计划我得在岛上待三个月，但我已经开始怀疑自己是否能坚持到最后。

次日，就在团队成员们第一次出发潜水时，情况变得更糟了。我们离开了平静的潟湖，穿过一条礁石裂开形成的通道，进入波涛汹涌的大海。我摇摇晃晃地站在倾斜的甲板上，笨手笨脚地穿戴好潜水装备。船长称要保持引擎继续运转，但情况并未好转。通常情况下，为安全起见，潜水船会处于空挡，以免潜水员被螺旋桨划伤。

"别停，太危险了！"他喊道。

海浪把我们推向陡峭的礁石，此时船只极易失事。因此，我和我的潜水伙伴们必须模仿海豹突击队的动作，即"背入式"入水。我不能在海面上多加停留，于是赶紧检查潜水装备是否能正常使用，然后不得不沿着船舷向后倒，直接沉入水中，心中祈祷不要被卷入螺旋桨中。

我差一点就要对着船长大喊，想要放弃任务，即刻回家。但我最后还是下定决心爬过高高的船舷，一头倒进水里。

霎时间，我从地狱迈入了天堂。

水如此清澈，我甚至几乎感觉不到它的存在，这是我最接近翱翔的一次体验。我向下看，珊瑚礁向远处延伸，就像一座开满鲜花、遍地苔藓和地衣的花园，几乎没有一处空旷之地。这是我见过最健康的珊瑚礁。成群的鱼儿在我周围游来游去，在鱼群中，我发现了它——我远道而来最想见的一种动物。于是，我的恐惧和担忧就此烟消云散。

苏眉鱼（humphead wrasse）很难被发现。大多数时候，它们在珊瑚礁一带过着独居生活。然而，在世界上的某些地方，与苏眉鱼的相遇终会如期而至。

我第一次潜水时见到的苏眉鱼是一条雌鱼，我估摸着从它的鼻子到尾巴约长 50 厘米，如果它允许的话，我甚至可以毫不费力地将它夹在腋下抱走。它的侧身呈淡灰绿色，尾巴为黄色，前额并不十分突出或有隆起，但之后我在它的同类中看见了这种特征。

它专心致志地沿着礁石游向一个特定地点，那正是我第二天要去的地方，并且此后的数周甚至数月里，我大部分时间都会去那里。在那儿，我看到了数十条苏眉鱼，大多是体型相似的雌鱼，还包括一条雄鱼"领袖"。它身形巨大，大得连浴缸都挤不进去。除面部和嘴唇呈亮蓝色外，它的体色与雌性相似，头部有一个隆起的块状物。它偶尔会游过来，仔细地瞧着我，我怀疑它在思考，是否要像驱赶附近的低等雄鱼那样将我轰走。这条硕大的雄性苏眉鱼让我第一次体验到，被一条鱼小心打量是何滋味。

在新月前后的一个星期里，苏眉鱼每天都会成群结队地聚在一起，它们的目的只有一个，那就是交配。每只雌鱼的交配活动大约持续四秒钟，但占据统治地位的雄鱼需要更长的准备时间。除了驱赶突然闯入的低级雄鱼，它们还要忙着吸引雌鱼来到自己的领地——珊瑚礁上方的开阔水域。时机成熟时，每条雌鱼都会游向那片领地，雄鱼则急切地跟在它们身后。此时，雌鱼和雄鱼之间的体型差异才得以显现——雄鱼的个头比它那些娇小的异性伴侣们至少大三倍。它们并排游着，雄鱼用下巴蹭着雌鱼的身体。随后，雌鱼迅速晃了晃身子，甩出一团卵子，雄鱼则配合地射出精子。接着，它们分道扬镳，雌鱼离开雄鱼的领地，游回珊瑚礁处，雄鱼则转身挑选下一位"伴侣"，直到与所有雌鱼完成交配为止。

许多鱼类会聚集成群一同产卵，并且同种鱼类通常每年或每月都在相同的地方和时间产卵。在大西洋东北部，从巴伦支海到冰岛和法罗群岛，身形细长的蓝魣鳕（blue ling）在水下数百米处聚集交配；橙连鳍鲑（orange roughy）会游到水下的山脉之间繁衍后代；珊瑚礁上，石斑鱼、鲷鱼、隆头鱼和刺尾鱼等诸多鱼类会聚集产卵，它们有时要游上数日甚至数周，跨越数百千米才能到达目的地。

交配鱼群的规模大小不一。一些鱼类可以组成小型鱼群，如神仙鱼。一个典型的神仙鱼群通常由一条雄鱼及其"后宫"中的三四条雌鱼组成，其中雄鱼身披惹眼的黄白蓝三色条纹。每日傍晚时分，夕阳落至珊瑚礁前的 15 分钟里，雄鱼开始用鼻子抚爱着雌鱼，并逐个带领它们螺旋式向上舞蹈。雌鱼产卵时，雄鱼便甩甩尾巴，卵子和精子就会形成一个环形漩涡，既像螺旋状的甜甜圈，又像在水中徐徐升起的烟圈，如此一来，受精卵便可远离珊瑚礁上坐等大餐的鱼儿们。

一些鱼类还能以惊人的规模繁殖。乔治沙洲远在美国东北海岸，位于科德角和塞布尔角岛之间的沙质海脊，成千上万的大西洋鲱鱼聚集在此。日落时分，分散的鲱鱼聚集在一起，结成鱼群。当鱼群的密度达到每5立方米海域中有一条鱼时，就会触发连锁反应。鱼群会如波浪般向外扩散，景象类似于被猎杀的沙丁鱼因恐慌而卷起的"鱼浪"。这种"鱼浪"速度惊人，能以每小时60千米的速度推进，远快于单条鲱鱼的游速。这个鲱鱼鱼群规模庞大，直径可达40千米，它们在规模较小的鱼群带领下缓缓地向南岸游去，似乎知道所去何方。到达目的地后，鲱鱼便开始产卵，水因此变得浑浊浓稠。清晨来临，这场繁殖盛宴就此落下帷幕，于是鲱鱼鱼群就地解散[1]。

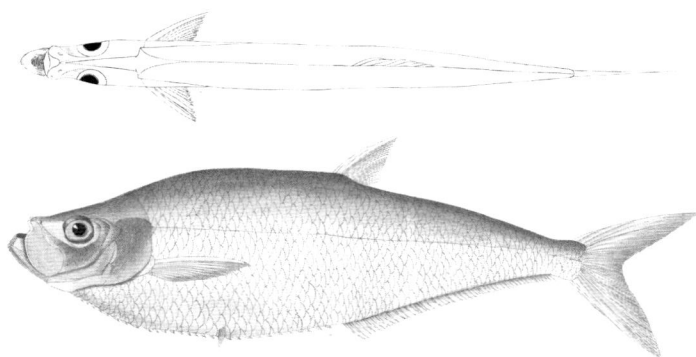

鲱鱼　©Gray, John Edward

1　我们能知晓这一过程得益于一种名为"海洋声波导远程遥感"（OAWRS）的新型声呐装置，这一装置可以每75秒就对一片100平方千米的海域进行三维测量。

通过这种交配方式，鱼类获益良多。与其指望在茫茫大海中遇到合适的伴侣，不如为彼此的相遇约定好时间和地点，如此一来，珍贵的卵子被捕食的风险也会降低。在波斯湾，属鲭科的金枪鱼聚集在石油平台下产卵，鲸鲨便会在此现身，以滤食它们的卵。然而，即使有一百只鲸鲨也不可能吃光所有鱼卵，当它们饱餐一顿，带着满肚的金枪鱼卵扬长而去时，留下的鱼卵仍足以孵化下一代。

其他的捕食者也会出现在产卵地点，但它们的目标不是鱼卵，而是产卵的鱼。法卡拉瓦环礁（Fakarava Atoll）位于太平洋中部的图阿莫图群岛（Tuamoto Archipelago），许多鲨鱼在此栖居。据记录，这里有着海洋里密度最大的礁鲨群——在此潜水时，哪怕是珊瑚礁上的一小片区域，也能常常遇见 600 只灰礁鲨（grey reef shark）。来自悉尼麦考瑞大学（Macquarie University）的约翰·莫里尔（Johann Mourier）及其同事们研究了这次鲨鱼聚会，发现这儿的生态系统与外界相比截然不同。

在法卡拉瓦珊瑚礁，食物链顶端的捕食者占多数，而在一般的生态系统中，占多数者为食物链底端生物。通常情况下，鲨鱼会毫不停歇地大范围游荡，从而寻找足量的食物，但这群无可匹敌的鲨鱼至少会在原地待一段时间，因为即将有大量的食物涌向它们，也就是体形庞大且有斑纹的杉斑（camouflage grouper，又称清水石斑鱼）。每年 6 月和 7 月，成千上万的石斑鱼聚集在法卡拉瓦产卵，但大多会成为鲨鱼的"盘中餐"，不过，石斑鱼的规模不会因此受影响。或许有更大规模的鱼群曾在海洋的其他地方产卵时，遭到成群的鲨鱼猎食。但在远离法卡拉瓦这种偏远环礁的地方，早有其他捕食者抢占先机。

渔民们也盯上了这些鱼类的产卵地。通常在满月或新月之时，鱼群会准时聚集到产卵地，这为渔民们提供了轻松捕捞的机会。但与鲨鱼等自然捕食者不同的是，人类常常过度捕捞，严重时甚至导致整个鱼群灭亡。此前，曾有数以万计的拿骚石斑鱼（nassau grouper）游至加勒比海产卵，但由于过度捕捞，如今再难有石斑鱼聚集于此，因此大多数产卵地点也已不复存在。全球诸多物种都曾有过类似的遭遇。消失的鱼群再也不会回来，或许因为幼鱼会从成年鱼那儿得知产卵地的位置，但随着"智慧老者"离世，代代相传的信息也就随风而逝，再无鱼儿记得它们该去哪儿产卵[1]。

抱着这样的想法，我来到中国南海的弹丸礁，找寻苏眉鱼的踪迹。我想知道，如果渔民前去产卵地大撒网，而不是在珊瑚礁上一条一条地捕捞，会对鱼群造成怎样的破坏，是否会让鱼群变得不堪一击。

在整个太平洋地区，苏眉鱼一直备受珍视。在密克罗尼西亚和库克群岛，它们曾是皇家宴会上的佳品；而在巴布亚新几内亚的卡特雷特群岛，只有年长者才配食用；在关岛，带刺苏眉鱼（spearing humphead wrasse）曾是男子成人仪式上的"座上宾"。然而近些年来，传统捕鱼业为区域商贸所取代，亚洲的海鲜爱好者亦能享用到苏眉鱼和各类石斑鱼。因此，整个印度洋和太平洋的渔民将目光锁

---

1   有迹象表明，在受到保护之后，拿骚石斑鱼在加勒比海的产卵群正在缓慢恢复。在美属维尔京群岛，数量减少的拿骚石斑鱼可能会跟随数量更多的黄鳍石斑鱼前往产卵地。

定在它们身上——他们常潜入水下，通过伸至水面的弯软管呼吸压缩空气，接着拿出随身携带的塑料瓶，将充斥其中的氰化物溶液挤进珊瑚礁的洞里，藏身洞中的鱼儿们会被溶液迷晕，就连包括珊瑚在内的其他暗礁生物也未能幸免。渔民们想让这些鱼被活着送到各个城市，届时自然有人出高价购买。在餐馆的水族箱中，苏眉鱼被陈列在富人食客的面前，以便他们随点随吃。在中国，人们将雄鱼的蓝色大唇视为珍馐美味。因其需求量巨大，在短短的数十年里，苏眉鱼便会身陷濒临灭绝的境地。

我想弄明白苏眉鱼在弹丸礁聚集产卵时究竟发生了什么，如果雌鱼只产卵一次，每天都有新的鱼群产卵，那么定有一大群鱼生活在珊瑚礁周围；但如果同一批鱼日复一日地出现，表明肩负着繁衍重担的雌鱼越来越少。这也意味着，如果渔民瞄准产卵地点，整个成年鱼群快速消失的可能性就越大。

我的任务是学会识别苏眉鱼的个体。于我而言，将这些濒临灭绝的大鱼围到一起，再给它们挨个贴上识别标签，这并非易事；相反，我需要与它们保持距离，拍摄它们身上的自然斑纹。苏眉鱼的面部有类似迷宫的复杂图案，有人称这些图案与新西兰土著毛利人的传统文身十分相像，因此它们还有一个别名叫作毛利隆头鱼（Maori wrasse）[1]。毛利隆头鱼的面部交错着荧光蓝纹路，斑点与

1　另一个常见别名为拿破仑隆头鱼（Napoleon wrasse），但我还未弄清此名的来由。

横纹似是跳动其上，也许这是一种海报色，在向同类发出某种信号。

我想知道是否每条鱼都有这种专属纹路。如果答案为是，那么我可以利用独一无二的纹路辨别个体，在产卵地对其进行追踪，破解它们的交配方式，统计每条雌鱼洄游产卵的频率。

但在此之前，我得先和它们在水中共处数小时，用相机拍摄其面部的复杂纹路。

在研究这些大型鱼的产卵轨迹时，我发现它们不会游得过远。成年苏眉鱼总是将鳍倚靠在珊瑚礁上，且不会在开阔水域逗留太久。鲜有鱼会一心待在固定的一处，它们通常会开启一段漫长而艰难的征程。

直至最近数十年，人们仍通过捕获并予以某种标记的方式追踪鱼的行迹，通常的做法是，为其附上编号标签并注明"返至发送者"的信息，随后将鱼放生，以期日后有人会在某时某地再次捕获同一条鱼。这就好比用漂流瓶传递信息，人们无法保证能再次发现这些被标记的鱼，即使发现它们，也只能获知两条信息——鱼的神秘轨迹的起点和终点。但如今，人们可以通过电子标签追踪鱼的行踪，并将其轨迹绘成电子地图。

自早期发明以来，追踪技术已取得长远的进步。1982 年，人们首次利用卫星标记追踪到姥鲨的行迹——用 10 米长的缆绳将一个硕大的漂浮包系于姥鲨身上，每当姥鲨游至水面，该装置就会通过卫星实时传送其位置信息。此次追踪历时 17 天，科学家们远在千里之外便能知晓这条姥鲨的行踪：它先向南游过苏格兰西海岸比特海峡（Sound of Bute），经过阿伦岛（Isle of Arran），再沿克莱德湾（Firth of Clyde）前行，并绕着岩石小岛艾尔萨·克雷格（Ailsa Craig）游动。最后，姥鲨挣脱了信号发射装置，这在科学家们意料之中，却比预期要早。当地一位居民在艾尔郡的海滩上发现了脱离姥鲨的装置，并将其寄回给阿伯丁大学的科学家，装置送达时仍处于良好的工作状态。

自此以后，许多大型鲨鱼的背鳍都被固定上了这种与智能手机同等大小的卫星标记。2017 年的一项研究显示，70 条姥鲨从苏格兰和北大西洋启程，开始漫长的冬季迁徙之旅，同时，该研究还记录了它们的迁徙路线。有些姥鲨在英国和法罗群岛附近闲游，有些则游至比斯开湾，有些在海上漂泊数月才终于抵达北非海岸，大多数姥鲨的行进里程至少达 3 600 千米。

研究小组盯着电脑屏幕，类似的卫星标记还可以显示其他大型鱼类的迁徙路径。例如，为躲避严寒，太平洋鼠鲨从阿拉斯加迁徙至夏威夷过冬。2003 年，人们追踪到一条雌性大白鲨从南非游至澳大利亚，途中跨越印度洋，总行程达 1.1 万千米。此鲨背鳍绑有标记装置，通过装置拍摄的模糊照片可知，六个月后，它又一路游回了南非。北太平洋上有一条呈东西向的水下公路横跨两岸，蓝鳍金枪鱼正是沿着这条公路在产卵地日本和觅食地加利福尼亚之间往返迁徙。仅 20 个月内，一条金枪鱼幼鱼便已往返三次，游程达 4

万千米，可绕地球一周。2012 年，美国媒体曾表示，这些往返迁徙的金枪鱼可能会遭到福岛核电站的污染，故食用其肉会导致健康问题。不过，这些鱼体内的辐射水平极低，一顿金枪鱼排的危害甚至不如一根普通香蕉，尽管如此，媒体的报道仍掀起了一阵恐慌。

除了实时确定大型鱼类的位置，电子标记还可以揭示鱼类迁徙时的诸多细节。大白鲨横跨海洋时会经过开阔水域，并常会遇到食物短缺的情形。在大白鲨迁徙过程中，电子标记不仅追踪其水平方向的行动轨迹，还会测定其沉入水中的深度。大白鲨之所以会下沉，可能是因为它们正在耗尽肝脏中的脂肪储备（脂肪含量占它们体重的三分之一，可使其浮于水中）。例如一只重达半吨的大白鲨，其肝脏含有 400 升脂肪，储能达 200 万千卡，约等于 9 000 根巧克力棒产生的能量。大白鲨在大海中远距离行进时，会利用肝脏中的脂肪为自己供能，就像沙漠骆驼会从驼峰中汲取营养。

卫星标记还帮助科学家们解开了有关蝠鲼大脑的谜团。1996 年，研究人员意外地在双吻前口蝠鲼（giant oceanic manta）及其近亲褐背蝠鲼（chilean devil ray）身上发现了一种似乎是为大脑供热的装置。各类鲨鱼、青枪鱼、旗鱼和金枪鱼都有类似的血管束，人们称为"奇迹网"。鱼类在游泳时，肌肉产生的热量通过这种血管网络传递至大脑和眼睛。如此一来，鱼的体温可比周遭环境高 10~15 摄氏度，同时，它们在冰冷的深海水域捕猎时也能因此保持警惕。

大多数鱼类的体表温度较低，这是因为海水流经鱼鳃时，会带走身体热量。不过，斑点月鱼（opah）却是例外。这种鱼的长相颇为奇特，身形似银色的大圆盘，上面点缀着白色斑点，鱼鳍为红色，眼周均有一个金色的圈环绕着，鳃中也长有血管网络。从鳃中流出的冷血与从心脏回流的暖血相遇（该过程称为逆流交换），血液温度便会升高，因此，它们是唯一已知的完全温血的鱼类，同时还是唯一拥有温暖心脏的深海捕食者。

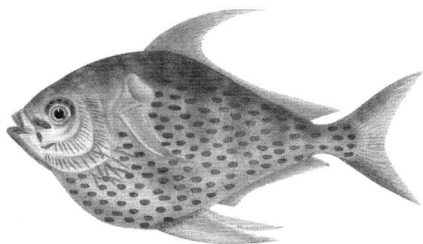

月鱼　　©Sowerby, James

人们一直认为，作为热带浅水物种，蝠鲼的大脑几乎无须供热。有一种观点认为，血管网络实际上可使它们的大脑冷却。2014年，人们在远离葡萄牙海岸的水域进行了一项研究，至少解答了一部分关于蝠鲼大脑的问题。在亚速尔群岛的水下山脉——爱丽丝公主海岸，有 13 条被标记的蝠鲼。它们向南游了数千千米，又潜入数千米深的海底，此前从未有人知晓这一"秘密基地"。这些蝠鲼下潜深度达两千米左右，因此，它们成为下潜最深的海洋动物之一[1]。蝠鲼们直接下潜至海底，大约一小时后，又缓缓升至水面，

1　目前，该记录保持者为一条居维叶喙鲸（cuvier's beaked whale），其下潜深度达 2 992 米。

如此往复多次，这一行为或许是为了在浮游生物层上觅食。蝠鲼偶尔会在海底停留 11 个小时，但它们为何如此尚未可知，不过至少证实了蝠鲼的"大脑供热装置"确有其用，因为它们经常在 4 摄氏度以下的冰冷海水中待着。

　　尽管在电子标记技术的辅助下，人们对鱼类的生活方式有了更充分的了解，但也有人呼吁须谨慎利用此类技术，并质疑是否人人都有权限获得该技术生成的信息，包括鱼类的实时定位信息。最近，美国明尼苏达州的一群垂钓者申请获取白斑狗鱼（northern pike，又称淡水狗鱼）的无线电追踪数据，它们是钓鱼界最受欢迎的鱼类之一[1]。科学家们使用公共资金收集到这些数据，因此垂钓者们认为，如有需要，公众有权访问这些数据。该事件不完全算是滥用技术，但发生在澳大利亚的另一起事件表明，鲨鱼标记数据的最终用途违背了原有初衷。2014 年，澳大利亚西海岸发生了一系列人类游泳者遭鲨鱼袭击并致死的事件，随后，澳大利亚政府发布捕杀令。卫星标记用于鲨鱼生态学的研究，旨在帮助并保护这些动物免于地区性和全球性灭绝。然而，相关许可制度却要求，所有通过标记收集的数据均需交由许可机构授权管理，这些数据可能会用于确定鲨鱼位置，甚至被不法之徒用以捕杀鲨鱼。

1　与卫星标记相比，无线电追踪技术所需设备体积更小、成本更低。设备发射无线电信号后，目标区域（如沿河区域）的接收器将接收并检测信号，从而达到追踪的目的。

总体而言，尽管有极少数案件涉及滥用电子标记，但标记研究正在揭开鱼类大迁徙的神秘面纱。大量电子追踪设备的数据显示，世界各地的水道和广阔海洋异常繁忙，动物们年复一年地游经那些再熟悉不过的纵横小道，前往各大地点繁衍、觅食、越冬和避暑。

　　鱼类拥有一套可自我调节的"感官工具包"，用于识别途中路线而不至于迷失方向。它们视力尚可，嗅觉灵敏，能多种感官并用，感知流经身体的电流，有些鱼似乎还有一种神秘的"第六感"。

　　其运行原理尚不清楚，但包括鱼类在内的诸多动物都会借助内置磁罗盘导航[1]。磁场线交织形成网络，这张网起于南半球，落于北半球，覆盖地球表面，不同地方的磁场强度也会有所不同。通过检测不同地区的磁场强度以及磁场方向与地球表面的夹角大小，就可知道所处的位置。欧洲鳗鱼刚出生时便可依靠磁感应，从大西洋西部的马尾藻海游向墨西哥湾流，再随波东游至欧洲。美洲鳗鱼也有着相同的旅行线路，同样途径墨西哥湾流，只不过它们方向相反，游速更快。鲑鱼离开家乡的河流，便开启了迁徙之路，它们似乎还能记得尝到第一口海水时感应的特定磁场。数年后，鲑鱼在海水的滋养下已然成年，此时它们会凭借记忆中的磁场地图，回到初入海洋的那片区域，然后游向内陆，最终依靠嗅觉洄游至家乡的溪流中产卵。

1　其他具有磁感的动物包括：海龟、线虫、长臂龙虾、信鸽、蚂蚁和蜜蜂。

小范围内的地磁异常也可以提供局部航点。20 世纪 80 年代，美国鱼类学家彼得·克里姆利（Peter Klimley）追踪到路氏双髻鲨（scalloped hammerhead shark）在下加利福尼亚州海岸的一处岛屿和水下海山间往复游动，此次追踪研究具有开创意义。它们会在夜间沿直线游过黑漆漆的大海，克里姆利推断，这些鲨鱼可能沿海山（由火山玄武岩组成，因此可产生轻微磁场）周围的磁场梯度方向移动。

鲨鱼、鲑鱼、鳗鱼和诸多其他动物究竟如何感应磁场，还有待研究。鲨鱼可能利用的是电感知器官，当海水流经地球磁场时，会产生微弱的电流，鲨鱼会利用吻部上被称为"劳伦氏壶腹"（ampullae of Lorenzini）的电敏感体孔来探测这种电流[1]。一项长期存在的理论认为，其他物种体内的某些感觉细胞可能富含铁元素，故而可以探测磁场并触发神经信号至大脑。2012 年，研究人员在虹鳟鱼（rainbow trout）的鼻子里发现了疑似磁感受细胞的组织。这些细胞会跟随磁场转动，好比鱼群朝同一方向转圈。

无论依靠何种工具，鱼类无疑是导航大师，即使置身浩瀚海洋也能找到方向，还能游进江河湖泊从而穿越整个大陆。美洲有一片狭长地带，亚马孙河及其支流穿梭在这儿的茂密雨林中，数千种淡水鱼在此安居，其中包括一种巨型鲶鱼，葡萄牙语称为"金鲷"（dourada）。这些大鱼体长可达两米，嘴宽，鳃须尤长，皮肤光滑

1　意大利科学家斯特凡诺·劳伦兹尼（Stefano Lorenzini）于 1678 年首次发现电敏感体孔，故称为"劳伦氏壶腹"。

有光泽，看起来就像浸过水银一样。这些鲶鱼及其数个亲缘物种同为亚马孙流域的渔业支柱。渔民们早就知道它们有非凡之处，是伟大的流浪者。

比起其他享誉全球的鱼类，尤其是鲨鱼，亚马孙鲶鱼鲜为人知，科学家们很难获取相关的研究资源。从未有人对这种鲶鱼进行电子标记，少数致力于鲶鱼研究的团队反而采用一种更加费力的方法追踪亚马孙鲶鱼的行迹。其中一个团队收集了数十年间渔民的采访数据，以及对整个流域的幼年及成年鲶鱼的调查结果。另一个研究团队则在亚马孙地区的玛瑙斯市和贝伦市的市场上买鱼，然后从鱼的脑袋里挑出耳石（otolith），耳石可帮助鱼类保持平衡，维持听力。鱼长大后，它们接触过的化学物质会遗留在耳石上。由于各个水域中的化学成分不同，因此可以通过破解耳石上的层层化学痕迹，了解鱼在不同生命阶段的栖息地。

这些研究将采访内容拼凑成一个完整的"鲶鱼历险记"，证实了渔民的猜测。"金鲷"及其他大型鲶鱼鼓起勇气踏上波澜壮阔的迁徙之路：它们出生在遥远的西部，那里是亚马孙河的上游源头，位于安第斯山脉高处。它们在幼年时期随洋流向东游去，约一个月后到达亚马孙河口，也就是大陆另一端靠近大西洋的地方。它们在此觅食、生长，养精蓄锐三年以上。当雨季来临，河水泛滥时，已然成年的鲶鱼成群结队地向西游去——它们穿过白水水域（水在急流中和障碍物碰撞后，产生白色气泡的水域）逆流而上，回溯至家乡的山间溪流。根据基因研究，我们可以推测"金鲷"能够洄游至出生地产卵。

返程途中，它们会穿越山脉与河口之间的亚马孙河，总距离约为1.2万千米，相当于在纽约和伦敦之间往返一次，或者从约翰·奥格罗茨到开普敦，这是目前所有动物在淡水中所能游到的最长距离。鲶鱼为何要拼命地游这么远？这是鱼类的另一未解之谜。

大鱼的过去与现在

在中国南海的弹丸礁，我每天都和苏眉鱼一同潜水。我尽量假装自己是个透明人，但有时我无处藏身，便会被它们逮个正着。起初，产卵的鱼对我很是警惕，我还没来得及拍到它们的脸，鱼儿就赶紧游开了。于是，我假装对它们毫不在意，把镜头转开，当它们看不到圆顶玻璃镜头时，就不会以为自己被大型捕食者盯上了。渐渐地，在镜头前，它们不再那么紧张，我也找好了拍摄位置。雌鱼产完卵回家时，会去雄鱼领地徘徊一阵，于是我便在此等候。它们朝我迎面游来，就在即将撞到我的那一刻突然转向，此时便是最佳拍照机会，一张完美的侧脸照就此诞生。

在潜水的休息间隙，我有很多空闲时间。于是我给家中写了几封长信，并说服潜水胜地驾驶轻型飞机的飞行员帮我寄回大陆。我最好的朋友正在马达加斯加的干燥丛林里探险，此时我十分想念他，谁能料到一年之内我们就会结婚。在岛上时，我没再翻看水下拍摄的数码照片，因为岛上电力供应不稳定，我得把所有的电留给相机，所以没法打开电脑查看相机中的照片。最后，直至我返回英国的实验室，才得以再见这数百张鱼脸。

我仔细筛选照片，比对鱼的面部轮廓，以期发现鱼群产卵时的细节，但它们复杂的面部图案常把我弄得眼花缭乱。最后，我挑出两张摄于不同日期的照片，上面是同一条鱼的脸。这是一条雌鱼，两张照片中都能看到它眼睛后面的三条黑线，额头上的白色斑点，还有脸颊处纵横交错的金色斑纹。如此看来，这条雌性苏眉鱼连续两天在同一地点产卵，说明我的"拍鱼任务"有所成效。

我的"鱼类肖像目录"中收录了越来越多的成员。我发现同一条雌鱼每日都会到相同地点产卵，由此可估算，珊瑚礁上约有100条成年雌鱼。理想情况下，之后这些鱼将连续多年在弹丸礁产卵，同时，也会有更多的鱼卵流落到大海之中。终有一日，这些鱼将成长为新生代，然后重回故里，繁衍后代。

和许多海洋鱼类一样，苏眉鱼可以自发变性。许多苏眉鱼出生时为雌性，但从五岁开始，就会变成雄性。雌鱼的卵巢不再工作，取而代之的是产生精子的活跃睾丸，同时头部也会隆起。自此，这些鱼的产卵使命就此结束，紧接着要完成的任务是在雄鱼中确定自己的级别，并竭尽所能地占领一片产卵区域。不过梦想成真以前，它们只能在雄鱼首领暂离产卵区时，趁虚而入与雌鱼交配。

其他隆头鱼、慈鲷、鹦嘴鱼、石斑鱼、虾虎鱼和鲈鱼也有类似的性别转换。有些鱼恰恰相反，出生时为雄性，而后变成雌性，其中包括海葵双锯鱼（orange clownfish），也就是家喻户晓的小丑鱼尼莫。如果从生物学角度出发，当尼莫的母亲失踪后，它的父亲就应该改变性别，在一簇簇海葵刺状触手中荣登雌性首领的宝座。现实中，尼莫一开始就不会和父亲同住，因为海葵双锯鱼出生后不会待在原地，而是四处漂泊，寻找伴侣[1]。

有些<u>鱼</u>可以双向转换性别。例如，加勒比海的"粉笔狐"（chalk bass，又称亚鲐）为雌雄同体，并且在一生的伴侣关系中都可使用雌雄两性的生殖器官。"粉笔狐"夫妇通常居于珊瑚礁中，它们每日与伴侣交换性别高达 20 次。然而，雌性苏眉鱼不能变成雄性。

我离开弹丸礁之后，情况有所变化。我本打算回到此地，但研究小组并未重组。去年，我再次遇见了这些生活在中国南海的苏眉鱼，只不过这次我是从上空俯瞰。我从新加坡乘坐航班飞往马尼拉，途中飞行员指着我们正在经过的岛屿称，这里是中国领土。"今天天朗气清，大家可以看见跑道。"他说。我俯视着这座小岛，一别数月，分外眼熟，只是此次相见，岛的周围停靠着一些大型船只。

在过去的几年里，我在菲律宾停留了一段时间，刚好赶上转机航班，于是继续向东飞行 400 千米，最终到达西太平洋上一个独立的森林岛屿群——帕劳。我在此遇到了珊瑚礁研究基金会（Coral Reef Research Foundation）创始人洛莉·科林（Lori Colin）和帕特·科林（Pat Colin），他们花费数年时间研究帕劳的珊瑚礁生态系统，其中包括大量的苏眉鱼。晚餐交谈间，他们证实了我所知道的一个传言。我完成博士学业的第二年，洛莉和帕特曾前往弹丸

1　我这样讲或许有些大煞风景了。

礁，但并未见到苏眉鱼。

该环礁从未成为正式的海洋保护区，除少数潜水员和偶尔来访的研究人员外，此处通常为禁区。洛莉告诉我，她听说渔民可以进入环礁捕鱼。这是一支在东南亚巡游的船队，他们把这里所有能找到的苏眉鱼全部捕捞带走。渔民们是在产卵地将其掳走的吗？也许吧。早在我们的研究小组来此调研和我完成博士学业前，这儿的苏眉鱼数量十分庞大，子孙繁多，这是公认的事实。不过，我还是禁不住想，是否由于我们的关注和到来引起人们对这些鱼的兴趣。

我顿感失落，因为我为研究苏眉鱼付出的努力已毫无意义可言。我一直关注着它们的习性及相关细节，殊不知更大的外部力量正在悄然作祟。所有那些我通过面部特征识别的鱼儿们命中注定要遭遇不幸，因为它们头上的隆起物是身份的象征，意味着它们能卖个好价钱。我亲眼看见并记录下这些鱼儿的身影，但此后我们再难相见，至少在此地再无可能。

弹丸礁并非我最后一次见到苏眉鱼的地方，我在帕劳潜水时，几乎每次下水都能看到它们。在大多数珊瑚礁上，我都能看到身形硕大的雄鱼在周围巡游，通常还有两三条大个头的雌鱼跟随它的左右。我看到巴掌大小的苏眉鱼（即将成年的鱼），甚至拇指大小的幼鱼都在浅水潟湖中穿梭。一次潜水结束时，我在 5 米深的安全水域稍作停留，看到水面下有一对苏眉鱼正在游动，它们同时抖了抖身子，向水中释放出一片乳白色的"云"，这种移动方式很是眼熟，原来这是它们惯用的交配方式。

除苏眉鱼外，我在帕劳还发现了数百种其他鱼类（已知约有1 400种鱼类生活在此）。许多年长鲨鱼的皮肤上已经有了皱纹，它们在这片珊瑚礁中历经了数十载风霜，我每次潜水时都能遇见它们。看到这片海域被如此精心地保护着，我深感欣慰——近一半的近海水域都在保护网的范围中，这种保护方式源自当地数百年来的一项传统，即将某些区域划为禁捕区，以便让鱼儿们养精蓄锐。帕劳80%的海洋领土位于远离群岛的近海处，2015年，这些领土被列为海洋保护区。目前，在其余20%海域，工业捕鱼船队——主要为捕捞金枪鱼的渔船——已被禁止在此捕鱼，仅帕劳当地的渔民拥有捕鱼权限。因此，这儿的鱼类仍然数量庞大，且健康长寿，它们大多会聚成大型鱼群，一同繁衍后代。通过在帕劳进行的海洋研究，许多人类从未知晓的鱼类聚集方式展现在了世人面前——当鱼群规模足够大时，这种壮观的产卵鱼群才得以形成。

在珊瑚礁研究基金会的办公室里，帕特·科林与我分享了他观察鱼类并破译其复杂交配仪式时的故事。帕特的胡子已然花白，眼睛仍炯炯有神，显然，即便历经多年，他仍然初心未改，致力于海洋研究。他浏览了数百个电脑文件，挑选了一些视频向我展示鱼群交配时的情形。

视频中成对的鹦嘴鱼脸挨着脸，在水中一边慵懒地转着圈，一边缓缓地下沉至水底。"它们交配的样子很可爱，对吧？"他说，"这是它们的交配舞，真是柔情似水。这是我唯一能想到的形容此情此景的词。"

接着，帕特给我看了一段他在蓝角（Blue Corner）拍摄的视频，这里是帕劳最负盛名、最令人印象深刻的潜水点之一。水中有数百条镰鱼在礁石上方同步游动，它们整齐划一地摆动着丝带般的尾鳍。我由此想到，为做研究，康拉德·洛伦兹的维也纳水族箱里也养着这些鱼，但仅有数十条，如果他此时看到如此多的镰鱼，会有何感想？帕特告诉我："很多优秀的博物学家给我发来了视频和照片。"专属潜水游项目中，游客会被带至合适的位置以便观看镰鱼产卵的盛况。因此，如今帕劳的潜水者比以往任何时候都多。"此情此景备受瞩目，"帕特说，"不过，每年，镰鱼只有在产卵的那几天会聚集成群。"

"你想看很酷的东西吗？"帕特问我。我当然想。于是，他打开了另一个名为"焦黄笛鲷"（*Lutjanus fulvus*）的视频文件。"这些鱼真的非常害羞，"他说，"你压根就没法靠近它们。"当然，他也并未如此尝试。不过，他另有办法——他将 GoPro 相机固定在珊瑚礁上，并设定每分钟拍摄一张照片，单次拍摄持续一周。这种相机小巧、坚固且防水，简直就是专为极限运动爱好者而发明的，网络上随处可见冲浪者、跳伞者和滑雪者用这种相机拍摄的视频。GoPro 还可用作间谍相机，十分具有科学性。帕特正是通过这种方式探察到了苏眉鱼和隆头鹦嘴鱼[1]（bumphead parrotfish）的交配情形——当时，数百条鱼集结成群，一同产卵。

在电脑屏幕上，我看到帕特利用三台相机拍摄的珊瑚礁全景。他点击播放，摄像机捕捉到了一两条路过的鱼。突然间，先是只有

1　当地另一种大型鱼类。

一台相机，接着三台相机中均出现了黄色条纹和深色尾巴。原来是焦黄笛鲷挡住了珊瑚礁和相机的视线，它的同类都涌了过来，实在没法数清到底有多少条鱼。偶尔，会有一只大眼睛盯着镜头，但又在下一个镜头中消失了。延时图像在屏幕上滚动播放，此时满屏都是鱼，虽然仅播放了一小会儿，但实际上是一小时的实时画面。"随后，它们游走了。"帕特说。焦黄笛鲷来也匆匆，去也匆匆，随即，珊瑚礁又恢复到了往日情形。

奥西里斯与象鼻鱼

2400 年前，古埃及传说

在古埃及金字塔内部，铭刻着伟大而迷人的国王奥西里斯（Osiris）及其妻子伊西斯（Isis）统治埃及的故事。人人皆倾慕于奥西里斯与伊西斯，唯独赛特（Seth）——奥西里斯那邪恶又充满妒忌心的弟弟——要密谋杀害哥哥。某年，在奥西里斯的生日宴会上，赛特带去了一个镶有黄金和珠宝的箱子。"谁能完美适应这个箱子的尺寸，"赛特宣布，"谁就能证明自己是最真诚、最忠实的人。"侍臣和参会者轮流爬进箱子里，但箱子不是太大就是太小。奥西里斯亲自上前，想证明自己就是完美人选。但奥西里斯一进入箱中，赛特的追随者们就砰的一下盖上箱盖，并用钉子钉牢。随后，他们将箱子扔进尼罗河，奥西里斯溺水而亡。

为哀悼亡夫，伊西斯来到河边找寻奥西里斯的尸体，却发现他的尸体已经四分五裂。伊西斯使用魔法复活了奥西里斯的灵魂，并与其育有一子，名叫荷鲁斯（Horus），后来成了天空之神。

赛特听闻伊西斯此举后，担心奥西里斯会回来复仇，于是来到尼罗河边，找到哥哥的遗体，将其分尸成 14 块，撒落在埃及各地，以确保奥西里斯永无回归的可能。伊西斯再次被赛特激怒，她走遍各地收集丈夫的尸体，却只找到了 13 块碎尸。第 14 块是奥西里斯的阴茎，伊西斯不可能找到，因为这部分已经被一条象鼻鱼[1]吃掉了。

---

1 也称"尖嘴鱼"（*Oxyrhynchus*）或"神祇梅杰德"（Medjed）。——译注

自此以后，人们敬奉膜拜象鼻鱼，因为它吃掉了这位伟大国王的重要部位。他们认为象鼻鱼是奥西里斯神性的象征，后者也成了来世之神，兼死亡、生命和复活之神。在供奉奥西里斯的神庙里，人们留下了青铜鱼雕像和木乃伊鱼作为祭品[1]。

1　同样来自尼罗河的罗非鱼也与奥西里斯有关。人们看到罗非鱼从嘴里吐出数百条小鱼，因此认为其具有强大的再生能力。从此，罗非鱼成为了新生与重生的象征。妇女和儿童会佩戴鱼坠作为护身符。人们称，罗非鱼带领太阳神拉（Ra）的船穿越埃及的冥界，返回天空，每日清晨，拉都会在此重生。

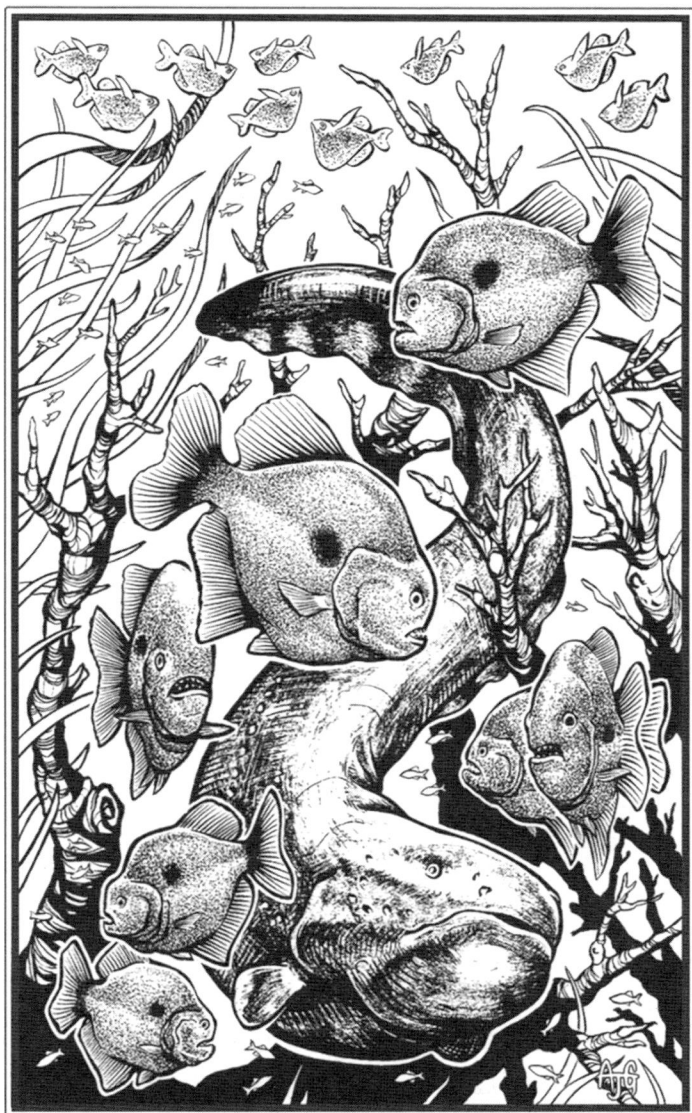

第六章

鱼类的觅食

日出后不久，我听到了从海滩另一端传来的鼓声。我躺在床上，良久未能入眠，听着海浪轻轻拍打沙滩的声音，希望这声音告诉我何时能起床去浮潜。我解开帐篷拉链，拿上浮潜装备，和其他几个早起的人一同乘上一条小船。

此次旅程很短，只需几分钟就能开到这座岛屿和邻近岛屿之间的一条狭窄海峡。我的向导塞米（Semmi）今早已下过水，因此他十分乐观，认为此次浮潜将会收获满满。

他对着空转的引擎喊道："下水后，你们要跟紧我。"

我从船舷跳下。湍急的水流直接将我推着向前，我凝视着远方。除了蓝绿色的薄雾，别无他物。接着我听到一声低沉的喊叫，抬头一看，塞米的手高举在空中，手掌张开——这是蝠鲼靠近的手势。

就在水面之下，一个黑影向我滑来。蝠鲼正逆流而上，但似乎并未受到水流影响；毕竟，它的鳍主要由两个胸鳍分化出的三角翼组成。

水里的一群人暂时停歇，观察着这只蝠鲼，想要领略它庞大的身躯。这只蝠鲼的翼展可能只有两米长，在蝠鲼家族中稍逊一些，但对于鱼类而言，却是庞然大物。它渐渐消失在人们的视线之外，静谧中哨声响起，所有人都行动起来。潜水者们拼命地划动跟上，追随着起伏的鱼群，就像孩子们在踢足球一样，人人都想抢到球。不久又来了一只稍大的蝠鲼。这只蝠鲼身上有一排整齐的鲨鱼咬痕，但这并没有阻止它平稳而快速地游动，其身后还跟着拍水、踢水的人类同伴。塑料鱼鳍无法与蝠鲼的速度匹敌，人类同伴开始落后，纷纷爬上船，想"搭便车"逆流而上。这群人一次次地游向水流，如同在游乐园一样，乐此不疲。

每年，约六十只蝠鲼会洄游至这道位于斐济西北部岛屿链中间的海峡。它们与苏眉鱼相似，可以通过腹部的黑白标记来识别个体。四月至十月间，平均每天有三只蝠鲼出现。有一次甚至出现了14只。

这些硕大扁平的板鳃亚纲鱼类（Elasmobranchs）来到这里主要为了觅食。海中充满了小到肉眼不可见的浮游生物，它们数量如此之多，海水都因此变得浓稠浑浊。蝠鲼在食物中畅游，张大嘴巴。浮游生物附着在称为鳃盖或鳃耙（排列在每个鳃缝之间）的羽毛状纤维上。蝠鲼时不时地闭上嘴巴，咳嗽一声，便吞下了稠如面糊的浮游生物。

蝠鲼并不是唯一定期出现在斐济海峡的鱼类。我划船路过时，鲭鱼（mackerel）群贯涌而出，匆匆游过。银色的身体在水中迅速划过，它们跃动不安，队形多变——时而向上游，时而向下俯冲，再来个急转掉头，然后游回原位。大多数时候，鲭鱼群排成一行，身上的深色条纹呈平行状态。但有时鱼群也会分散，银闪闪地乱作一团。鲭鱼后面跟随着猎人的身影——一只珍鲹（giant trevally）被这热烈奔放的活动所吸引，等待着进攻时机。鲭鱼继续游动，张开嘴巴，如同一千个微型降落伞一般在水中搜寻浮游生物。

鲭鱼　©Harris, William

另一食物来源也跟随着蝠鲼来到了海峡。手指大小的鱼掠过它们的身体，啄食上面的寄生虫和死皮碎片，这就是"清洁工"隆头鱼，它们每天会花数小时来打理和清洁蝠鲼。

当众多鱼群狼吞虎咽之时，海峡里的人类游泳者开始感到疲乏，惦记起早餐。当船迅速绕岸接人时，我留在后方，在水流中多待了一会儿，看着周围的海水。

两条蝠鲼再次出现在视野中，它们找到了一个好地方，那里有大量浮游生物，于是停下来尽情享用。这两条蝠鲼似芭蕾舞者般在水中旋转。它们弓起身，向后游成环状，追逐着自己的细长尾巴，但怎么也没咬住过，与此同时，它们的鳃里盛满了食物。

鱼类通过各种各样的方式获取食物，这也是它们与其他脊椎动物的区别之一，相比之下，其他脊椎动物的饮食往往相当保守。另外，鱼类几乎可以吃任何食物，并能以任何方式进食，这对其他水下生物有重大影响。

许多鱼类是猎人角色，有些则是传说中的猎人。约30种亚马孙食人鱼因疯狂的食肉习性而震惊世人，一旦你的手指在水中划过，它们就会将其咬掉。早期的西方探险家，如美国总统西奥多·罗斯福（Theodore Roosevelt），曾记述过这样骇人听闻的故事。在1914年出版的《穿越巴西荒野》（*Through the Brazilian Wilderness*）一书中，罗斯福描述了游泳者因食人鱼致残的情景，它们只是嗅到一丝血腥味就会变得疯狂。有更可靠的报道称，当地人为尊贵客人举办了一场表演：数天前，他们网住了一群食人鱼，并使它们保持极度饥饿状态。罗斯福到达时，一头死牛被扔进鱼群，饥饿难耐的鱼群立即狼吞虎咽，饱餐一顿，这倒是可以理解。食人鱼名声在外，但对人类的威胁并不像传闻所说的那样严重。许多可怕的案例可能都是指鱼类啃食尸体。不过，有人担心，南美洲各地正在修建越来越多的水坝，如此便为食人鱼创造了理想的产卵场所。加上干旱迫使它们进入更深的水域，食人鱼同人类游泳者的接触可能就变得越来越频繁，因此报道的袭击事件也越来越多。

食人鱼　　©New York World's Fair

掠食性鱼类的适应能力极强。在法国南部，塔恩河（River Tarn）流经历史名城阿尔比（Albi），巨型鲶鱼在此学会了捕捉鸽子。这种鱼最初来自东欧，身长一米，1983 年引入河中，供垂钓者捕获，自此以后，巨型鲶鱼便顺利地融入了城市生活。它们被称为多瑙河鲶鱼（Danube catfish），潜伏在河中央砾石岛旁边的浅水区，鸽子们会在此喝水、清洁羽毛。当鸽子离水边太近时，多瑙河鲶鱼就会跳出来，故意搁浅（一些鲸鱼和海豚也会采用类似策略）。图卢兹大学（University of Toulouse）的研究人员在附近的一座桥上轮流观察这一现象，他们发现，约三分之一的鲶鱼最终能捕食到鸽子。这可能是多瑙河鲶鱼得以成功入驻城市的原因之一，它们改变自己的饮食习惯，转而食用新领地的食物。在英国和中国的池塘与河流中，均可见到鲶鱼的身影。

世界水域范围内，处处皆有捕捉其他动物的鱼类，但也有很多素食鱼类。一些食人鱼是温和的食草动物，在河流生态系统中发挥着至关重要的作用。它们用硕大的牙齿咬碎大颗种子，有助于播种，并促进其发芽。鹦嘴鱼（parrotfish）约有 100 种，大多数以藻类为食。它们抑制海藻数量，使珊瑚礁得以健康生长，否则迅猛繁殖的海藻会快速盖过珊瑚，使其无容身之处。2017 年，巴拿马一项针对 3000 年前化石记录的研究显示，鹦嘴鱼家族的繁盛与衰落同珊瑚礁之间存在密切联系。美国圣迭戈斯克里普斯海洋学研究所（Scripps Institution of Oceanography）的凯蒂·克莱默（Katie Cramer）挖掘出鹦嘴鱼的喙状牙齿，并测量了珊瑚的历史生长速率。她发现，当鹦嘴鱼繁殖良好时，珊瑚亦是如此；但当鹦嘴鱼数量减少时，包括 200 年前的过度捕捞时，珊瑚礁则生长停滞，海藻取而代之。加勒比珊瑚礁是当今地球上退化最严重的珊瑚礁之一。克莱默及其合著者得出结论，使珊瑚礁恢复生长的唯一希望是"立即大幅减少对鹦嘴鱼的捕捞"。

鹦嘴鱼　　©Bloch, Marcus Elieser

雀鲷将素食主义提升至另一个层次。它们是除了人类以外，从流浪的狩猎采集者转变为定居农户的少数动物族群之一。蚂蚁、白蚁和甲虫养殖真菌；深海雪人蟹在其毛茸茸的蟹腿上繁殖细菌；雀鲷则在珊瑚礁上悉心照料它们的海藻园地。在死去的珊瑚枝之间的领地上，雀鲷会清除不宜食用的海藻，并培育出一片茂盛的草皮，只种植它们爱吃的品种，有时只培植某一品种[1]。由于缺乏消化坚硬海藻的胃酶，雀鲷会选择更绵软可口的素食品种。

　　雀鲷要花费大量时间维护这些海藻园地，主要目的是防止入侵者。雀鲷是珊瑚礁上最容易观察的鱼类之一，据说它们不惧怕其他任何事物，包括人类，也不会游走和躲藏。但事实恰好相反，每当我在浅礁上方浮潜时，好斗的小鱼们就会前来"找麻烦"，它们认为我来此处是为了偷走它们宝贵的海藻。我看到一大群刺尾鱼——一种广泛分布的食草动物——从我身边蜂拥而过，在原住民雀鲷群中引起了巨大骚动。突然之间，数十位藏匿在水中的愤怒"园丁"涌现出来，对着闯入的刺尾鱼张嘴啃咬。雀鲷甚至会用脊柱顶住海胆的刺，将它们赶出海藻园地。这似乎有些偏执，但研究表明，当雀鲷被移出园地后，只需一两天，其他动物就会进入，并将雀鲷视为珍贵标本的海藻啃食殆尽。一些最美味的海藻，包括一种多管藻属的红色品种，仅会出现在雀鲷保护的海藻草皮上，揭示了鱼类和海藻如何相互依存。

1　雀鲷不会播种或移植它们喜欢的海藻品种，而是等待海藻自然定居；有人认为，早期人类农民可能也有过类似行为，即从混合的野生植被中剔除不需要的品种。

于珊瑚而言，雀鲷打造海藻园地可不是什么好事。因为这些鱼会咬死较大的珊瑚，为园地腾出空间。雀鲷的领地小到只有一张 A2 纸大小，大到能有一张乒乓球桌大小（雀鲷的大小从一指长到一掌长不等）。由于人类的饮食偏好，一些地方的大型掠食性鱼类已经被捕捞殆尽。导致雀鲷的数量激增，它们的海藻园地遍布珊瑚礁。除了清除珊瑚外，海藻草皮还改变了生态系统中微生物的类型，还可能会在存活的珊瑚中引发疾病[1]。大型掠食性鱼类的消失使生态平衡向雀鲷等较小的鱼类倾斜，对珊瑚造成间接伤害。

除了狩猎和种植，鱼类获取食物的方式还有很多。想要充分了解鱼类饮食习性的多样性，东非湖群可谓是观测宝地，那里有大量的慈鲷鱼群。它们演化出了一系列惊人的饮食习性，人们认为这有助于物种的形成，物种之间得以通过分配资源在同一地方共存。

在水中，有些鱼类以浮游生物为食，有些食用蜗牛、海绵动物和树叶，还有一些吸食泥土，啄食动物眼球，而慈鲷会用它那丰满的鱼唇从岩石缝隙中吸食昆虫。其他鱼类则通过假死获取食物——它们一动不动地侧躺着，色彩斑驳的鱼皮使其看上去好像已经腐烂。随后，食腐鱼（scavenging fish）便过来调查一番，当这些看起来明显已死的鱼跳起来反咬一口时，食腐鱼就会大惊失色。还有一些掠食性慈鲷已经学会了用头撞击正在嘴里孕育幼崽的雌性慈鲷，

---

1   对于珊瑚而言，疾病是个大问题。除了食草类鹦嘴鱼的匮乏外，20 世纪 80 年代的流行病是加勒比珊瑚礁消亡的另一原因。

冲击力迫使雌性慈鲷吐出幼鱼，掠食者便将这些幼鱼快速吞下。

⋖〇

　　无论以什么为食，所有鱼类都面临着同样的挑战——如何在水中生存与觅食。水比空气更为黏稠，这意味着当水生动物向前猛冲捕食时，身体会产生弓形波，将食物推开。同时波浪也会提醒猎物有捕食者靠近，从而有更多时间逃脱。蝠鲼、鲭鱼和其他所有滤食性鱼类都通过张开大嘴让水从体内流过，而不是从身体周围流过，从而避免猎物溜走的情况[1]。滤食仅适用于在水下获得食物的情况，从北美湖泊中筛选食物的匙吻鲟（paddlefish）到神秘莫测的巨口鲨（megamouth shark），都是靠着将巨大的鱼嘴伸向深海，从而饱餐一顿[2]。

　　在浓稠的水中捕食实属不易，这也使鱼类形成了独一无二的特征。鱼类（尤其是真骨鱼类）一种常见进食方式是将下颌向前伸出，此时产生的弓形波要比移动整个身体时的更小，而且游动速度也会快许多。这就是宠物金鱼啄食干饲料的方式。如果你拉一拉死鲑鱼

1　将鲸鲨鳃的 3D 打印模型放置在水槽中，可以揭示其鳃耙不会堵塞的原因：使水流形成微小的涡流，将固体物质从鳃耙的表面掸掉，保持其清洁。工程师们希望模仿这种清洁方式，以防止过滤啤酒和乳制品的工业机器发生堵塞。

2　技术上讲，圆蛛是"过滤式"进食，但我认为这更像是一种陷阱，因为它们的大多数猎物并不是被动吹进蜘蛛网中。

或鳟鱼的下颌，其上颌将在一系列关节骨的作用下自动向上并向外摆动。

鱼类通过上述方式进食至少有 1 亿年历史，在此期间，其下颌越来越突出。目前，下颌突出最甚者非伸口鱼（slingjaw wrasse）莫属，这是一种热带鱼，可以将吻部伸进一个长度为其头部长度约65% 的管中。如果我也有这样的天赋，那么我就能在头不动的情况下，一口咬下鼻前 13 厘米处悬挂的巧克力棒。

剑吻鲨（goblin shark）的下颌突出程度次之。其法语译名为"妖精鲨"（requin lutin），西班牙语则称为"精灵鲨"（tiburón duende）。该物种首次发现于 19 世纪，当时人们只是从标本中了解它的丑陋样貌——下颌突出，牙齿参差，就像戴着一副不合适的假牙一般。很久以后，人们才发现，活剑吻鲨会收起下颌，如此一来便好看许多，不似之前那般可怕。剑吻鲨只有在进食或打算进食时才会伸出下颌。2008 年，一批日本科学家在东京湾某深谷中网捕到一群活剑吻鲨，首次记录下这一进食行为。科学家们小心翼翼地打捞起活剑吻鲨，并拍下了它们在浅水区游动的情景。在镜头前，剑吻鲨多次试图咬东西，包括咬住一名潜水员的手臂（所幸穿着的潜水服够厚）。拍摄画面显示，剑吻鲨下颌可张开至 116 度[1]，好似打哈欠一样，然后像弹弓一样将自己向前射出。剑吻鲨下颌可伸出达头部长度的一半，并在半秒内迅速合拢——其下颌延伸长度及闭

1　相比之下，霸王龙（*Tyrannosaurus rex*）的张开角度约为 63.5 度。

合速度均为所有鲨鱼之首。

除了简单应对水的黏稠性外，许多鱼还会利用水的这一性质学会吸食：它们向前伸出下颌，鼓起双颊，一口吞下水和随之卷入的任何猎物和食物颗粒（试试喝碗意大利蔬菜汤便能体会这种感觉）。为对抗这一行为，被捕食的鱼类演化出了快速逃脱反应。当捕食者靠近时，较小的鱼类将感知到弓形波，于是向前猛冲，刚好能避开捕食者的短距离吸食。

海马是水中吸食冠军中的一员。它们与蝙蝠一样，以浮游生物为食，但并非滤食海水中的浮游生物，而是一只接着一只地啄食小虾。海马将吻部置于猎物下方，随后收紧头部的肌肉，就像拉回弹向他人的橡皮筋一样。这样能触发肌肉释放储存的弹性能，使海马吻部突然转动，一只小虾便吸食到口中。

新生海马尤其擅长这一技能——对于如此小的动物而言，此技非同一般。大多数鱼类都需要花些功夫才能学会吸食。它们必须协调下颌和肌肉，并且要习以为常，随着年龄增长，其吸食能力也会有所提升。然而，海马需在父亲的育儿袋中生长数周，发育完全后才会出生，最终流向大海[1]。2009 年拍摄的高速视频显示，幼年海马的头部转动速度比成年海马快三倍，这速度甚至比挥舞着凶猛爪

1　海马是人们知道的唯一一种由雄性怀孕并分娩的动物；雌性在雄性的育儿袋中产卵，幼卵在此孵化生长，雄海马在分娩前为其提供养分；随着育儿袋急剧收缩，雄海马喷射出幼崽，海马宝宝就这样来到了这个世界。

子敲开贝壳的虾蛄（mantis shrimp，又称螳螂虾）还要快。幼年海马吻部的转动速度相当于每秒8万度（虾蛄每秒只能转动5.7万度）。

另一群鱼的行为则相反，它们并非吸入黏稠的水，而是将其吐出。有七种射水鱼（archerfish）以水为武器。1764年，一封信从荷属东印度（Dutch East India）[1]送出，寄给英国皇家学会（Royal Society，位于伦敦）的一名会员，这是已知最早关于射水鱼"枪法"的书面记录。随信附上的是一只保存完好的"高射炮鱼"（jaculator，射水鱼当时的名字）标本，该标本由总督胡默尔（Hummel）从殖民地首都巴达维亚（Batavia）[2]的医院捐赠而来。胡默尔对这种怪鱼的习性早有耳闻，但他想要亲眼验证传闻是否属实。他命人捕获几只射水鱼，将它们放入一桶水中，用一根棍子撑在桶边，并在棍子末端系上一只苍蝇。总督每日看着自己的鱼射击苍蝇却从未失手，别提多激动了。

多年来的研究逐渐揭示了射水鱼的真实射击水平。它们会弥补光在水和空气间传播时产生的误差，从而准确无误地击中3米外的目标，就像雄性阿氏丝鳍脂鲤（splash tetra）要保持鱼卵湿润那样。随后，射水鱼会在准确的位置抓住掉落的昆虫。不仅如此，它们体内射出的"水枪"威力比任何脊椎动物的肌肉力量都要强五倍。直至最近，人们还认为这一高超技艺的秘诀在于某种弹弓装置，或许与海马转动的头部类似。但无论观察得多仔细，人们都未能在射水

1　今印度尼西亚。

2　今雅加达。

鱼体内发现这种装置的蛛丝马迹。实际上，射水鱼身上似乎没有弓与箭。

2012年，意大利米兰大学（University of Milan）的阿尔贝托·瓦拉蒂（Alberto Vailati）及其同事终于解开这一谜团。射水鱼并非依靠肌肉力量射击，而是有着控制水的能力——它们用舌头顶着上颌的沟槽喷出一股水柱。瓦拉蒂的团队发现，靠近末端水流时，射水鱼会更加用力挤压水柱，使得后端水滴聚集并与前端水滴碰撞融合。因此，射水鱼向目标猎物喷洒的并非细雨般的小水滴，而是一团高速水弹，其威力足以将小型生物从停歇处击落。当我们掷出一枚水弹时，刚开始，它会飞向投掷目标，但很快，由于重力和空气阻力的影响，水弹会减速并掉落至地面。然而，射水鱼射出的水弹越接近目标猎物，速度越快。

畅游于电流中的鱼

除黏稠性外，水还具有良好的导电性。水的导电性至少比干燥的空气强10亿倍，因此湿手换灯泡可不是什么好主意。但是，有些鱼并不担心水电混合时的安全隐患，偏偏故意以身涉险。

数千年来，人类已经知道有些鱼类天生带电。在古希腊，妇女分娩时，医生会将电鳐（electric ray）置于她们身上，这样做显然是为了帮助她们缓解疼痛。古埃及人从尼罗河捕获电鲶（electric catfish），或用以治疗癫痫患者。19世纪初，普鲁士探险家兼博物学家亚历山大·冯·洪堡（Alexander von Humboldt）在委内瑞拉一个泥泞的池塘中目睹了马和骡子被电鳗袭击并击倒的惨状。这类鱼和其他数百种鱼都有一种不同寻常的能力：既能产生大量的电，也能控制这些电。

万物生灵皆由电赋能。带电离子可以进出细胞，尤其是神经细胞，从而传递信息，收缩肌肉，产生思维（从插座输出并为电子设备供电的电流由流动的电子组成，这是另一种形式的带电粒子）。大多数生命体内的电荷极小，然而，很多种鱼类已经演化出了能够积聚、放大电流的器官，并能有意释放电流。只有鱼类才会利用电流捕猎。

数年前，当我还是一名动物学学生时，认识了一条电鱼，它是象鼻鱼的一种 [与古埃及神话中的俄克喜林库斯（一种居于尼罗河的鱼）属同一家族]。我仔细瞧着这只实验课上分给我的象鼻鱼，发现它的鼻子既没有象鼻那么长，也不似象鼻那般敏捷。德语中常称为貘鱼（tapirfische），即以南美貘（South American tapir）为命名来源，这倒是更贴合象鼻鱼的形象。仔细观察后，我发现这条鱼的长鼻其实根本不是鼻子，而是一个拉长的下巴。

我的任务是，每间隔一段时间，用电极在水缸周围测量电流，从而绘制出象鼻鱼发出的电场图。我绘制的电场图线条弯曲，显示象鼻鱼被一层层同心圆包围。这是由其尾端的改良肌肉细胞产生的电场。无人注意时，象鼻鱼发出的脉冲柔和恒定，力度都不足以击中我在水中摆动的手指。

50 年前，剑桥大学动物学系进行了一项实验，该实验的发起人发现了象鼻鱼的隐藏天赋。目前，我正在同一间实验室再现这一实验。汉斯·利斯曼（Hans Lissmann）在伦敦动物园的水族馆看到了这些鱼，并注意到它们向后游却不会撞到任何东西。它们的眼睛盯着前方，看不见身后，因此他想知道这些鱼是否通过其他感官来寻路。利斯曼是第一位发现象鼻鱼产生弱电场的人，他的设备与我现在使用的相似。他发现象鼻鱼利用电流定位，与蝙蝠利用声音定位如出一辙。但这不是回声定位，而是电定位。

和利斯曼一样，实验的下一步是将一根玻璃棒（绝缘体）插入水族箱，放置在靠近鱼的地方，再次绘制电场图。电脉冲只在绝缘玻璃棒周围流动而不穿过它，因此本次电场图的线条发生了扭曲。象鼻鱼知道玻璃棒的位置，不一定是因为视觉感知。直至数年前，人们还认为象鼻鱼没有视觉，但最近的研究表明，它们或许能够辨认大型的移动物体，这是因为它们眼中充满晶体的杯状凹陷层能使昏暗的光线增强。即便如此，象鼻鱼对电的敏感度远高于光。我的象鼻鱼全身长满了可以感应自身电荷的凹点。通过感知周围电场的变化，象鼻鱼就知道又有新鲜玩意来了。

在非洲河流中，栖居着约 200 种象鼻鱼，它们发出电脉冲以探测浑浊水域，当其弹开周围物体时，便能察觉到自身电场发生的扭曲。它们用长而敏感的下巴寻找藏在河床里的食物。象鼻鱼的脑袋奇大无比，耗氧量高达 60%，足以处理刺痛感传递的信息。象鼻鱼大脑同身体的比例与人类相似，不过人类大脑供能耗氧量仅为 20%。

象鼻鱼性情温和，而声名狼藉的电鳗[1]（electric eel）则完全

---

[1] 电鳗的拉丁学名很有意思，为 *Electrophorus electricus*，*electro* 这一表示"电"的词根出现了两次。

相反。电鳗并非鳗鱼，而是南美长刀鱼的一种，可产生600伏电压，足以使其他动物失去行动能力，甚至死亡。肯尼斯·卡塔尼亚（Kenneth Catania）来自田纳西州范德比尔特大学（Vanderbilt University），一直用前所未有的方式了解电鳗。新的见解百花齐放，而他的研究表明，电鳗不会为了击中某物而随意释放强大电击，它们使用电的方式更加巧妙、聪明得多。电鳗通常会先向水中发射两到三次电击，再开始捕猎。如果小鱼或甲壳类动物藏了起来，这种以试探为目的的电击会使电鳗的肌肉不自主地抽搐，由此产生涟漪，电鳗通过对压力敏感的侧线便可以探测到涟漪。随后，它会像泰瑟枪似的发出一连串电击，猎物的神经因此受到过度刺激，导致肌肉收缩，暂时失去行动能力。

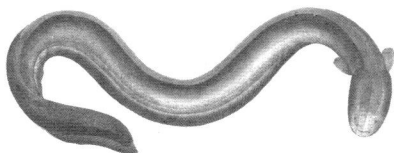

电鳗　©Bloch , Marcus Elieser

卡塔尼亚还发现，在200年前的委内瑞拉泥潭里，亚历山大·冯·洪堡的马可能遭遇了什么事情。南美之行中，洪堡询问当地渔民是否能为他弄些活的电鳗。渔民的回答是，将马赶进池塘，就能看到电鳗向马儿发起猛烈进攻。男人们对着马儿厉声喊叫，并阻止它们逃跑，最后两匹马溺亡，还有几匹跟踉着倒下了。卡塔尼亚认为，这种情况年年发生，是电鳗在塘中坚守阵地、站稳脚跟的表现。到了雨季，亚马孙河和奥里诺科河（Orinoco River）的水涌入周围的雨林和热带草原，形成一片临时湿地，鱼儿们便来此栖居。雨停后，临时湿地的水退去，鱼儿们困在池塘中孤立无援。洪堡当时所见正值旱季，电鳗对这种情况早就习以为常，并且适应良好——即使深陷死水，它们也能靠呼吸空气生存。然而，孤立于池中的电鳗会变得脆弱，满池的鱼儿吸引了捕食者，再也逃不出这一方天地。不过，电鳗虽身陷困境，却有办法反击，逃脱此劫。

在做其他实验时，卡塔尼亚观察到电鳗会攻击先前在水箱中捕捞它们的网。电鳗不停地冲向渔网，然后从水中跳出，对着金属把手一顿电击。卡塔尼亚将一根连接电压表的金属杆放入水箱中，以测量电击大小，电压表显示电鳗常发出 200 伏电击。他甚至还制作了一个等身的鳄鱼头部模型，上面布满 LED 灯，当电鳗电击鳄鱼模型时，LED 灯就会亮起。电鳗跳出水面时，电流直接通过其他动物的身体，其发电器官形成短路，从而发射出强力电击。这比直接向水中站立或游动的目标猎物发电更加有效。

在 2017 年的最新研究中，卡塔尼亚亲身体验了这种电击强度。他设计了一个实验装置，并将自己作为实验对象，测量电鳗攻击人时，流过活人手臂的电流量。实验用的电鳗相对较小，为 40 厘米长的幼鳗，却仍能发出最高 50 毫安的电击，"大大超过了激活痛觉感受器的阈值"，卡塔尼亚在论文中写道。换句话说，这种感觉异常痛苦。不过，卡塔尼亚的胳膊并未僵硬，肌肉也未受过度刺激，不至于僵直不能动弹。他认为，电鳗之所以跳跃攻击，并非使猎物丧失行动能力，而是通过发射电击，让潜在捕食者产生剧烈痛感，起到威慑对方的作用。

卡塔尼亚确信电鳗跳跃并非在捕猎，因为它们无法啃咬咀嚼食物，也吞不下鳄鱼、马或人这样的庞然大物。相反，他认为实验室里的小水族箱可能会让电鳗相信，自己被困于一个不断缩小的池塘里，正面临被捕食的危险，与旱季时在原生栖息地的情形别无二致。在此情况下，当庞大、具有威胁性的物体逼近时，电鳗会本能地保护自己，确保入侵者得到的反击远超预期。

〜

查尔斯·达尔文深知世界各地的水域中生活着各种各样的电鱼。在《物种起源》（*On the Origin of Species*）一书中，他探讨了它们的演化过程。"如果发电器官遗传自某位古老祖先，我们可能会认为所有的电鱼之间都有特殊的关系。"但是，正如达尔文所知，电鱼并不都是近亲。单鳍电鳐（sleeper ray）、电鳗、澳洲睡电鳐（coffin ray）和电鳐均属软骨鱼类中的电鱼。真骨鱼属鱼类演化树偏远部分，其类别下的电鱼有䲢鱼（stargazer）、电鲶、象鼻鱼和刀鱼。达尔文认为它们是"趋同演化"现象的重要例证，尽管他当时并未使用这一术语。当远缘物种演化出相似的外观、行为或习性时，就会发生这种现象。正如达尔文所写："我倾向于认为，这就像有时两个毫无联系的人会想出同样的发明一样，所以自然选择有时会以非常相似的方式改变两个有机体。"

这就解释了为何马达加斯加的攀树灵长类动物指猴（aye-aye）和澳大利亚的有袋负鼠（marsupial possum）与啄木鸟有着相同的食物来源。这三种动物都在树上挖洞，拉出树皮下的蛆虫；鸟类用喙和长舌挖洞，而指猴和有袋负鼠则利用龅牙和长指[1]。

同样地，发电能力在鱼类演化历史上至少是六次独立演化。达尔文若知道这一过程如何发生，以及如何多次达到同样结果，定会大为震惊。发电器官中都是由特化肌肉纤维组成的发电细胞，这些肌肉纤维来自鱼身体的不同部位。电鳐的圆形身体两侧有两个肾形结构，这是由发电细胞重组的鳃部肌肉所形成。捕猎时，电鳐用宽大的胸鳍包裹住猎物，然后实施电击。斑点星䲢（northern stargazer）栖居于美国东海岸，它们埋进沙子里，只露出眼睛。它们的眼部肌肉经改良后，会产生微弱电击迷惑猎物或吓退靠近的捕食者。至于那些威力强大的电鳗，它们身体的四分之三以上部分均由成千上万的发电细胞组成，而这些发电细胞则来自全身肌肉。

分子研究表明，这类鱼均利用相同的基因组件演化出发电能力。它们都遵循着相同的发育途径，能够开启和关闭同组基因。这一演化过程十分复杂——肌肉细胞变大，失去收缩能力，促使大量离子穿过细胞膜，产生电流。尽管演化时隔数百万年，但在不同的海洋水域、淡水水系中，在不同的身体部位上，所有鱼类的发电器官基本上以相同的方式演化而成。

电鱼如何做到捕猎时不误伤自身等谜团仍待解开。可能是因为它们将重要器官包裹在多层脂肪下，或者它们的神经末梢绝缘性良

---

1   在马达加斯加的民间故事中，传说在人们睡觉时，指猴会将手指伸进他们耳里挖出他们的大脑。

好，具体原因尚未可知。

饮食习性

　　隆头鹦嘴鱼（bumphead parrotfish）可谓名副其实。它们头部凸起，牙齿聚合成与鸟喙相似的锋利鱼嘴。2012 年，人们首次拍摄到了鹦嘴鱼中时常有之的撞头比赛。大量鹦嘴鱼聚在一起产卵，就像苏眉鱼（据人们所知，其头部的隆起纯粹是为了炫耀，而非打斗）那样。随后，伴随着一声巨响，成年雄性鹦嘴鱼就会相互攻击、撞头以夺取鱼中领袖的地位。别的时候，这些鹦嘴鱼也很吵闹——它们啃食珊瑚的声音十分尖锐刺耳。

　　巴尔米拉环礁（Palmyra Atoll）位于太平洋中部，研究人员曾跟随隆头鹦嘴鱼游过此处的浅礁，连续观察数小时，仔细记录它们咬下的每一口食物。此次观鱼令人印象深刻，已发表的研究中提及只有持续 60 分钟以上的观察才会计入研究结果。潜水者与隆头鹦嘴鱼不间断同游，时长最长达 5 小时 20 分钟。每条鹦嘴鱼平均每分钟会咬三口珊瑚。

　　就像热带草原上的大象一样，这些鹦嘴鱼也会在周遭环境中留下清晰痕迹。当鹦嘴鱼大口咬下珊瑚时，较小的珊瑚碎片成了"漏网之鱼"，其中一些"幸存者"会重返珊瑚礁，生长成新的群落，而咬痕则成为珊瑚幼虫的栖居之所。它们挖掘出大量活珊瑚和死珊瑚，还原并重新分配石灰石和沉积物。因此，鹦嘴鱼在珊瑚礁的动态平衡中发挥着重要作用。

　　根据进食习性，一条成年鹦嘴鱼每年会吃掉 4 吨 ~6 吨的固体石灰岩礁。它们食量如此之大，是因为以珊瑚为基础的饮食中营养甚少。鱼的食物是覆盖在碳酸钙骨架上的活组织薄膜，它们吞下的所有食物中，仅有 2% 的营养被吸收。鹦嘴鱼喉咙后部的第二排牙齿（称为咽磨牙）可以将珊瑚研磨成粉。营养物质通过长长的肠子被吸收，未被吸收的部分则被排泄了出去。

鱼类的粪便和尿液为其他生物提供了重要养分。20 世纪 80 年代初，佐治亚大学（University of Georgia）的朱迪·梅耶（Judy Meyer）在美属维尔京群岛（Virgin Islands）的圣克罗伊岛（St Croix）上观察加勒比海珊瑚礁上的鱼类。白天，她看到一些枝杈丛生的珊瑚丛里住着一群石鲈，它们身上有蓝黄条纹，还有银色的眼睛。日落时分，石鲈会游到附近的海草地，在此享用软体动物和螃蟹；日出之时，这些石鲈又回到珊瑚礁上，躲进珊瑚丛间的树枝间消食排便。梅耶及其团队发现，在有鱼类栖居的珊瑚礁附近，水中营养物质含量是没有鱼类栖居的 5 倍，很可能是石鲈每日排泄造成的。在为期一年的观察中，她发现鱼类栖居处的珊瑚的生长速度是无鱼类栖居处的两倍。从食物摄入到排泄，这些移动的脊椎动物似乎是连接海藻和珊瑚礁这两处栖息地的重要纽带。

鱼类生态学家雅各布·阿尔盖尔（Jacob Allgeier）花费数年时间研究珊瑚礁对鱼类尿液的依赖程度，他与北卡罗来纳州立大学（North Carolina State University）的克雷格·莱曼（Craig Layman）合作一次实验。为使实验切实可行，二人捕捞了数百种鱼类，并小心翼翼地将它们放入装有海水的塑料袋中，每次放置半小时。通过测量放置前后水的营养成分，他们计算出了每条鱼释放的磷、氮含量。磷和氮只能通过尿液排出，但也有部分从鳃处渗漏。阿贝尔·瓦尔迪维亚（Abel Valdivia）和柯特妮·考克斯（Courtney Cox）是阿尔盖尔的同事，二人有一项令人羡慕的任务，即调查加勒比海数百个珊瑚礁上的鱼类种群，其中一些鱼遭到严重捕捞，一些则受到高度保护，几乎没有捕捞痕迹。阿尔盖尔结合各项信息和数据，分析后推测，相比于环境更健康、鱼类种群丰富、尿液含量充足的珊瑚礁，鱼量枯竭的珊瑚礁可获得的养分仅能达到前者的一半。

珊瑚礁的营养平衡不够稳定，极易营养过剩或营养不足。经过演化，珊瑚礁得以在清澈、营养贫乏的热带水域中茁壮成长。这类生态系统十分高效，可以将有限的营养物质循环再利用（相比之下，海带森林等营养匮乏的生态系统，需要汲取源源不断的营养，通常为深海涌出的富含养分的水）。众所周知，营养物污染会影响珊瑚礁的健康——磷酸盐和硝酸盐随着污水和农田径流流入沿海水域，致使珊瑚窒息而亡，令海藻取而代之。但世事皆有两面，若珊瑚礁失去了天然的营养来源，情况会更糟。

阿尔盖尔等人的研究显示，珊瑚礁的许多关键养分储备都锁定在鱼类中，尤其是体型大的鱼中，它们产生的粪便和尿液也最多。他没有选择一米长的隆头鹦嘴鱼作为实验对象，因为实验中的塑料袋根本不够用，他需要用超大号袋子才装得下鱼以及鱼粪。我在帕劳（Palau）潜水时，几次遇到隆头鹦嘴鱼在我面前排便——白色粉状物质在水中喷涌。在巴尔米拉环礁上观察隆头鹦嘴鱼的研究人员注意到，成年隆头鹦嘴鱼每小时排便超过 20 次。

鱼类对周遭环境还有着其他重要贡献。隆头鹦嘴鱼的许多亲戚，如杜氏鹦嘴鱼（dusky parrotfish）、钝头鹦嘴鱼（ember parrotfish）和污色绿鹦嘴鱼（daisy parrotfish）均为素食者，它们下颌强壮，可以摘食珊瑚礁上的海藻；同时，它们还会连带刮下石灰岩碎片。海藻也好，石灰岩碎片也罢，都会进入鹦嘴鱼体内，并以别的形式排出。2015 年，英国埃克塞特大学（University of Exeter）的克里斯·佩里（Chris Perry）带领研究团队前往马尔代夫，分析形成低洼岛屿的沙子来源。研究团队发现，瓦卡鲁岛（Vakkru）及其周围地区的 85% 以上的沙质沉积物均由鹦嘴鱼制造，也就是说，鹦嘴鱼用自己的粪便建造了瓦卡鲁岛的大部分区域。因此，当你漫步于热带海滩时，不妨想想那些在海浪下辛勤觅食、咀嚼和排便的鱼儿们，你脚趾间闪闪发光的白沙正是它们的功劳。

毒梭鱼

16 世纪冰岛

冰岛陆地上的动物极少，但河流、湖泊和周边海洋中却充满了神秘鱼类，有些人畜无害，可以为人类所用——将五条鳗鱼浸泡在酒中，饮下此酒便可千杯不倒；取自鳐鱼脑中的石头可以使人隐形，不过一次只能隐身一小时。然而，许多冰岛的鱼类十分危险，最好避之大吉。

毛皮鳟鱼（lodsilungur）属鳟鱼的一种，其肉有毒，身上长有白色茸毛，可以防寒。奥夫－尼格（Ofug-nggi）看起来像一条有着煤黑色皮肤的鳟鱼，会向后游动。吃了上述任何一条鱼，便会立即毙命。

靠近沟渠或死水时，要小心赫尔科库利[1]（hrokkull）。一位巫师将一条半腐的死鳗鱼起死回生，从而得到了赫尔科库利。如果你踏进赫尔科库利生活的水域，它就会缠住你的腿。它还可以产生毒液，且毒性剧烈，能溶解皮肤和骨头。如果不能迅速逃脱它的缠绕，你就等着腿被硬生生切断吧。

冰岛最毒的鱼要数毒梭鱼（vatnagedda）。它形似小比目鱼，通体呈闪亮金色，实属罕见，只有在暴风雨前雾蒙蒙的夜晚才能一窥真容。想要钓一条毒梭鱼，必须以黄金做饵，戴上人皮制成的手套。得手后，须将其保存在玻璃瓶中，并包裹几层马皮，否则它会烧穿玻璃瓶，沉入地下。这种鱼可以抵御恶灵，就连最邪恶的幽灵也不在话下。

1　冰岛的一种神秘鱼类，常被认为是一种水蛇。

第七章

有毒的鱼

20 世纪 70 年代初，夏威夷大学的海洋生物学家乔治·洛西（George Losey）花了 250 个小时在水下观察一种小鱼，名为睫毛琴尾鳚（eyelash harptail blenny）：名字中的 "睫毛" 是指它们每只眼睛的后面都有一条黑线，看起来就像刷了浓浓的睫毛膏一般；"琴尾" 是因为它们有着竖琴一样的黄色尾巴，而根根分明的鳍条则是琴弦。洛西当时正在太平洋中部的埃内韦塔克环礁（Enewetak Atoll）[1] 潜水，他很想知道这些鱼如何应对大型捕食者，而捕食者又会对它们作何反应。

1　20 世纪 50 年代和 60 年代，美国政府在此处以及东部的比基尼环礁引爆了 67 枚核弹（科学家们利用这种核弹产生的辐射估测出格陵兰鲨鱼的寿命为 400 岁甚至以上）。20 世纪 70 年代，美国政府将受污染的放射性土壤和泥浆堆在埃尼韦塔克环礁的鲁尼特岛（Runit island）上，并用混凝土板覆盖污染土壤；这本是临时处理办法，但这些废料一直留存至今，且已开始泄漏。

洛西佯装成大型捕食者，以便能在开阔水域接近琴尾鸳鸯，观察它们的一切行为。一开始，这些鱼通常会慢慢地远离他，但当他停下时，鱼儿们就会转过身来，停留一会儿，然后在他的正前方盘旋。当洛西靠近珊瑚礁洞穴时，栖居在此处的琴尾鸳鸯会暂离家园，径直游到他面前，仔细端详着他。这些鱼的身长仅有 11 厘米，洛西在它们面前就是一条"巨鱼"，不过它们毫不畏惧。

在陆地上的实验水箱里，洛西观察到掠食性鱼类试图吃掉这些鱼——一条石斑鱼吞下一条小鱼后，立刻开始颤抖，摇着头，然后笨拙地伸出下巴。几秒钟后，那条小鱼完好无损地从石斑鱼嘴里逃脱出来。

琴尾鸳鸯能如此潇洒自如，一部分原因在于它们的利齿。它们属稀棘鳚（fangblenny）或跳岩鳚（sabretooth blenny），这类鱼均有一对尖牙利齿。在埃内韦塔克环礁研究期间，洛西发现被琴尾鸳鸯啃咬并非受伤这么简单。

1972 年，洛西在发表的论文中阐释了这一研究，包括自己如何捕获两条琴尾鸳鸯，并将它们放进泳裤的口袋里，或许实在无处可放吧，但不管怎样，他很快就领教了它们毒牙的厉害。他写道："不经意间，琴尾鸳鸯在我的臀部咬了一口，受伤处立即感到疼痛，像是被蜜蜂轻微蜇伤一样。"

洛西一向事无巨细，他记录下了此次伤情：伤口流血十分钟；咬伤两分钟后，红肿范围还是几毫米，15 分钟时，已扩散至 10 厘米；伤口炎症持续 4 小时，在之后的 12 个小时里，周围区域仍在发炎。他写道:"受伤组织开始变硬,并持续数天。"毫无疑问,洛西亲身体会到了这种毒牙鳚鱼的威力。

事实证明,鱼类是脊椎动物中毒性最强的一类。10年前,人们普遍认为只有约200种鱼类具有毒性。然而,科学家对此进行更为深入的研究后发现,竟有近3000种你绝对不想放进泳衣里的鱼类。

鱼类得以繁衍至今且数量愈加庞大,毒液是它们的另一法宝,同时也是它们避免沦为盘中餐的主要手段之一。鱼类在不同群体中至少历经18次获得施毒能力的独立演化事件,同样经过反复演化的还有鱼类的放电能力。鲶鱼、银鲛科鱼、虎鲨、黄貂鱼、蓝子鱼和刺尾鱼中都有能释放毒液的类群。由于鱼类基数庞大,相比于被毒蛇咬伤或被鸭嘴兽的毒爪抓伤,被毒鱼咬伤的概率要大很多。

好在鱼类释放的毒液通常不足以致命,但是一旦被它们的毒液侵袭,就要忍受最钻心的疼痛,其他任何有毒生物的毒性都无法与之相较。一般而言,鱼类不会使用毒液这种化学武器攻击其他动物,而是用以自保,捕食者接触到毒液后很快就会明白要如何避开它们。单颌鳗(one-jawed eel)或许是个例外,不过我们对这种鱼知之甚少。当洛西把那两条长有毒牙的琴尾鸳鸯放进泳裤口袋时,它们便知道自己遇上了麻烦,因此感到害怕,于是用中空的牙齿释放出一种化学混合物以威慑对方[1]。2017 年的一项研究解析了这种特殊物种的毒液成分，发现其中含有阿片肽，与之结合的神经受体同样适用于海洛因和吗啡。这种毒液会导致血压急速下降 40%，对于人类而言，会产生头晕的症状，需坐下休息片刻。同理，这种毒液会迷惑掠食性鱼类，使其进入眩晕状态，正如洛西在研究中观察到的那样，小鱼可借此逃脱而无半点损伤。

　　一般而言，如果你对有毒的鱼有所避及，那它们也会放你一马。狮子鱼等体色鲜亮的鱼十分醒目惹眼，可以警告攻击者自己身上有毒刺。然而，许多有毒的鱼伪装能力极佳，它们会栖息在海底或河床。在英国的海滩，游人偶尔会踩到藏在沙子里的刺鱼（weaver fish，背鳍刺有剧毒，被刺后会引起剧痛）。和大多数有毒鱼类一样，它们通过分化的鳍刺喷射出毒素。星䲢栖居的美国海岸也会发生类似的刺伤事件。如果你踩到一条黄貂鱼，它会扬起尾巴，用有毒的倒刺刺伤你的腿[2]。

1　最近的研究表明，稀棘鳚的祖先首先演化出巨大的毒牙，从而可以咬体形更大的鱼。在这个群体之后的演化史上，有些鱼才演化出了释放毒液的能力，以及牙齿上的深凹槽（可以像皮下注射器一样喷射毒液），其中就包括睫毛琴尾鸳鸯。先演化出牙齿这种演化方式在有毒动物中实属罕见。例如，蛇首先演化出释放毒液的能力，再演化出中空的毒牙，并以此作为更加有效的放毒手段。

2　如果你在有黄貂鱼出没的水域涉水，应拖着脚走，这样就不会踩到黄貂鱼，反而会使它从你的脚边游开。如果你被有毒的鱼蜇伤，最好的治疗方法是浇上热水（避免水温过烫），以使毒液中的蛋白质变性失活。

最危险的有毒鱼类可能是石头鱼（学名为毒鲉），它们会伪装成杂草丛生的岩石。即使你知道它们的存在，也几乎找不见它们。粗毒鲉（rough stonefish）的毒性尤其剧烈，人们称它为"疣状食尸鬼"，其背部排列着13根棘刺（1766年卡尔·林奈将其命名为 Synanceia horrida）。在澳大利亚，每年有数百人不小心踩到石头鱼，由于人体重力作用，毒刺会刺进脚掌，毒液由此挤入人的体内，从而导致剧烈疼痛，一般会持续数天。虽然可使用抗毒药物缓解，但最好还是小心脚下，不要触摸珊瑚礁上的任何东西，否则石头鱼的绝佳伪装会蒙蔽你的双眼。

还有一群鱼遭人厌弃，并非因为它们会蜇人，而是它们本身就有剧毒，哪怕吃上一口也会就此殒命。数百年来，人们一直深深迷恋着河豚（pufferfish），从将河豚雕刻为象形文字的埃及人，到花重金冒死品尝河豚美味的日本食客，无不证明了河豚的魅力之大。日本法律强制要求厨师需经多年培训并获得河豚处理执照才能上岗烹饪，此前，日本每年有数十人死于河豚刺身[1]中毒。如今，这一数字下降为两至三人，均为不走运的误食者。

食用河豚之所以如此危险，是一种名为TTX(河豚毒素的缩写)的有毒生物碱在作祟。这种毒素积聚在河豚的肝脏、生殖器官、皮肤和肠道中，只有刀法娴熟的厨师知道如何切除这些部位。仅一毫克TTX，即针尖大小的一滴便可使一位成年人命丧黄泉。然而，即使将河豚烹熟也不能使毒素失效，且目前尚无解药。

1　　一种日本美食，由东方鲀属鱼类制成。

河豚本身不产生 TTX，而是借助食物中能够产生 TTX 的细菌，将毒素积聚在体内。如果只进行无菌饮食，河豚会逐渐丧失施毒能力。由此，养鱼户们培育出了可以安全食用的河豚，但事实证明，日本食客并不接受这类河豚，他们看重的仍是食用野生河豚的刺激快感。

还有一些动物的体内也含有 TTX，应避免食用。2009 年，新西兰的 5 只狗因食用被冲至海滩上的海蛞蝓（sea slug）而身亡。此外，不要招惹蓝环章鱼（blue-ringed octopus），否则会立即丧生——被它咬上一小口，虽不会感到疼痛，但其唾液中的 TTX 足以致命。TTX 甚至可以为含有"蝾螈之眼"的魔法药水增添一丝真实性：将一只日本红腹蝾螈、一只五彩蟾蜍或一只黄短头蟾放入大锅中，就能熬出含有致命 TTX 的浓液。

蝾螈、章鱼、海蛞蝓、河豚和其他含有 TTX 的动物应如何免遭自身毒素之害？时至今日，人们才将答案揭晓。TTX 的作用原理为：通过与神经细胞中的钠通道结合，使神经系统和肌肉之间的信号传递失效，最终导致受体瘫痪麻痹，通常因窒息而亡。事实证明，阻止 TTX 发挥作用是一个相当简单的过程。只需利用基因突变改变钠通道（主要成分为蛋白质）中的一些氨基酸结构即可。如此一来，即使神经细胞周围有毒素，神经系统也会正常工作，上述动物才得以对 TTX 免疫。这种抗毒性在河豚中反复多次演化，且每次发生的基因突变完全相同，即改变钠通道中的特定氨基酸。因条件有限，体内含 TTX 的动物们既要保证神经系统正常运转，又要增强自身对毒药的抵抗能力，因此会反复多次地以相似的方式改变同一基因，这是自然选择的必然结果。在加州，有一种蛇以体内含 TTX 毒素的蝾螈为食，它们对 TTX 有很强的抵抗力，一条蛇的 TTX 致命剂量足以使 600 人丧生，这一切是因为通道蛋白突变在起作用。

这种抗毒能力为河豚提供了诸多便利。首先，它们的饮食更具多样性，能接受被 TTX 污染的食物。其次，它们可以此作为化学防御手段——雄性河豚十分喜爱 TTX 的气味，因此雌性河豚将该毒素涂于卵上，一是防止被捕食者啃食，二则可以吸引雄性河豚。

除了以 TTX 傍身，河豚另有一种不寻常的自卫策略。河豚平静放松时，身体会呈现出凹凸不平的样子，毫无流线型可言，噘着大嘴，凸出眼睛。但当它们生气或害怕时，就会膨胀成圆球，而且还是一个紧绷的刺球，料那些捕食者们也不敢前来一试。

之前，人们认为河豚属愈颌目鱼（plectognaths[1]），但如今通常将其归为嘴巴更大的鲀形目（Tetraodontiformes[2]），这是因为许多河豚都有 4 颗龅牙，河豚毒素（tetrodotoxin）也因此得名。河豚的亲缘物种中，也有诸多防御能力极佳的鱼类。例如，密斑刺鲀（porcupinefish）膨胀时，它们的三角锥形长鳞会竖立起来，犹如一个带刺牢笼，将密斑刺鲀保护在内。箱鲀和牛鱼（因其眼睛上方有一对形似牛角的叉状物而得名）都会将自己包裹在盒状硬鳞中，该结构的横截面呈三角形或方形，表面为巨大的六边形鳞片。箱鲀

1　源自古希腊语，plektos 意为"扭曲的"，而 gnathos 意为"颚"。
2　Tetra 意为"四"，而 odon 意为"牙齿"。

受到惊吓或感觉紧张时，不仅会以那身硬鳞"盔甲"防身，还会在水中分泌出一种有毒的黏液，从而赶走不请自来的入侵者。鳞鲀为躲避追捕，会跳到一个珊瑚礁洞穴里，然后竖起背部尖刺（鳞鲀英文名称为"triggerfish"，这根尖刺就是名称中的"trigger"），将自己紧紧地嵌入洞中，这样一来，捕食者就没法将它们拽出来。翻车鱼同属鲀形目，也是真骨鱼中体型最大者，仅凭这一点，它们就能避开捕食者。翻车鱼出生时个头很小，但它们生长迅猛，每日可增重 1 公斤。史上最大的翻车鱼重达 2.3 吨，堪比一头成年的非洲雌象。

河豚及其近亲们都令人闻风丧胆，同时也引起了很多研究人员的注意，他们试图了解并利用它们的抗毒能力。尤其是一位女士，几近奉献毕生心血只为解开河豚的抗毒之谜。

河豚女士与河豚

人们称尤金妮·克拉克（Eugenie Clark）为"鲨鱼女士"，以此纪念她对鲨鱼研究的贡献。20 世纪 40 年代，她勇当先锋，开启科学事业——当时鲜有女性参与科学研究，更别提单枪匹马以身涉险了。她是首位发现鲨鱼并非无意识杀人机器的科学家，她指出鲨鱼具有学习能力和记忆功能，并且和许多脊椎动物一样聪明。不过，她的研究内容并不仅限于鲨鱼，人们也尊称她为"河豚女士"。

2011 年，我有幸见到了尤金妮。佛罗里达的莫特海洋实验室邀请我在情人节那天做一个公开演讲，主题是"海马和它们不寻常的性生活"。1955 年，尤金妮创建了莫特海洋实验室，如今退休后，她仍经常回这里看看。于是，我立即询问尤金妮演讲期间是否会在城里，其助理回复邮件称，演讲次日，我可以与尤金妮共进午餐。

但在情人节当晚，我就见到了尤金妮，实属让人又惊又喜。在规定的演讲时间里，我探讨了有关海马的话题，回答了听众的问题，然后坐在一张小桌子旁，开始签售我的书。队伍越排越长，我望了一眼，发现一个认识的人正耐心地排着队。过了一会儿，一位女士走上前来，俯身对我耳语道："这是我的朋友尤金妮·克拉克，她想跟你合个影。"我盯着她看，一时不知所措，然后咧嘴一笑，尴尬地回答说："我知道她是谁。"

在那张合影里，尤金妮身穿一件运动衫，胸前印有两只跳跃着的虎鲸，她微笑着搂住我，轻轻地回勾了一下我的肩膀，而我还在咧嘴笑着。

次日午餐时，我的紧张感有所缓和，感觉尤金妮和我只是两个故友在叙旧。她似乎对我和我的工作挺感兴趣，正如我对她一样。她眼睛里闪烁着光芒，问我去过哪些地方，看过哪些海洋。

在那之前，我对尤金妮的了解大多来自她的书。初次见面时，她即将庆祝 90 岁生日。70 年来，她一直孜孜不倦地埋头科研、舍身探险，取得了辉煌成就，如今她虽年事已高，却仍无一丝一毫松懈。

尤金妮·克拉克出生于 1922 年，其母亲为日裔，在纽约将她抚养长大。炮台公园（Battery Park）位于曼哈顿南端，可以远眺自由女神像，在这儿的一个水族馆里，她平生第一次见到了鱼。那是一个星期六，妈妈上班途中顺便将 9 岁的尤金妮送到水族馆，好让她在那儿打发时间。1953 年，尤金妮在她的第一本书《提矛女人》（*Lady with a Spear*）中写道："在这次偶然中，我漫步进入了水下世界。我倚在铜栏杆上，把脸尽量往玻璃上凑，假装自己在海底行走。"

从那以后，尤金妮每个周末都会去水族馆，很快就有了自己养鱼的想法。她说服母亲在自家的小公寓里腾出地方养鱼。她的"动物世界"里不止有鱼，还有蝾螈、蛇和蟾蜍等其他动物，后来，她开始从当地宠物店带猫和猴子的尸体回家解剖。然而，只有鱼类能让她目不转睛，好奇不已。"整个高中，"她写道，"我心心念念的只有鱼。"

尤金妮在曼哈顿上东区的亨特学院里主修动物学，毕业时她梦想着能和威廉·毕比（William Beebe）[1] 从事相同的工作。威廉·毕比是世界著名的深海探险家兼纽约动物学会会员，也是尤金妮心目中的英雄。20 世纪 30 年代，威廉·毕比和奥蒂斯·巴顿（Otis Barton）爬进一个巴顿发明的小金属球里，二人在百慕大海域下潜至 900 多米的地方。毕比和巴顿创造了一系列人类深潜的记录，他们还是最早看到深海动物在栖息地活动的人。

---

1 有意思的是，"Beebe"发音同"bee-bee"（蜜蜂）。

就在尤金妮完成本科学业时，第二次世界大战爆发了，当时年轻的美国动物学家几乎没有机会参与科研。于是，母亲建议她学习打字和速记，以便将来有可能成为某著名鱼类学家的秘书[1]。尤金妮没有听从母亲的建议，而是开始研究化学，并找到了一份研究工业塑料的工作，以支付研究生学费。晚上，她在纽约大学上课，学习她最喜欢的鱼类学。她的教授查尔斯·布莱德（Charles Breder）是美国自然历史博物馆（American Museum of Natural History）的鱼类馆馆长，在这里，布莱德教授带她领略了那些将伴她一生的鱼类。

在鱼类馆里，尤金妮第一次看到了鲀形目鱼，当时人们还在称为愈颌目鱼。她凝视着玻璃箱里翻车鱼、河豚、鳞鲀和箱鲀的标本，这些标本已经过晒干及药水浸泡的处理，在布莱德的指导下，她开始了研究。1947 年，尤金妮发表了第一篇论文，这篇论文长达 33 页，内容就是关于这些鱼类馆的鱼，由尤金妮和布莱德共同撰写。二人绘制了一棵演化树，研究了幼鱼如何从胚胎细胞球发育成可游动的幼体，其中还探讨了鲀形目鱼如何自我膨胀。她发现许多鲀形目鱼的胃都很大，且具有弹性。她往这些鱼的胃肠道吹气，想要找出弹性最强的部位，以及平时生活中也可能会膨胀的部位。她发现，许多河豚和刺鲀都有明显的可充气胃囊，但她观察的那只体形巨大的翻车鱼却没有。

1　洛特·拜尔（Lotte Baierl）便是如此。她曾是奥地利水下探险家汉斯·哈斯（Hans Hass）的助理，后来与他结婚，并成为了汉斯纪录片的联合出品人。

长久以来，人们一直认为当河豚受到惊吓时，它们会向上游动，把嘴伸出水面，吸入空气，然后自行膨胀，像沙滩球一样浮于水面上，以躲避水中的捕食者。的确，如果你像许多渔夫和科学家那样，从水里捕捞一只河豚，它便会猛吸一口空气并使自己膨胀。但据尤金妮所知，在自然环境中，河豚不会如此费劲地游到水面上，它们只需吸入周围的水即可。河豚可在15秒内吸气40次左右，此时它的体积会胀至原来的三倍。为适应如此大幅度的收缩，河豚无肋骨，并演化出了弹性极强的皮肤（是普通鱼类的9倍），同时其弹性胃囊可容纳大量的水。20年前，布莱德曾在纽约港下游捕获过数十条河豚。他轻戳活的河豚，使之膨胀，然后让它们把肚子里的水吐到一个量壶里。最后她将研究结果刊于论文中：一条中等大小的河豚，体长约为20厘米，能吸入1升多的水，足以装满5个普通水球。

　　1946年，尤金妮完成了硕士阶段的学业，前往加利福尼亚的斯克里普斯海洋学研究所继续深造。一年后，年仅25岁的她得到了第一份海外工作——成为一名海洋生物学家，看来她追随毕比脚步的梦想终究要实现了。美国鱼类和野生动物管理局想要在菲律宾开发新的渔场，于是聘请尤金妮在岛屿周围进行鱼类调查。但她没能走到那一步。在夏威夷暂留期间，她被人拦截，并被告知联邦调查局正在调查她的日本血统。经过两周的等待，她递交了辞呈，认为自己遭此排挤是因为她是该项目中唯一的女性科学家。正如她在《提矛女人》中写道："他们另找了一位男性替代我。"

　　她没有放弃，很快又得到了一次探索热带水域的机会。回到纽约后，尤金妮继续攻读博士学位，主要研究一些淡水鱼的性生活，比如剑尾鱼和月光鱼，她早前曾将它们作为宠物饲养。当时，查尔斯·布莱德是巴哈马比米尼岛（Bimini）的勒纳海洋实验室的主任。尤金妮在这里待了数月，并且平生第一次用活鱼进行研究，而不再是被福尔马林浸泡过的僵硬标本。

尤金妮用网、陷阱和钩子从比米尼岛的附近水域捕获了数百条活的愈颌目鱼，并将它们饲养在实验室的海洋围栏和混凝土水箱中。观察数小时后，她总算弄明白了为何一些鱼会倒立。威廉·毕比最早指出比米尼岛的另一种愈颌目鱼——垂腹单角鲀（fringed filefish）具有与众不同的习性。它们非比寻常之处在于，雄性在进行华丽的展示时，会将腹部的一大片皮肤张开，伸出所有的鳍。雄性还会将鼻子向下倾斜，身体剧烈震动，这一幕通常发生在两条雄鱼对抗之时。此时，双方会突然张开自己的鳍，低下头，但通常只有块头较大的那条雄鱼能完成全套的华丽倒立动作，稍逊一筹的那一方则会收起鳍悄悄溜走。

尤金妮发现雄性单角鲀中存在严格的等级制度。在她的研究中，有一条雄鱼显然是族群首领，因为每场倒立比赛它都必胜。二把手同样逢比必赢，唯独在首领面前甘拜下风。"所有的鱼以此规则排列等级。"尤金妮写道。排名最低的那条鱼很快就会饿死，因为每到进食的时间，其他的鱼都会抢在它前面。她写道："我那可怜的鱼病死了，它并非'妻管严'，而是在倒立比赛中，它一条鱼也比不过。"

当尤金妮快要完成博士学业时，一次探索更遥远海洋的机会来到了她的面前。二战结束时，许多太平洋岛屿已在美国控制之下。

美国海军研究办公室希望更多地了解这些偏远的前哨基地，并求贤若渴，呼吁感兴趣的研究人员参与其中。尽管旁人担心单身女性可能不适合前往偏远地区工作，但尤金妮仍然提出申请，并提前两周打包研究装备。她的任务是调查鱼类中毒的问题，这在热带水域尤其常见，同样也是驻扎在太平洋对岸的美国武装部队成员面临的紧迫问题。吃下一条本身就有毒的新鲜鱼，而非因腐烂变质而有毒的鱼，你可能会经历一系列症状：中毒后一天左右，呕吐、腹泻、胃痛、抽搐和麻痹等症状会接连袭来，同时你还会感觉异常，比如天冷时感觉热，或者天热时反而感觉冷，甚至以为牙齿要掉了。除河豚毒素外，还需注意其他鱼类释放的毒素如雪卡毒素和蛤毒素，还有其他让你产生幻觉的不明化学物质。尤金妮收集鱼类样本并送回实验室进行化学分析，这项工作有助于筛找出可安全食用的鱼类。1949 年 6 月，她在加利福尼亚登上了一架军用水上飞机，在四个螺旋桨的轰鸣声中，飞机向着夕阳远去，尤金妮就此踏上了为期四个月的在诸岛之间找寻有毒鱼类的旅行。

第一站是关岛，一下飞机，尤金妮就立即开始挖掘当地渔民的知识和技能。她遇到一个渔民有一个用铁丝网和竹子制成的大鱼网，里面有七条大河豚。"我兴奋地指着这些河豚，"她写道，"但渔夫摇了摇头，做了一个吃东西的动作，然后捂着肚子，面露痛苦。"这正是尤金妮要找的鱼类。

再往东去，尤金妮来到了偏远的帕劳群岛，乘坐当地的渡轮和椰子船在各岛之间游逛。她住在小渔村，学会了使用鱼叉捕鱼，当地的妇女为她跳舞，还教她如何嚼槟榔才不会弄得到处都是残渣。她在沙滩上画图，渔民们据此帮她找到了图中的鱼。所到之处，尤金妮都会留心倾听关于毒鱼的故事，其中一个故事是关于一种被当地人称为"密斯"（meas）的蓝子鱼，她曾多次食用这种鱼，均无大碍。巴伯尔道布岛（Babeldaob）是帕劳最大的岛屿，该岛的一座村庄里却流传着这样一种说法：食用"密斯"鱼很危险。于是，在当地一名叉鱼能人的陪同下，尤金妮前往该村庄查探了一番。她通常晚上出门观察，此时蓝子鱼正在浅滩的海草地里打着瞌睡，用鱼叉一戳便能将它们串起。村民们称，每年10月至次年1月间食用"密斯"鱼，他们就会感到疲乏、莫名气恼或大笑不止，但他们又声称这些鱼绝对安全。每当东风徐徐而来时，海湾里便会生长一种特殊的绿色海藻，其中含有毒物质，蓝子鱼食用这种海藻后，有毒物质会在其体内积聚，因而导致季节性中毒。但当时正值八月，尤金妮来得太早了，没能赶上中毒的蓝子鱼。不管怎样，她还是尝了一些蓝子鱼的生鱼片，并未感到剧烈头痛。

并非只有帕劳人知道某些鱼能使人致幻。在地中海生活着一种海鲷，它的名字繁多，"梦鱼"[1] 便是其中之一，不过这一名字的确名副其实。1994年，一名男子在法国夏纳的蔚蓝海岸（Côte d'azur）度假期间被送往医院，病因是他看见动物们在向他疯狂尖叫，还看见车内有巨型昆虫爬来爬去，这都是食用梦鱼后产生的幻觉。一天后，该男子便已完全恢复。2004年，同样在法国地中海沿岸，一位老人吃下自己烹饪的梦鱼，两个小时后，他出现了幻听，尖叫人声和哀鸣鸟声萦绕在他的耳边，并且连续两晚都做着可怕的噩梦。传说，古罗马人会将这些致幻鱼作为消遣性药物。但是，如果有人

1　生物学家称为致幻鱼，又称叉牙鲷。

蓄意利用有毒鱼类的致幻性，导致他人患上发病频率或为数月甚至数年一次的紧张性神经症，我们该如何应对？真的会有人这么做吗？

河豚与僵尸

20 世纪 80 年代，人们从加勒比海河豚体内提取出干燥粉末，由此激起一场有关僵尸是否真实存在的辩论风暴。20 世纪早期，美国军队占领了海地，西方文化从此开始关注这些传说。海地的伏都教（vodoun）融合了西非法术和罗马天主教仪式的元素，却因拼写错误被误认为是巫毒教（voodoo）。他们幻想着可以将针扎进敌人蜡像从而施展法术，还可以使死者醒来，拖着身子游荡，引发无数的麻烦事。这便是传说中的僵尸。

在海地，人们认为僵尸的威胁的确真实存在。据说许多孩童惧怕的并非僵尸本身，而是变成僵尸。他们从小认为，违反神秘的伏都教教规，就会被处以刑罚，变成僵尸。巫师会将违规者的灵魂放进一个罐子里，使其肉身从坟墓里"复活"，从此拥有"不死之身"，成为一个没有自我意志的奴隶。根据国家法律，制造僵尸属非法行为。让他人相信自己已死，并以僵尸的形式使之复活的行为被认定为谋杀未遂。无论生死，活埋他人就是真正意义上的谋杀。

1982 年，一位名叫韦德·戴维斯（Wade Davis）的哈佛大学博士生前往海地寻找制作僵尸的方法。他听说伏都教的巫师会用药物使人变成僵尸，于是想弄到这种药。他的哈佛导师认为这种混合药物可改变现代医学和外科手术。试想，在这种药物的作用下，人能处于无意识的昏迷状态，可以在需要时唤醒他们。就连美国宇航局的研究人员也对此事颇为关注。这些僵尸药剂或许可以让宇航员在执行长期太空任务时处于生命暂停的状态。

民间传说和科幻小说之间产生了离奇碰撞，这也驱使戴维斯在海地待了数月并带回 8 种僵尸药水的样本。他甚至还打算带回一具僵尸，想看看牧师如何施法使之复活。但戴维斯终究没这么做，毫无疑问，哈佛大学伦理委员会总算大松一口气。即使没有成为谋杀未遂者的帮凶，戴维斯的言论也引发了一场持续多年的丑闻。

戴维斯大胆地宣称自己已揭开了僵尸之谜。他称，为了哄骗某些人相信自己已死，后又以永久奴隶的身份复活，伏都教牧师会使用一种令人兴奋的复合物，其原料为动植物提取物，包括青蛙、蜈蚣、狼蛛和人类遗骸。这种复合物会导致亚致死中毒和假死现象。此外，还有一些混合物会使受害者永远处于类似僵尸的状态。根据戴维斯的说法，僵尸药水的关键成分提取自河豚身上的河豚毒素。

一场激烈的争论一触即发，各方学者纷纷驳斥其论点。人种学家对戴维斯的言论大为震惊。他们认为，戴维斯在海地待得不够久，且只采访了寥寥数人，其中还包括一位自称是前"僵尸"的人。同时戴维斯根本不懂克里奥尔语，所以翻译过程中可能会丢失了一些关键信息。因此，他无法证明神秘的伏都教与僵尸之间的确存在联系。况且，谁又能保证牧师们不是在向易受骗的外国人兜售假药并企图以此获利呢？

戴维斯还惹怒了生物学家。在他的博士毕业论文中，未包含化学测试，但仍然宣称河豚毒素是僵尸药水的重要成分，所有依据仅凭牧师的一面之词，即牧师所列原料中含有多个种类的河豚。后来人们发现，戴维斯其实对这些药水做过测试，测试结果呈阴性，表明未发现河豚毒素的痕迹，但他的论文对这一结果只字未提（最终他承认此事，声称测试过程存在缺陷，故而结果不可靠）。毒理学家随后测试了带回的 8 种药剂中的两种，结果不足以支撑戴维斯的观点。实验未发现河豚毒素的痕迹，且将药水注射进老鼠体内后，也无中毒迹象。

不过，戴维斯明确表示，这种药水可能只对相信僵尸存在的受害者有效[1]。他接着澄清道，牧师们并无严格的配方，河豚毒素的含量自然会各有差异。比如，有些药水的效果太弱而不起作用，有些则太强而直接导致受害者死亡，还有一些药水则恰到好处，正如阴森可怖的传说故事中所描述的那样，正好可制出僵尸。

尽管如此，戴维斯几乎无法佐证自己的核心观点——所有药水的关键成分都是河豚毒素。相反，他要求怀疑者提出驳斥他的理由，而非提供有效证据，可谓本末倒置。

学界陷入一场混乱的争论中，此事的细节也随之变得愈加模糊。戴维斯将自己的博士毕业论文改编成《蛇与彩虹》（ The Serpent and the Rainbow ）一书，一度十分畅销，该故事后又被搬上大银幕。电影由好莱坞导演韦斯·克雷文（Wes Craven）执导，即他 1984 年拍摄的大片《猛鬼街》（ A Nightmare on Elm Street ）的续集，片中

---

1   这大概不包括实验室老鼠。

戴维斯这一角色被活埋并变成僵尸。戴维斯曾公开抨击这部电影，称其为"史上最糟糕的好莱坞电影之一"。

韦德·戴维斯不再执迷于僵尸研究，也未留下任何可靠的线索证明河豚毒素的确奏效。海地的伏都教牧师确实会用碾碎的干河豚制作一种药剂，用以奴隶人的思想。人们还利用动物干过其他怪事，比如用穿山甲鳞片制作魔法护身符或者吃虎骨，在行房时会有惊人表现，但这并不意味着这些成分确有奇效。

直接将河豚毒素作为谋杀工具更为行之有效。伊恩·弗莱明（Ian Fleming）的"007系列"第五部小说《俄罗斯之恋》（From Russia with Love）的结尾，苏联特工罗莎·克莱布（Rosa Klebb）拿出藏于鞋中且涂有河豚毒素的钉子刺伤男主角詹姆斯·邦德（James Bond），这位英雄人物就此倒下。但幸运的是，邦德一如既往地渡过了难关。

现实世界中，2011年，一名访问塞拉利昂的英国男子可能死于河豚毒素，也许是有人蓄意下毒所致。此前，该男子曾与一位商业伙伴共进午餐，数日后便离奇身亡，法医在其体内发现了河豚毒素。在审讯中，法医发表公开裁决称，不排除谋杀的可能性。2012年，一名来自伊利诺伊州芝加哥市的男子被判七年半监禁，起因是他假扮科学家，从一家化学用品公司购买河豚的纯化提取物。据《芝加哥论坛报》报道，这名男子一直在密谋杀害妻子，企图骗取人寿保险的保费，如果他下毒成功，妻子必死无疑，因为他囤积了98毫克的河豚毒素，足以使近1 000人丧命。

尤金妮·克拉克在太平洋偏远岛屿上完成了对有毒鱼类的研究后，返回美国攻读博士学位。荣获富布赖特奖学金（Fulbright Scholarship）后，她前往埃及，并在那儿待了一年，完成了《提矛女人》一书。书的最后几章里，她叙述了在红海寻找有毒鱼类的经历。两位富有的资助人读过她的书后，决定投资建立一座新的美国研究站，和尤金妮在埃及工作的研究站一样，并指定由她管理。

1955年，尤金妮创立了海泽角海洋实验室（Cape Haze Marine Laboratory），最初的实验室是一间一居室的木制建筑，坐落在佛罗里达州墨西哥湾的东岸，后来搬至北边的萨拉索塔，距旧址一小时车程，并更名为莫特海洋实验室。多年后，我正是在此与尤金妮相遇。

我们坐下来聊着天，尤金妮给我讲了一些在海泽角时的难忘故事，比如她有一次带着小鲨鱼乘飞机前往日本。她受邀拜访同为鱼类爱好者的明仁皇太子，并送给他一条会敲铃铛的鲨鱼作为礼物。尤金妮一直致力于研究鲨鱼的认知能力，并取得了突破性进展，而这份礼物首次表明，鲨鱼可以学会识别形状和模型，它们会用鼻子触碰铃铛，使之发出声响，以获取食物。在飞往日本的航班上，这条鲨鱼乖巧地待在一个便携式水箱里，和尤金妮座位挨着，他们一同跨越太平洋上空。"大多数人都不知道我旁边有一条鲨鱼，"她笑着告诉我，"它个头很小，还不到60厘米长。"

1968年，尤金妮出演了具有开创意义的电视剧《雅克·库斯托的海底世界》(*The Undersea World of Jacques Cousteau*),饰演船上的鲨鱼专家。同年,她离开佛罗里达,来到北边的马里兰大学(University of Maryland),并在此担任鱼类学教授,直至职业生涯结束。她教授并指导了成千上万名学生,只要有机会,她就会前往海外继续她的研究。她还成为一名潜水先锋,并接受了深海领航员的训练。比之她的英雄威廉·毕比,尤金妮探索了海底世界的更深处,乘坐的潜水器也比那个金属球精密得多。

我初见尤金妮时,她还未放弃潜水,仍希冀在海底世界探索一番。三年后,也就是 2014 年 6 月,92 岁的尤金妮带领一支潜水探险队前往所罗门群岛寻找鲀形目鱼以作研究。此次研究的主题是疣鳞鲀(oceanic triggerfish),一种身长 50 厘米的鱼类,看上去像伸长版的小翻车鱼。近 30 年来,尤金妮常下水观察它们,主要想了解它们如何筑巢。

鳞鲀、河豚及其近亲的筑巢行为仍较为神秘,且鲜有人了解。1995 年,潜水员在日本南部的奄美群岛的沙质海床上发现了一个精致的圆形雕塑,该雕塑宽 2 米,由两个同心圆组成,圆心向外发射辐条。类似的神秘形状在岛屿周围零星出现,无人知晓此为何物,又是谁建造了此物。最终于 2011 年,一组潜水科学家捕获了一只正在沙地里建造雕塑的雄性小河豚。随后,潜水员们发现了另外 10 条正在进行"艺术创作"的河豚,并描述其绘制同心圆的步骤:首先河豚扇动着鳍,在沙子上画出线条,起初是基本的圆圈,然后从各个方向向中心游,用激起的波浪装饰着圆圈;接着,它在中心区域画满歪歪扭扭的线条;最后,它将收集到的贝壳和死珊瑚残片小心翼翼地排列在圆圈周围。整个工程至少耗时一周[1]。雄性河豚最终得偿所愿，一只雌性河豚出现了，巡视了一遍工程，遂决定在圆圈中心产卵后再游走。这只雄性河豚不辞辛劳，又坚持了六天，守护着巢和正在孵化的卵，但同时，水流也一点点地带走了它亲自打造的艺术佳作[2]。

鳞鲀的巢穴就不似这般复杂了。大多数鳞鲀会将珊瑚残片堆成一个扎实的小丘，用以抵御入侵者（包括人类潜水者）。在研究疣鳞鲀的过程中，除了可能被愤怒的鱼驱赶外，尤金妮还面临着更严峻的挑战——这些鳞鲀通常在水下35至40米深的珊瑚斜坡上筑巢，携带水肺的潜水员一般很难在此深度中停留过久。尽管如此，尤金妮和数十名志愿潜水员仍在水下与这些疣鳞鲀共度3000多个小时，并观察它们如何筑巢以及如何守护巢穴。2015年2月，在尤金妮离世前，基于上述观察结果的论文发表成功。论文中绘制有鳞鲀巢穴的地图，并描述了它们交配时的脸部图案（形似眼罩），以及雌鱼，而非雄鱼，守护巢穴的细节。

最后一次潜水，尤金妮潜至25米深的水下，观察正在筑巢的鳞鲀，难以想象，一位92岁的老者竟能完成如此壮举。此时她早

1　根据成年人的相对体型，一个同等大小的沙雕平均宽30米。
2　雄性河豚打造这些精致的雕塑或许是为了勘察海床，从而选取绝佳的产卵点。放射状的设计可以把水引至巢的中间，所以无论水流向哪个方向，都会把细沙和新鲜的含氧水带到中心的产卵区。据推测，这也有助于吸引路过的雌性河豚。

已过了潜水员的年龄上限。2008 年，在莫特海洋实验室接受采访时，她无意中透露了最近的潜水深度，随后要求记者对此保密。

"不要告诉任何人我能潜多深，"她说，"我本不该这么做了。"

大鱼奇普法拉姆富拉

莫桑比克传说

马肯义（Makenyi）酋长有很多女儿，他最钟爱的便是奇钦瓜娜（Chichinguane），因此其他姐妹很是嫉妒她。一日，众姐妹要去河边取泥巴粉刷村里的房屋，姐姐们命令奇钦瓜娜爬下陡峭且湿滑的河岸，提上满满一桶水。姐姐们知道奇钦瓜娜无法独自爬上岸，于是纷纷离开，留她一人在此。

奇钦瓜娜大声呼救，听到河里有一个低沉的声音说道："怎么了，小姑娘？"原来是奇普法拉姆富拉——掌管所有水域的大鱼，"住进我肚子里吧，进来之后，你就不会想去别处了。"于是，奇欣瓜娜踏进了鱼的大嘴，顺着食管滑进了鱼肚里，但眼前的一幕却令她大为惊讶——鱼肚里满是照料玉米地和南瓜田的人。这些人对奇欣瓜娜十分和善，她也感受到了前所未有的快乐。

母亲得知此事后，来到河边寻女，呼喊着女儿的名字，让她回家。"我现在是一条鱼了，"奇钦瓜娜一边说一边展示着她那银色鳞片，"我现在住在水里。"但再次见到母亲后，奇钦瓜娜开始思念家中，便问大鱼自己能否离开。奇普法拉姆富拉准允了她的请求，并赠与她一根魔杖。奇钦瓜娜用魔杖敲打着自己的银色鳞片，它们随即变成硬币，母亲便用这些钱币举行了一场盛大的欢迎宴会。

之后，酋长的女儿们要去拾柴火，年长的姐姐们又让奇欣瓜娜和妹妹爬上最高的树，砍下最高处的树枝。就在此时，一群独腿食人魔走了过来，姐姐们都吓跑了，只留下奇钦瓜娜和妹妹困于树上。食人魔见状，欲将树砍倒，但奇钦瓜娜用那根魔杖使树的砍痕愈合，树依旧高大矗立在原处。最后，食人魔们砍累了便倒头睡去，鼾声震耳欲聋。于是，奇钦瓜娜和妹妹想乘机跳树逃跑，不料食人魔被吵醒，追着她们跑。跑至河边时，奇钦瓜娜用魔杖碰了碰河水，唱道："奇普法拉姆富拉，让河水停下。"河水即刻静止，二人便蹚河而过。跑至对岸后，她又用魔杖点了点河水，唱道："奇普法拉姆富拉，让河水流动。"此时，食人魔们刚游至一半，激流重现，将他们冲走了。

在回家的路上，奇钦瓜娜和妹妹路遇一座食人魔曾住过的山洞，里面满是食人魔吃过的人骨，还有遇害者的金手镯、金珠和金项链。二人戴上这些精美的珠宝，跑到黑暗的森林里，用魔杖发出的光亮引路。随后，她们走进一片空地，看见了一座大型宫殿。宫中侍卫见二人衣着不凡，浑身珠光宝气，猜测她们是公主，便请进宫中。次日，奇钦瓜娜和妹妹遇见英俊的王子们，并接受了他们的求婚，从此以王妃的身份在宫中过着幸福的生活。

第八章

史前鱼类

假如给我一套潜水装备和一台时光机，我会把时间调至 3.8 亿年前的泥盆纪，这样我就能在那时的海洋中，看到各种稀奇古怪的鱼类。此时，史诗般的演化实验正在如火如荼地进行着，要想成为鱼，有千万种方式可尝试。盔甲鱼类（galeaspids）和骨甲鱼类（osteostracans）同属无颌鱼类，头部均呈巨型的盾牌形状，使其能在水中来去自如，有些身形如子弹，有些则如铁锹；多利盾鱼（*Doryaspis*）身形圆润，披有鳞甲，长有向前突出的尖刺状结构，如同小齿锯鳐那呈剑状前伸的吻部；还有呈扁平状三角形的海甲龙（*Eglonaspis*），人类潜水员发现了它在海底的藏身之所；牙形动物（conodont）是一种蠕虫状鱼类，常常不安分地挤在一团，是肺鱼和空棘鱼祖先的"盘中餐"；棘鱼（acanthodian），也称为刺鲨，身体覆盖着微小的菱形鳞片，每条鳍附近都有锋利的尖刺，能在水中滑行自如。

而我最想见到的是盾皮鱼（placoderm），它们是泥盆纪时期的海上霸主。微型盾皮鱼小到可以放进火柴盒里，身体两侧的鳍僵直坚硬，可作为防身武器。扁平盾皮鱼身形如黄貂鱼（不过这些板鳃类鱼很久才演化一次），可以平躺在海底。邓氏鱼（*Dunkleosteus*）至少有10个种类，巨大而厚实的头部覆盖着盔甲盾鳞，延伸至下颌，形成尖牙利齿，犹如一把可以自磨锋利的巨型花园剪刀。它们堪称地球上第一批超级捕食者，所到之处皆被其掠过的黑影遮蔽。盾皮鱼是最早演化出下颌的鱼类，邓氏鱼则展示出了下颌的震慑力。在泥盆纪时期的海域，鲨鱼们的身长均不足1米，而重达1吨、身长6米的邓氏鱼轻而易举地便能将鲨鱼整条吞下。除同类外，这些身形巨大的盾皮鱼不会把其他鱼类放在眼里。后来，这些海中巨兽彼此争斗，场面十分激烈震撼，或许是为了驱赶竞争对手，或许只是为了争夺食物。它们硕大的尖牙利齿可以在对手身上戳出很深的洞，其咬合力是如今大白鲨和咸水鳄（saltwater crocodile）等大型水生食肉动物的4倍。正处于战斗中的邓氏鱼会不断地撕咬对方，直至一方的盔甲盾鳞破裂，并示意服输，强者才会罢休。

邓氏鱼化石　　©National Museum of Natural History

◁×

　　事实上，从未有潜水员亲眼见过活的盾皮鱼或其他远古鱼类。对这个消失的世界了解越多，我们就能更多地知晓鱼类的演化历程。

　　得益于先祖们数亿年的繁衍生息，现代鱼类才能称霸如今的水生世界。回顾过去，我们可以看到远古鱼类通过不断演化从而适应环境，而地球的其他生物则经历着潮起潮落和种族变迁。鱼类最先演化出诸多重要特征，这些特征至今仍在发挥作用，比如下颌。在脊椎动物的演化过程中，控制咀嚼和咧嘴而笑的嘴部关节骨至关重要，这也使得脊椎动物拥有多样化且行之有效的进食方式。远古鱼类还尝试演化出许多其他特征，但并未沿用至今，而是收录在已灭绝的奇异物种名录中，无论如何，这些特征都曾在辉煌的鱼类演化历程中占有一席之地。

　　古生物学家们任重道远，正在拼凑出更为详尽的古代水下生物图景。据此，人们可通过解读骨化石和岩石上的遗骸印记，重建鱼类的演化历程，了解更多有关远古生物的生活细节。

◁×

　　我们能从全球各地的精美化石中发现关于过去的惊人细节，戈戈组（Gogo Formation）便是一个了解化石的地点。此处位于西澳大利亚最北端金伯利的偏远沙漠，是一个巨大的石灰岩悬崖，保存有诸多澳大利亚大堡礁（盛于泥盆纪时期，沿南部"冈瓦纳古陆"

的边缘绵延 1 400 千米）的动物遗骸。珊瑚礁鱼死后，遗体会漂进珊瑚礁旁的深水海湾，封于石灰岩结核中，因此遗骸保存完整，未被压碎。20 世纪 40 年代，人们首次在此处发现鱼类化石，自此以后，各研究团队常常来此，小心翼翼地凿掉外层的结核。在古生物学家手中，这些化石仿佛精美的史前复活节彩蛋，砸开外核后，才能一观其中奥秘。在博物馆的实验室里，人们将这些结核轻放于醋酸溶液中，该溶液的酸性与醋相同，可逐渐溶解结核周围的石灰岩，从而露出内部复杂的立体鱼骨架。如此一来，不仅鱼骨和硬质甲壳得以保存完好，其内部的柔软组织也能完整地示于人前。约 3.8 亿年前，鱼类被封于石灰岩时，它们的肌肉纤维最后一次收缩，神经细胞也会最后一次发出电子信号。

　　一些鱼类的化石内部还有小鱼，起初，人们还以为这是大鱼的最后一餐，但在小鱼身体上并未发现咬痕，其骨头也无胃酸腐蚀的痕迹。约翰·朗（John Long）曾为戈戈组专家，今就任于阿德莱德的弗林德斯大学（Flinders University），经查验，他发现盾皮鱼化石中的小鱼并非另一条鱼的晚餐，而是一个未出生的胚胎。研究团队发现了一根微小的脐带，呈轻微扭曲的螺旋状，连接胚胎与母体。2008 年，研究团队将这块化石命名为"艾登堡鱼母"（Materpiscis attenboroughi），其中"Materpiscis"为拉丁语，意为"鱼妈妈"，而"attenboroughi"则是为了纪念大卫·艾登堡爵士（Sir David Attenborough）——20 世纪 70 年代，他在自己主持的电视节目《生命的演化》（Life on Earth）中提及了戈戈组这一化石地点。

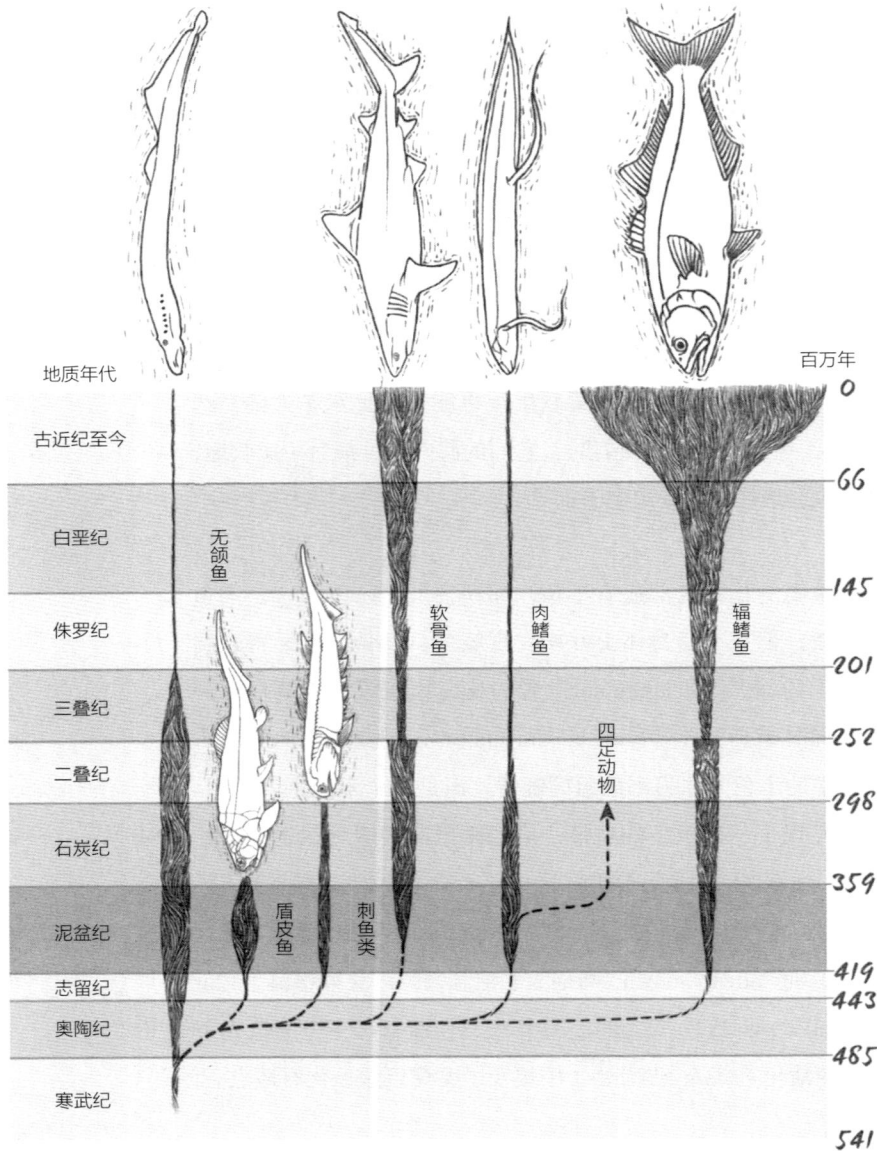

主要鱼群的起源和灭绝

纺锤体的宽度大致表明了每个鱼群的多样性程度。

2010 年，国际动物命名委员会（Commission for Zoological Nomenclature）在伦敦举办了一次讲座，艾登堡受邀分享了那期节目的拍摄之旅。当时，澳大利亚的合作方曾信誓旦旦地称，戈戈组内没什么可看的，所有有研究价值的化石早已挖出并运送至博物馆。但艾登堡还是坚持进去一探究竟。于是，合作方勉为其难地为他安排了一架直升机，带领摄制组进入金伯利地区。

演讲中，艾登堡提及摄制组抵达时的情形："我走出直升机，踩在一块巨石上，石头上有一个长方形的鳞甲。"这一定是条盾皮鱼的盾鳞遗骸。此前，已有人告知他，包括这块盾鳞遗骸在内的化石早已被清理。艾登堡称，当他抱着怀疑的态度询问合作方，这是否为化石时，那位澳大利亚人反应却是"你这个混蛋！"听到此处，在场观众纷纷哄堂大笑，艾登堡也忍不住笑了起来。"不过，"艾登堡补充道，"合作方并未驳我的面子，他让我留下这枚石头。"

艾登堡继续讲述后面的事情。几年后，约翰·朗联系到他，并告诉他一种新发现的盾皮鱼将以他的名字命名。艾登堡得知后自然十分高兴。"然后我就想，如果那条鱼体内有受精卵，就意味着它一定交配过。"他停顿片刻，整理了一下思路，"那么这就是生命史上已知最早的脊椎动物交配的案例，并且以我的名字命名！"观众席中再次爆发出笑声。"所以，"艾登堡哀叹道，"我对此有些担心。"

演讲后过了几年，约翰·朗又有了进一步发现，大卫·艾登堡也因此停止了惆怅。在爱沙尼亚的塔林理工大学访学期间，约翰·朗在一盒盾皮鱼化石中发现了一根 L 形骨头，他认为这可能是输精管类的结构，与现在的雄性鲨鱼和鳐鱼的交配器官相同（尽管分别演化自身体的不同部位）。这一发现引得博物馆和私人化石收藏者纷纷搜寻，结果在同种雄性盾皮鱼身上均发现了这一附属器官。人们并非首次发现盾皮鱼的相关结构，但这根 L 形骨头发现自迄今最古老的物种，可能比"艾登堡鱼母"还要早数百万年。因此，这些结构是化石记录中已知最古老的生殖器，也是脊椎动物性行为起源的标志，证明许多盾皮鱼早就演化出了体内受精和胎生的能力（并非所有盾皮鱼皆如此，也有一部分为卵生）。后来，大多数现存鱼类，尤其是真骨鱼，放弃了这种古老的生殖方式，重新采取卵生方式。

在其他地方，有考古发现了这些早期鱼类下一阶段生活的细节。2004 年，在宾夕法尼亚州 15 号公路的一条旁道横穿松山的斜坡上，人们发现了曾深埋于地下的大量化石。来自费城自然科学院的古生物学家们发现这些化石多达数百颗，均为刚出生的小盾皮鱼化石，它们的眼睛大，脑袋也大。据此，考古学家们推测此处为育儿所——雌性盾皮鱼来此产卵，而后将鱼卵留下，不参与它们的抚育过程，因为他们在同一地点未发现成年盾皮鱼化石。在一池死水中，水位迅速下降，池水逐渐干涸，幼鱼被困，孤立无援，仅靠所剩无几的氧气续命。最终，氧气耗尽，幼鱼死去，在尸体还未腐烂之时，风刮来一层泥沙，轻轻地落在它们身上，将其裹挟，接着就开始了石化过程，顺带在岩土中间打下这一瞬的烙印。人们在比利时的一处采石场也发现了类似的盾皮鱼育儿所，同样完好无损。这些已知最古老的案例表明，不同年龄阶段的同一鱼类物种的生活区域不同，如同现在许多物种以年龄为依据划分领地。

除了在戈戈组发现的精美盾皮鱼化石，泥盆纪时期的诸多鱼类并未留下化石踪迹，不过我们仍有其他方式窥探它们的远古生活。花鳞鱼（thelodont）是一种生活在泥盆纪时期的无颌鱼，化石记录中几乎找不到这种鱼的身影。只有一些罕见的完整化石显示，这种鱼有些呈纺锤形。有些花鳞鱼嘴宽呈扁平状，形如迷你鲸鲨；还有一些身形笔直，巨尾呈叉状。除上述不同之处，所有花鳞鱼都长有细小的鳞片。

　　2017 年，在相关化石证据实属不足的情况下，来自西班牙瓦伦西亚大学的汉贝托·费隆（Humberto Ferrón）和赫克托·博特亚（Héctor Botella）采用了一种新方法研究花鳞鱼的生活习性。他们在显微镜下检查花鳞鱼的鳞片形状，并将其与现代鲨鱼的小齿进行了比较。鲨鱼的小齿可根据生态环境的变化而发生形态变化，如它们的栖息地和移动方式等。费隆和博特亚作出合理假设：鲨鱼和花鳞鱼的鳞片形态与习性和栖息地之间存在类似的联系。之后，二人认为这些远古鱼类的生活方式千差万别。一些花鳞鱼栖息在海底，藏于岩洞和礁石的缝隙之中，这一点从其耐磨损的鳞片上便可知晓；还有一些花鳞鱼喜欢成群游动，它们体表长有刺鳞，可防止体外寄生虫附着其上；还有一些则有脊状隆起物和条纹，可以减阻提速，游速堪比鲨鱼；还有一种花鳞鱼，它们有着和发光鲨鱼相似的鳞片，可使光线穿透皮肤。费隆和博特亚正期待着更多标本的出现，届时才能大胆地宣称花鳞鱼可以在黑暗中发光。

　　花鳞鱼以及盔甲鱼类、骨甲鱼类、牙形动物等诸多无颌鱼类同为七鳃鳗和盲鳗的直系祖先，占据着鱼类演化树底部的分支。这些无颌鱼的早期分支究竟该如何排列仍在讨论中，类似的摸索阶段时常出现，毕竟，古生物家们研究的是极其远古之事[1]。随着新化石和新的研究方法出现，人们发现了更多有关无颌鱼类生活习性的细节。可以确定的是，盾皮鱼出现时间较晚，它们的牙齿坚硬牢固，下颌具有强大的咬合力，从而可以捕获更多猎物。后来，棘鱼，即"刺鱼"出现了，它们中有些可能是鲨鱼和鳐鱼的直系祖先。

所有这些鱼与肺鱼、空棘鱼、鲨鱼和辐鳍鱼共享泥盆纪时期的海洋。但是，当这一时期临近结束时，也就是大约 3.6 亿年前，我们才发现这将是地球生命史上唯一一次，鱼类演化树的底层分支能同时保持完整，此后，这些鱼类将永远消失。

17 世纪，英国博物学家约翰·雷在编撰《鱼的历史》一书（该书销量惨淡，且差点毁了英国皇家学会）时，不仅研究了现存的动植物，还研究了化石。化石如何嵌于岩石中？这一过程如何产生？这些问题一直困扰着他的余生。

当时，人们提出了各种各样的理论以解释化石的出现和消失。人们曾一度接受的观点是，岩石试图模拟生物的本貌，故而可以形成化石。另一种说法则是，化石是海洋生物，在圣经中提及的大洪

1　试想，用距离衡量时间，你开始迈向过去——在 100 米的地方，你回到了人类潜水员开始探索海洋的时候；假使要回到 3.8 亿年前，就相当于你必须步行到月球。

水期间被冲至陆地。但约翰·雷对这两种观点都不以为然。他是一个有宗教信仰的人，承认部分化石可能形成于诺亚时期的大洪水，他还认为，如果所有化石均淹没在一场灾难性的洪水中，那么它们应出现在同一岩石层中，但事实并非如此，他发现化石散落在各处，并出现在不同岩层中。如果上述假设成立，那么雨水和洪水定会把生物冲入海里，但事实上生物被冲至陆地，两者相悖。据此，他怀疑，一场大洪水会将动物从海里冲至陆地上，甚至会冲至山上。

旅行途中，雷访问了地中海的马耳他岛，看到高山上的岩石中排列着规则的三角形石头，当时人们称为"舌石"（glossopetrae，源自希腊语的 glossa 和 petra，分别意为"舌头"和"石头"）。中世纪时，人们认为舌石具有强大的力量，并将它们作为吊坠随身佩戴，或缝于衣服的内侧口袋里。如果被蛇咬伤，他们会拿出这块三角形的石头，按压在伤口上，以期救回一命。如果怀疑有人下毒，则会在酒杯中放一片舌石，作为提前备好的解药。老普林尼（Pliny the Elder，古罗马时期的学者、军人和作家）曾写道，这些石头在月食期间从天而降，其他人都认为它们是蛇或龙石化而成的舌头。不过，约翰·雷清楚地发现这些石头状如鲨鱼的牙齿。

出行前，雷在法国蒙彼利埃与丹麦解剖学家尼古拉斯·斯丹诺（Nicolas Steno）会面，二人就化石起源的问题进行了讨论。斯丹诺因近距离接触一条大白鲨而为人们熟知。当他发现这条大白鲨时，它仅剩下一颗被肢解的头。渔民在意大利西海岸附近发现了这只动物，它当时正在游离岸边，显然，人们利用吊索将其拖上岸，随后绑在树上活活打死。斯丹诺将鲨鱼的头颅带至佛罗伦萨进行解剖，并再三检查细节部位，就连吻部的细毛孔也不放过。之后，斯丹诺的学生斯特凡诺·劳伦兹尼将这些细毛孔描述为电敏感壶腹，并以自己的名字将其命名为"劳伦氏壶腹"。近距离观察大白鲨的牙齿后，斯丹诺确信这块"舌石"就是很久以前鲨鱼脱落的牙齿。一层又一层的泥土将牙齿掩埋封存，在此过程中，牙齿的化学成分也发生了变化，最终形成了石头。[1]

斯丹诺并非最早发现"舌石"真实身份的人，但他据此提供了有力证据，并开始改变人们对化石起源的普遍看法。虽已确认"舌石"为鲨鱼的牙齿，但约翰·雷面临着一个更大的难题，即这些化石看起来与已知的现存动物都不一样，莫非这些化石动物的生存年代久远，早已灭绝了吗？但这一想法与他的宗教信仰相悖。雷认为，仁慈而智慧的上帝不可能使自己创造的完美生灵灭绝于世。因此，有关化石动物已灭绝的猜测不成立。不过，雷还是提出了另一观点，他认为那些困于化石中的野外动物一定还生活在地球的某个角落，发现它们只是时间问题。从本质上讲，这一猜测并非不可能。此事早有先例：人们一直认为空棘鱼已于数千万年灭绝，但在 1938 年，一条活的空棘鱼被捕于南非。不过，空棘鱼的例子实属罕见。几乎可以肯定，人们并未在原始热带雨林中发现肆意游荡的恐龙，也未曾在马里亚纳海沟底部发现潜伏在此的史前巨鲨。如

1　鲨鱼的牙齿化石也助力尼古拉斯·斯丹诺发展出新理论，即在沉积物堆积形成的岩石中，越久远的层越靠近底部，新的层则靠近顶部。这一理论奠定了地层学的基础，该学科是地质学的一个主要分支，研究方向为岩石的分层。

今，所有的探险家都在世界各地搜寻，或许已有人发现早就灭绝的生物。

之后的百年里，鉴于法国动物学家乔治·居维叶的研究，物种灭绝的观点才真正开始得到认同。居维叶在《鱼类自然史》（*Histoires Naturelles des Poissons*）一书中编纂了世界上现存的所有鱼类的目录，与此同时，他还计划编写一本记录所有已知鱼类化石的书籍。

1831 年，就在居维叶去世前数月，年轻的瑞士科学家路易斯·阿加西（Louis Agassiz）前往巴黎国立自然历史博物馆拜访他。此前的一段时间，他们曾互通过信件，阿加西关于亚马孙河鱼类的手稿给居维叶留下了深刻印象。阿加西此时正打算编写一本有关中欧鱼类化石的书籍，起初他还担心这本书可能会使居维叶难堪，但巴黎一行后，他便信心满满地继续这项事业。居维叶指导了阿加西数月，对其研究能力以及奉献精神大加赞赏，并将自己收藏于巴黎博物馆的所有鱼类化石笔记和画稿交予阿加西保管。随后，阿加西花费数年时间潜心研究这些化石以及诸多来自欧洲各地的化石，其中包括来自苏格兰的古老红色砂岩，并于 1833 年至 1843 年间出版了五卷图文并茂的《鱼类化石研究》（*Recherches sur les poissons fossiles*）。书中有数以千计的详细化石图，包括一些当时人们认为可能是乌龟或巨型甲虫的化石，阿加西称为盾皮鱼。不过，他还是认为它们属于无颌鱼类（直至 20 世纪 20 年代，人们才得以研究可显示盾皮鱼头骨内部和下颌结构的标本）。这些奇形怪状的鱼不同于任何一种现存鱼类，难怪居维叶会认为它们已然灭绝。

数年前，居维叶就已提供了上述灭绝理论的依据。他对在巴黎附近挖掘出的大象骨头进行了详细的解剖学研究。从它们的大小和形状来看，他断定这些大象绝非来自印度和非洲现存的物种，且不可能有第三种大象藏于某处而未被发现，因为大象体型巨大，想不发现它们都难，出土于巴黎的这些骨头一定属于某只已经灭绝的大象。后来，居维叶将其命名为乳齿象（mastodon）。居维叶写道："所有这些事实……在我看来，似乎证明了史前世界的确存在，只是被某种灾难摧毁罢了。"他得出的结论是，每隔数百万年，都会发生一次他所谓的"彻底变革"，这种变革会多次反复出现，且每次地球上的物种都会大量灭绝。

居维叶提出的"彻底变革"就是如今普遍认为的"集群灭绝"（也称大灭绝）。截至目前，地球史上已经发生了五次集群灭绝。尽管其中大多与全球气候的快速变化有关，但每次"集群灭绝"都有其自身原因，且每次都会有特定的物种灭绝。

第一次"集群灭绝"大约发生在4.43亿年前的奥陶纪末期，此次事件导致海洋中一半以上的生物灭绝。第二个则是在泥盆纪末期，一系列生物灭绝事件席卷海洋：热带珊瑚礁大面积死亡，如戈戈组；四分之三的鱼类种群灭绝；无颌鱼的数量逐渐减少；牙形动物遭到重创；花鳞鱼就此消亡；最后一批盔甲鱼类和骨甲鱼类四处游荡，从此以后，它们那盔甲似的巨型头颅便消失在海洋之中；空棘鱼成为罕见鱼类；肺鱼被赶出海洋，只能在淡水中寻求一席之地；盾皮鱼更是不复存在。

人们认为，这种巨变的背后是海平面以上的力量在作祟。大约在同一时期，陆地上的生物才刚刚形成。无脊椎动物的先祖们已经在水里爬行了一段时间，两栖动物也才开始用新演化的腿四处走动。与此同时，植物正在以一种全新的方式丈量大陆。1亿年来，它们一直生长在水边和潮湿的地方，但在泥盆纪晚期，它们选择了新的定居点——开阔的干旱陆地。高大的树木第一次高耸入云，森林成片生长，浓密的树冠忙于光合作用，大量吸收二氧化碳，隔绝温室气体的气层因此变薄，地球温度急剧下降，进入了冰河时代，这恰恰与如今人为碳排放所致的温室效应相反。最终，水冻结成冰川，海平面下降，浅海干涸，难以想象不久前，仍有诸多生命在此繁衍生息。

陆地上植被繁茂，绿意盎然，或许也影响到了海洋，最终，海中氧气耗尽，导致更多的海洋生物死亡。植物的根系深入岩石，使之分解，形成土壤，释放出的营养物质冲入海中，或许滋养到了浮游藻类，使其可以大量繁殖。于是，海面上会闪着明亮的旋涡状斑点。所有的藻类死亡后沉入海底，大量遗骸遭细菌分解并腐烂，这一过程会消耗水中氧气，最终形成"死亡区"，鲜有生命能在此存活[1]。

在泥盆纪末期，一场持续数百万年的大灭绝为何会使某些物种，尤其是鱼类就此消亡，人们尚未知其缘由，或达成一致结论。但可以断定的是，海洋中的地位序列已被彻底重排。盾皮鱼虽曾在

1　如今的海洋中也存在类似的"死亡区"，主要由农田径流和污水造成的水域营养过剩所致。

开阔海域四处巡游、在海底捕食，但经此一难，它们再不似从前风光，只在水生生态系统中留下巨大的空白，以待后继者填补。不过，有一群鱼完成了这项使命。

鲨鱼荣登霸主

在美国蒙大拿州，有一处曾经位于广阔海洋边缘的浅海湾岩层遗迹，称为熊谷（Bear Gulch）。该岩层为石灰岩沉积物，厚 30 米，形成于约 3.18 亿年前的石炭纪。数十年来，古生物学家们一直在此开展挖掘工作，通过其中的化石可以推断在泥盆纪末期"集群灭绝"之后发生的事件。同一时期，鲨鱼及其近亲接替盾皮鱼掌管了这个神秘莫测的水生世界。

名为 Balanstea 的鲨鱼栖息在海湾的底部，它们尾部粗短，宽鳍状如荷叶边，身体直立形如弯曲的树叶。它们虽然游得不快，但动作灵巧，能抓住包裹在硬壳里的无脊椎动物，并能用喙状的多节齿板将硬壳咬碎。镰鳍鲨（falcatus shark）常出没于开阔水域，辨别它们的性别并非难事——雌鲨身形呈鱼雷状，与现存的白斑角鲨（spiny dogfish）长相相似，只是体型小许多，仅 15 厘米长，大概一根热狗的长度；雄鲨长有鳍脚，由鳍特化而成，用于输送精子，此外还有一根从前额突出、弯曲至鼻尖的鳍棘。理查德·隆德（Richard Lund）是研究熊谷化石的主要专家，他通过一些化石标本推测出这根鳍棘的用途。一个化石显示，雌性长鳍鲨紧紧咬住雄性的鳍棘，正如你所想象的那样，这对神仙眷侣正在云雨一番，即雌鲨在上面，腹部压在雄鲨的背部上，或许这是古代鱼类表达爱意的前戏。

刺突鲛（*Harpagofututor*）身形似鳗鱼，头上长有怪异结构。雄性刺突鲛的眼睛前面有一对长触角，末端像蟹爪一样叉开。可以推测，该触角与银鲛科鱼头部可伸缩的器官类似，交配时可辅助雄鱼固定雌鱼的位置。

同样在熊谷附近活动的还有数量更多的胸脊鲨（*Stethacanthus*）。现已发现的胸脊鲨共两种，一种近 3 米长，另一种则与大西洋鲑（Atlantic salmon）的长度近似，约为 70 厘米，且二者头部均长有形状怪异的附属物。雄性胸脊鲨背鳍上的附属物为牙刷状，两眼之间还长有另一把"刷子"。

百余年前，人们就已经发现了胸脊鲨化石，但关于它们为何演化出如此怪异的附属物，我们只能进行天马行空的猜想。或许雌性胸脊鲨会根据雄性头部"刷子"的大小和形状选择配偶，即最大、最怪者胜出。雄鲨的胸鳍后还拖着一根长棘，名为鳍鞭，在交配过程中也将发挥一定的作用。争夺雌鲨时，雄鲨会将头部的"刷子"作为攻击武器，或许会像鹿一样头顶着头对决，只不过它们用"刷子"替代鹿角相互摩擦、抵制对方。

胸脊鲨化石　　©National Museum of Natural History

雄性胸脊鲨的头部"刷子"或许与交配有关，但也存在其他观点。1984 年发表的一项研究指出，这种棘状"刷子"与人类阴茎海绵体有着相似的微观结构，因此，胸脊鲨的"刷子"或许也能自主勃起。为避开捕食者的追击，它们是否会使"刷子"膨胀，从而假扮成类似大白鲨的更大型的危险鱼类呢？也许会吧。另一种观点则是，这些怪异的鲨鱼将头部的"刷子"搭在大鲨鱼的腹部，与如今的䲟鱼（remora）吸附在鲨鱼身上的情形颇为相似。果真如此，那么胸脊鲨定有独门秘诀，像魔术贴一样将自己牢牢地黏附在某处。

熊谷不只有这些长相怪异的鲨鱼，还有辐鳍鱼。盾皮鱼消失后，辐鳍鱼扩大了活动范围，物种更加多样化。此外，哈迪斯蒂鳗（*Hardistiella*）和各种空棘鱼也存活于此，这表明一些无颌鱼确实在泥盆纪时期的灭绝中得以幸存，只是分布不似从前广泛，也无法再现往日荣光。还有一些长相稍微正常的鲨鱼，例如银鲛鱼类在当年与现今的模样区别不大，而有些物种的样貌只能从鳞片和牙齿化石中略知一二，因此无从知晓具体长相，也不知道它们究竟长得有多怪异。这些软骨鱼中的"异类"也不仅存于熊谷，石炭纪之后的数百万年里，各大海域中的鲨鱼仍在不断演化，并形成了不同寻常的物种。

当优雅的螺旋形化石首次在岩石中被发现时，人们一度认为这是章鱼和鹦鹉螺的近亲——已灭绝的菊石。这些化石大小适中，直径通常为 20 厘米左右，外形近似对数螺旋形，即以恒定速率向外延展。随后有人指出，与其说它们像贝壳，不如说像鲨鱼的牙齿。

但是，目前未发现相关遗骸，因此，我们只能依靠猜测拼凑出这些二叠纪（约 2.9 亿年前）鲨鱼的剩余样貌。根据牙齿大小可以推算，这些鲨鱼的平均长度约为 4 米，甚至更长。不过，这些锯齿状螺旋物属于它们身体的哪个部位呢？这一问题引人深思。

旋齿鲨（Helicoprion）早已绝迹，后来逐渐为人们知晓。一百多年来，古生物学家对旋齿鲨样貌进行了多次排列重建，比如其螺旋形牙齿自尾部末端垂下，或者翻转至背鳍，又或者从细长的下颌处突出，就像一把比萨刀，甚至还有一种排列方式看上去像是把圆形牙齿嵌入黄貂鱼侧腹一般。2013 年，爱达荷州自然历史博物馆的研究人员发表了一项关于化石的报告，为人们提供了新的研究视角。雷夫·塔帕尼拉（Leif Tapanila）是该研究的带头人，他的团队将一块出土时间为 20 世纪 50 年代的螺旋形化石放入 CT 扫描仪中，化石上的软骨残片未有变位，三维成像显示，旋齿鲨的螺旋形牙齿位于下颌深处，看上去好似嘴里插着一把圆锯，位置大致在舌头附近。试想一下，你的舌头中线上长着一排牙齿，喉咙往下又不断长出新牙，旧牙被挤到前面，于是整个舌头呈螺旋状向下并向内翻转。在旋齿鲨的螺旋形牙齿中，中心部分最小，形成时间也最久——幼年时期便已有这些牙齿。同样，软体动物外壳中心的螺旋纹路也是最先形成，即孵出后不久便有了。基于新的成像和信息，塔帕尼拉团队发现了一些线索，表明旋齿鲨与现存的银鲛科鱼的亲缘关系比之鲨鱼和鳐鱼更近，并且旋齿鲨的螺旋形牙齿可以单独发挥作用。但是，旋齿鲨的上颌无牙齿。由此出现另一个谜团：旋齿鲨究竟如何利用这种独特的螺旋形牙齿呢？众人对此各执一词，不过最近有一项针对各种已灭绝鱼类的研究正在进行，我们可以从中获取新线索。

旋齿鲨化石　　©National Museum of Natural History

　　剪齿鲨（*Edestus*）是旋齿鲨的近亲，它的上下颌均有螺旋形牙齿，只不过螺旋较为松散。人们曾一度认为剪齿鲨下颌的作用如同一把大剪刀，但这一观点并不具有说服力，因为它们的旋齿不能完全吻合，就像一把刀刃向后弯曲的剪刀。之后，在 2015 年的一项研究中，科罗拉多大学的韦恩·伊塔诺（Wayne Itano）提出了另一个想法，他将剪齿鲨的下颌看作是波利尼西亚海军刀（leiomano，波利尼西亚的一种传统武器）。这把刀呈扁平的木桨状，像一把巨大的乒乓球拍，剪齿鲨的下颌与之相似。它的牙齿牢牢地固定在边缘处，且牙尖向外翻，可撕裂对手的皮肤。伊塔诺认为剪齿鲨可能会用牙齿撕咬软体动物，比如鱿鱼，而且在此过程中，它们会张大嘴巴，拼命地上下点头。

　　这些颌骨锋利的捕食者们甚至可能留下它们饱餐一顿的证据。人们在印第安纳州曾发现剪齿鲨化石，在同一块岩石中，还有大量真骨鱼的残躯。有的真骨鱼仅剩头部或尾部，其中一条鱼的尾部还挂着一层薄皮，还有一条鱼的头骨几乎与身子分了家。迄今仍未有确凿的证据认定剪齿鲨就是这次"屠杀"的真凶，但毫无疑问，它们是主要怀疑对象。也许，当时旋齿鲨也曾犯下类似"罪行"——它们大张着下颌，露出坚硬牢固的螺旋形牙齿，像横行霸道的可怕掠食者一样，向成群的乌贼和鱼类发起猛攻。

剪齿鲨牙齿化石　　©National Museum of Natural History

如今的海洋中，这些怪模怪样的鲨鱼早已绝迹，其中大多数在二叠纪末期，即大约2.5亿年前就已经不知不觉灭绝，并未引发生态灾难。约2亿年后，"集群灭绝"事件再次发生，整个海洋格局就此颠覆。

◁✕

地质年代中最惨绝人寰的时期可能要数白垩纪末期——约

6600 万年前 [1]，一群相亲相爱的动物们正在彼此诀别。除恐龙外，这次"集群灭绝"还带走了诸多其他动物，包括大量鱼类，尤其是大型鱼类。

辐鳍鱼类在白垩纪海洋中游完了生命的最后一程，它们与金枪鱼和长嘴鱼（billfish）十分相像，但实际上属于一种现已灭绝的鱼类——厚茎鱼（pachycormids）。厚茎鱼大多是驰骋于开阔海域的顶级掠食者，有些长着长喙，像剑鱼那般向前伸出，有些则像旗鱼一样有着高背鳍，这种高背鳍可能在捕猎时就派上用场了——用来驱赶鱼群。

厚茎鱼家族中存在着巨型滤食者，利兹鱼（Leedsichthys）便是其中最大的一种，也是迄今已知最健硕的硬骨鱼。它们至少能生长至 16 米，甚至略长于伦敦的双层巴士 [2]。19 世纪末，在英国彼得伯勒附近，一位名叫阿尔弗雷德·尼科尔森·利兹（Alfred Nicholson Leeds）的农民最早发现了这种鱼的化石。起初，专家们宣称该化石是剑龙（Stegosaur）的后背板，后来才意识到这

---

1 之前，人们确定白垩纪末期为 6500 万年前，但更新的数据显示，需要在此基础上增加 100 万年。

2 之前的估算表明，利兹鱼的体型堪比蓝鲸，后者被认为是有史以来最庞大的动物，体长可达 30 米。然而，根据对不完整化石骨骼进行的最新计算表明，利兹鱼可能不及蓝鲸那样大，不过 16 米的体长依然在硬骨鱼中保持着历史记录。作为第二大鱼类，利兹鱼的体长在普通姥鲨（15 米）和鲸鲨（20 米）之间。

实际上是一条巨型鱼类的头骨，并以发现者的名字为其命名为"*Leedsichthys problematicus*"，即利兹鱼，由于难辨其真实身份，故而名称中含有"problem"以示标记。

数年前，利兹鱼还被认为是整个中生代（2.52亿至6600万年前）唯一已知的滤食性动物。尽管这只巨兽曾风光无限，但如今却已成为整部演化史中的一个小小注脚——不过是一种仅存活数百万年的滤食性动物罢了。然而最近，牛津大学的马特·弗里德曼（Matt Friedman）领导的古生物学家团队重新检验了已知化石，发现在同一时期，并非只有利兹鱼是滤食性动物。事实上，至少在1亿年里，诸多滤食性厚茎鱼便已经大张着嘴巴在海中漫游，筛出水中的小型动物为食。这些巨鱼虽已消失于白垩纪末期，但或许为现代滤食性鱼类的崛起预留出了生态空间[1]。

然而，并非只有厚茎鱼等大型辐鳍鱼的消失导致海洋生命系统重组，其他变革同样为现代鱼类的出现埋下了伏笔。

不久前，人们在海底找到了一条有关白垩纪末期诸多事件的重要信息。深海钻探项目已从全球各处的海底采集到了大量沉积物，岩心钻孔深入海底数百米，穿透了数百万年来沉积的淤泥和泥沙层。泥浆中藏有微小化石，它们由鱼类死亡时散落在海底的牙齿和

1　蝠鲼和鲸鲨最早出现在约6000万年前的古新世晚期，而姥鲨出现在约2000万年后的始新世中期。

鳞片形成。比之整个动物化石的分布，这些微小化石的分布要广泛得多。在整个化石形成过程中，一具遗骸不仅要经受漫长的时间洗礼，还要保持完整，不被压碎且不发生变形，其可能性近乎为零。牙齿和鳞片更能经历风霜，且数量极多——几克沉积物中可能就有数百个之多。基于这些微小化石，便可管中窥豹，描绘出不断变迁的海洋图景。

在圣迭戈的斯克里普斯海洋学研究所，伊丽莎白·西伯特（Elizabeth Sibert）和理查德·诺里斯（Richard Norris）从深海岩心钻取的沉积物中挑选了数千块微小化石，并绘制了一个时间年表，记录了 4500 万年至 7500 万年前，辐鳍鱼牙齿和鲨鱼小齿的数量变化，据此发现了一个明显转变：在白垩纪晚期的沉积物中，超过一半的微小化石为鲨鱼的小齿；在下一个地质时期——古新世初期，辐鳍鱼牙齿数量激增，是鲨鱼的 3 至 4 倍。

这种骤变发生在含有化学元素铱的薄地层两侧，铱在地球上非常罕见，但多见于陨石中。有人认为，铱地层由 6600 万年前撞击地球的巨型陨石形成，在世界各地的岩石上都留有无法消磨的时间印痕。在铱地层的边界处，辐鳍鱼的牙齿不仅数量增多，大小也变为原有的 4 倍，平均直径为 1 至 3 毫米。牙齿变大并不一定意味着鱼的体积也变大，比如有些小型鱼类长有巨齿，而有些大型鱼类的牙齿却很小。不过，这一现象十分具有说服力，表明鱼类正在适应新的进食方式，并扩张新的栖息地。

在 2015 年的研究中，针对辐鳍鱼牙齿与鲨鱼小齿之间数量比例的突变，西伯特和诺里斯提供了各种可能的解释。也许是辐鳍鱼由于某种原因开始长牙，因此脱落的牙齿数量也有所增多，但这无法解释牙齿大小的变化。西伯特和诺里斯均认为，6600万年前，海洋经历了一次大规模转变。

在此之前，辐鳍鱼还是远洋地区的罕见物种，鲨鱼才是大西洋和太平洋周围环流的霸主。这种局面保持了数百万年之久，似乎不可能动摇。沉积物的岩心，特别是来自南太平洋的岩心显示辐鳍鱼牙齿与鲨鱼小齿的数量之比无任何变化，直至地层中铱元素含量异常才发生剧变，之后，似乎有某种事物在作祟，生态系统就此撼动，辐鳍鱼迅速成为继任者，称霸海洋。

西伯特和诺里斯指出，"集群灭绝"致使白垩纪终结，形成铱地层的陨石至少要为此担负部分责任。因为由此引发的大规模火山活动排放大量二氧化碳和二氧化硫到大气中，或许会使情况变得更加糟糕。黑云遮天蔽日，酸性海洋肆意泛滥，大部分生灵被虐得片甲不留，仅剩一个地球空壳。如同之前的"集群灭绝"事件，为数不多的幸存者将面对新的可能性。虽然原因尚不明，但这一次留在满目萧然的海洋世界并繁衍生息的是辐鳍鱼，而非鲨鱼。

在此之前，化石记录有力地佐证了现存的多数主要辐鳍鱼均出现于5000万至1亿年前。其中一些早在白垩纪就已存在，如河豚、鮟鱇鱼和鳗鱼，以及后加入的新成员，如鲱鱼、沙丁鱼、鲦鱼、鲤鱼、金枪鱼、鲭鱼、比目鱼和如今数量庞大的真骨鱼。辐鳍鱼崛起和称霸海洋的确切时间和原因尚不明了。西伯特和诺里斯提出的新观点将范围缩小，并暗示当今的海洋世界拥有种类如此繁多的鱼类，此次"集群灭绝"事件功不可没。

这或许与菊石和大型海洋爬行动物蛇颈龙（Plesiosaur）和沧龙（Mosasaur）的消失有关，它们均灭绝于白垩纪末期。此后，辐鳍鱼发现竞争者没有那么多了，追逐它们的捕食者也随之减少。

与此同时，陆地上的平行世界也发生着类似事件。恐龙绝迹，毛茸茸的小型脊椎动物就此迈出它们的夜间藏身之所，出现在了广袤的陆地上。所以，如果那颗巨型陨石没有在 6600 万年前撞向地球，可能就不会有成千上万种挥舞着骨质辐鳍的鱼类在海洋、湖泊、河流和溪流中畅游，同样，人类也就无法在此观察和思考它们的前世今生。

海上医师

8 世纪，波斯传说

　　《石头之书》（*The Book of Stones*）讲述了一位著名的自然哲学家横渡大洋寻找一种名叫"海上医师"的鱼的故事。他认为这条神奇之鱼的脑中有一颗黄色宝石，可疗愈一切疾病。因为它只需将头部在其他海洋生物的伤口上摩擦，伤痛便可治愈。此外，这颗宝石还能点银成金，正因如此，哲学家想要把它弄到手。

　　哲学家及其水手们费心找寻数周后，才得以发现一群"海上医师"。他们撒网捕住一条，但它很快就变成了一个漂亮女人。女人说的语言无人能懂，但她略微发力便能使船上的伤病人员恢复如初。后来，她与一名水手坠入爱河，且二人育有一子。除了闪亮的额头外，这个孩子的样貌与人类并无差别。就当所有人以为这一家三口在船上过着幸福生活时，女人于某日夜里逃走了，她跳进海中，把孩子留在了船上。

　　水手们继续航行，后来遭遇了一场可怕的风暴，巨浪拍打着船体。正当哲学家以为即将全军覆没时，他看到了那个奇女人——"海上医师"正漂浮在汹涌的海浪上。船上的人们恳求她解其困厄，于是她变成了一条大鱼，大张着嘴喝下海水，直至风平浪静。她的儿子也跳入海中，跟着她潜入海底。次日，当那个孩子回到船上时，他的头上也顶着一颗闪亮的黄色宝石。

第九章

鱼类的声音世界

在佛罗里达东海岸附近的墨西哥湾流边缘，海深如渊，碧波荡漾。潜水船左右摇晃得厉害，我站在甲板上晃晃荡荡，于是紧紧抓住栏杆。我望着眼前的这片汪洋，蓝得那么深沉、浓烈，真是前所未见。有那么一刻，我想象着，如果俯身将手浸入海中，我的手可能会像染了层蓝色油漆一般。金色的海藻碎片漂浮在海上，或许是从马尾藻海的漩涡中逃脱出来的。我本想待在甲板上，看着海面的色彩变幻，但大海深处还静待我去观赏，于是我穿上潜水装备一跃入海。当我往下潜时，海水颜色越来越暗淡，蓝色逐渐褪去。

在 30 米深处的沙质海床上有一艘沉船，是一艘于 1989 年被美国海关扣押的油轮。当时美国海关发现船上装满了大麻，遂故意将其凿沉，一个新的水下栖息地由此诞生。甲板上布满了海藻、珊瑚和其他柔软的生物，早已模糊不堪，而那里就是我的目的地。我蹲下身子，躲在船舷后面一处远离水流的地方。

在油轮上层结构的一个舱口，潜伏着团团黑影。未见其影，先闻其声，或者更确切地讲，我感觉到船舱中生灵们的声波经水流传播而来，与我的身体产生了共鸣。它们发出的低音频率约为 50 或 60 赫兹，类似于管风琴弹出的低音。一声巨响，我注意到沉船在震动，随后出现了一条鱼，是伊氏石斑鱼（goliath grouper，又称巨人石斑鱼）。它看上去好似用一块花岗岩雕刻而成，体重可能堪比灰熊。

自从沉船在海底落户，伊氏石斑鱼就把这儿当作自己的季节性定居点。每年夏季，它们就会聚集在此交配。然而，在大西洋中西部，伊氏石斑鱼的数量大不如从前。时至今日，它们的肉还被制成狗粮罐头，尸体被用于向美国走私毒品。数十年来，海钓者们最喜把它们拖上岸，举起拍照，然后再扔回海里，可是此时它们早就死了。2009 年，一项研究以海钓者们拍摄的战利品照片为依据，衡量伊氏石斑鱼数量的历史下降情况。20 世纪 50 年代，一艘海钓渔船的伊氏石斑鱼渔获量往往超过该船上所有人的体重之和，但到了70 年代末，它们的数量已然大幅减少。

20 世纪 90 年代，美国水域严禁捕杀伊氏石斑鱼，自此以后，至少在佛罗里达州东部，它们的数量似乎有所回弹[1]。如果你选择恰当的时机冒险潜入水下，很可能会发现这群深海巨鱼，听见它们

1　尽管科学家警告称放开捕捞伊氏石斑鱼将使其产卵数量再次锐减，但在我编写本书时，仍有人呼吁再次放开捕捞伊氏石斑鱼。

的声音在整片海域回旋不绝。目前尚不清楚这些响亮的叫声传递着怎样的讯息，或许是在警告，或者是雄性在向雌性求欢，但毫无疑问，这些大鱼们的确在彼此交谈。

　　确切地讲，鱼的头部两侧并未长有耳朵，因此，人们很容易认为鱼没有耳朵，它们无法发声且没有听觉。在海中，大多数声波不会穿过水面，而是被反射回深海，因此声音会被困于水下。不过，鱼类的确能发出声音，也拥有听觉，人类经过很长一段时间的研究才了解海底的真实声音，其中部分原因是人类自身不太适应耳中充满水时的听力环境。通常情况下，空气中的声波经耳道传至我们的内耳，导致鼓膜振动，从而产生听觉。但当耳道内满是水时，鼓膜振动受到抑制，故而我们听到的音量会降低。

　　自古以来，人们就已熟知几种吵闹的鱼类，当它们从水里被捞出吊在新鲜空气中时，就会大声吼叫以示抗议。亚里士多德就曾写过像杜鹃一样鸣叫的鱼类，它们会发出咕噜声或吹笛声，还有一些鲨鱼会发出吱吱声。

　　通常情况下，声波通过空气传到我们左右耳时会有些许时间差，大脑可据此判断声音的方位。但是，声波在水中的传播速度要快许多，几乎同时到达双耳，因此很难确定声源位置。水肺潜水时，除了嘈杂的呼吸声，我常能听见周遭零碎的声音，只有伊氏石斑鱼这种巨鱼发出响亮的轰鸣声才能引起我的注意，从而判断周围的情况。

总而言之，人耳并不擅长捕捉和区分鱼的声音。为了解水下噪声传递何种讯息，以及鱼类的发声频率，我们需要使用特殊的录音设备记录这些声音，而这种设备不久前才得以问世。

1963年12月，一名满头短卷发的女性驾驶着一辆灰色雪佛兰跑车，从罗德岛沿美国东海岸往北驶向缅因州。汽车里装满了一排排防水麦克风、数百米长的电缆、双向收音机和对讲机、电池组和发电机、一个帆布制成的可折叠水族箱，以及一艘绑在车顶上的铝制船等小玩意。她将这辆车打造成了一座快速响应的移动监听站，其任务就是寻找会发出噪声的鱼类，而"站长"，即司机的名字里恰巧带有"鱼"这个单词——玛丽·波兰·菲什博士（Dr Marie Poland Fish），人们通常称其为博比（Bobbie）。

博比是罗德岛大学某研究实验室的主任，之前，美国海军很想知道鱼类会发出什么声音，于是出资赞助她的相关研究工作。鱼类发声曾有先例，水手们曾报告听见海上传来怪异的声音，有呻吟声、砰砰声和铁链的叮当声，导致许多人都以为船上闹鬼。第二次世界大战期间，类似的噪声成为一大困扰，令当时水下监听站的水听器无法探测到更远处的船只潜艇螺旋桨运转时的嗡嗡声。潜艇艇员描述了各种难以辨认的声音：轻微的哗哗声和油炸声，蛙声和锤击声，哨声和猫叫声，煤炭从金属滑道滚下的声音，以及木棍被拖过尖桩栅栏的轻敲声。有时嘈杂声甚至淹没了庞大战列舰的轰鸣声，致使战时监视的重要环节失效。

经初步的调查，人们才明白有些噪声由海浪、风和潮汐引起，但海里的动物们才是始作俑者。海中鱼群太过喧哗，如同在水下引发炸弹一般，而所谓的"炸弹"也只会因附近潜艇发出的声音和振动而"引爆"。显然，要想获得战略优势，需要通过了解更多海洋生物发出的噪声，比如何时何地发出的声音最为嘈杂，这就是博比·菲什研究的切入点。

　　二战结束后的 20 年里，博比开始记录和识别这些神秘的声音发出者，其中大多数为鱼类。她利用战时研发的水听器，在河流和海湾中设置了长期监听站，以收集水下世界的各类环境声音。1959年至 1967 年间，每周都会有一艘研究船前往罗德岛海岸外的纳拉甘塞特湾，将一些鱼类带给博比，她会在实验室中录下它们的声音。水箱中悬挂着的水听器会在一天中的不同时间和不同环境下记录这些鱼类的声音。当它们刚进入水箱时，或有新鱼加入时，箱内会变得更加拥挤，因此鱼儿们也会更加喧闹。对于那些从不吵闹的鱼，博比会施以轻微电击，以激发出它们的听觉反应能力。不过，专家们对这一方法进行了谴责，因为这些声音可能并非鱼在自然环境中，即未受电击的情况下发出的。

　　研究小组还在美国和加勒比地区的其他实验室和水族馆中对鱼类进行了监听，并乘着博比的定制监听车开启了研究。1963 年 12月的出行，是监听车首次投入工作，博比前往缅因州的布斯湾港，准备录制鱼儿们合唱的冬季赞歌。同行的还有海洋学家保罗·珀金斯（Paul Perkins）和电气工程师威廉·莫布雷（William Mowbray），在存档的录音中，可以听到他们念出每条鱼的名字。

1970 年，博比与莫布雷合著了《北大西洋西部鱼类之声》（*Sounds of Western North Atlantic Fishes*）一书，书中满是声谱图，展示了鱼类声音的"形状"和"质地"[1]。鱼声中的音调和音高图表显示了蛙声和犬吠、嗡嗡声和咕噜声之间的复杂差异。书中收录了博比在布斯湾港录制的鱼类声谱图，例如装在帆布箱中的狭鳕（pollock），如果提起箱子，它们就会发出砰砰的声音，体现在声谱图中的图形即为呈抹片状的重叠声波曲线，形似沾上油漆的梳子一刷而过的样子。同年在布斯湾港录制的另一种鱼声源自一种杜父鱼（sculpin），名为格鲁比，其声谱图上有两条清晰的线，呈一高一低，发声时长均为 4 秒，再次发声又均持续 2 秒。该书还显示了一条翻车鱼（发现于纳拉甘西特湾外，后圈养于海栅栏内）的声音图像，它会像猪一样发出尖锐的咕噜声，被人抚摸时，其音调会持续变高，音频也越来越快。波多黎各的一只伊氏石斑鱼受刺激时，会发出巨大的轰鸣声，其声谱图看起来就像用软笔绘制的一系列简笔画。而巴哈马群岛的一只伊氏石斑鱼则始终保持安静，就算有一次它的大嘴差点吞进水听器，也仍是默不作声。

这些发现帮助海军屏蔽鱼音，从而精准获取敌方动静。博比·菲什利用监听器和分析工具从水下杂音中区分出人声。其研究显示，并非只有少数鱼类会发出噪声，相反，发声鱼类多达数百种。正如她在《北大西洋西部鱼类之声》的引言中所写，"鱼类的发声机制多种多样，而且往往很巧妙。"

1　声谱图中，y 轴表示声波频率，x 轴为时间；声波频率越高，音调就越高。

和放电、释放毒素和发光能力一样，鱼类也经历了反复多次的演化才得以拥有繁多的发声方式。它们身体的不同部位都能制造噪声，鱼的上下牙齿摩擦时会发出刺耳的声响。在肌腱的作用下，双锯鱼可以快速合上下颌，同时牙齿震颤发出吱吱声和砰的响声。珊瑚礁处居住着一种石鲈（grunt），它们摩擦咽喉齿（喉咙后方第二行牙齿）时会发出咕噜声，并因此得名（其英文名称 grunt 也有"咕噜声"的意思）。密斑刺鲀摩擦没有牙齿的颌骨时，发出的声音像生锈铰链碰撞时的沙沙声。海马抬头捕捉浮游生物时发出的咔嗒声，是由头骨后部的两块骨头相互推挤所致，它们脸部也会发出咕噜声和低吼声，但这种发声方式的形成机制尚不完全清楚。杜父鱼的肌肉摩擦肩胛带时会发出咯咯声[1]。斑点叉尾鮰（channel catfish）常见于北美河流和湖泊中，人们时常能听到它们的声音。它们将锯齿状的鳍脊置于另一块骨头的粗糙处上摩擦，从而发出声响，蟋蟀、蚱蜢也有相似的发声方式。条纹短攀鲈（croaking gourami）原产于东南亚静水中（如池塘和稻田），在宠物界十分受欢迎，它们用胸鳍击打特殊肌腱时发出的声音如同弹拨吉他琴弦一般，因此其英文名称中带有"croaking"（拟声词，形容声音低沉而嘶哑）一词。

鱼类最常见的发声部位是鱼鳔。这是一个内部气囊式的结构，通常呈香肠状，或形如被扭成两半的造型气球。鱼鳔首先演化成鱼类身上用以呼吸空气的肺，然后被用作漂浮装置，后又演化出多种

1　人类的肩胛带由肩胛骨和锁骨构成。

发声方式。

　　想像用一只气球能发出的所有不同的声音。你可以用手指敲气球，也可以用它表面摩擦其他东西，使之发出吱吱声响，或者放出一股空气，气球便会嘎吱作响，好似在向你发牢骚。以上模拟的皆是鱼类发声方式，它们甚至还有别的招数，但唯一不会用的方式就是戳爆自己的鱼鳔，发出砰砰巨响。

　　许多鱼类都有发音肌，这种肌肉快速伸缩时，会导致鱼鳔内壁产生振动，从而发出嗡嗡声。有些鱼类可通过发音肌向前拉伸鱼鳔再放开，使之复位。鳞鲀的身体两侧各长有一个鼓肌，此处的鱼鳔会向上挤压一块称为骨片鳞甲的大鳞片，受到胸鳍打击的骨片鳞甲向内弯曲，随后反弹至原位，便可发出鼓声。蟾鱼是最吵闹的一种鱼类，其鱼鳔呈心形，快速振动时会发出雾角（向雾中的船只发出警告的喇叭，声音响而尖）般的声响。蟾鱼有两组发音肌，可使鱼鳔的每个部位以不同频率振动，产生复杂的嗡嗡声，与婴儿的啼哭声相似，人很难忽略这种声音，雌性蟾鱼更是无法忍受[1]。

　　要想准确地了解鱼类发声的原因以及用途，不仅要倾听鱼声，还要观察其动态。录影片段显示，许多物种用声音作为警报，在打斗时发出攻击性的叫声，在捕食者面前会发出尖叫从而吓退对方。

1　它们的声音被称为非线性声音。电影制作人常将此类声音作为关键镜头的背景音，从而加强观众的情绪反应。阿尔弗雷德·希区柯克（Alfred Hitchcock）在《惊魂记》（*Psycho*）的淋浴场景中就曾使用过这类声音。

亚马孙红腹食人鱼（Amazonian red bellied piranhas）在不同情形下会发出三种不同的叫声，它们会以一定程度的复杂声音互相吼叫。战斗前的正面交锋中，它们会反复发出尖锐的叫声以警告对方，如不退让，后果可想而知，这便是食人鱼之间的口水战。随后，冲突爆发，尤其在争夺食物时，食人鱼会发出更低沉的砰砰声，同时还会拼命地转圈，互相撕咬。前两种敌对的声音均由发音肌振动鱼鳔所致。第三种叫声是一连串更为刺耳的声音，经牙齿摩擦产生。战斗中的获胜方追赶另一方时，就会发出这种声音，大概是在说，"我赢了，你才是输家，再也别回来了。"

　　太平洋和大西洋的鲱鱼远没有这般狂暴，它们似乎通过从鱼鳔和肛门缓慢流出的气泡进行交流。气泡末端可发出长达 7 秒的声音脉冲，研究人员将其命名为快速重复标记（Fast Repetitive Ticks，FRTs）。用红外摄像机在大型黑暗水族箱中拍摄的录像显示，年轻的鲱鱼会在松散的鱼群中游动，产生气泡。水族箱顶部放有一块隔板，防止空气进入，几晚后，鲱鱼就不再发声，可能是因为它们不能把水面的空气吸进胃里以填充鱼鳔，而体内的气体也已排放完毕[1]。有一种观点认为，肺鱼在夜间会利用气泡的声音与同伴保持联系。但在白天相见时，它们却再次保持安静。鲱鱼是已知的唯一一种利用"屁声"交流的动物。

1　鲱鱼和其他管鳔类鱼（如多鳍鱼、雀鳝、某些鲶鱼、鳗鱼和鳟鱼）的肠道和鱼鳔之间有一根气动管，能使鱼鳔充气、放屁或打嗝。闭鳔类鱼等其他鱼类，已不具有这种构造，取而代之的是将气体缓慢吸入和排出鱼鳔的气腺。

通常来说，水下最热闹的时期是鱼类求欢和交配之时。春季，在北大西洋的深处，雄性黑线鳕以紧密的 8 字形圆圈队列游向海床，并发出缓慢重复的敲打声。它们也会在大型水族箱中如此排列求欢，人们正是通过此法知晓它们的交配仪式。于是，在光线晦暗的水中，噪声显得尤为重要。雌鱼听到雄鱼的叫声就赶来查探一番，接着雄鱼便会尾随雌鱼。雄鱼也会游到雌鱼面前，挡住去路，甩动自己的鱼鳍，以显摆胁腹上的三个斑点。这些斑点通过改变皮肤中染色质细胞内的色素形成，雄鱼通常只显示一个黑色的斑点，即俗称的"魔鬼指纹"。同时，雄鱼开始加快摆动速度，发出的声音如同摩托车引擎的轰鸣声，这些声音最后融合成持续、响亮的嗡嗡声——雄鱼可以如此不停地哼唱 10 至 20 分钟。如果雄鱼有幸得到雌鱼垂怜，它们便会紧紧地抱在一起。接着，雄鱼的声音中带着一丝颤抖的尾声，随之释放出一团精子，这也许是它在性高潮时发出的呻吟，同时，雌鱼将数千枚鱼卵排入水中。最后，雄鱼沉默下来，这对爱侣至此天各一方。此时，北大西洋的拖网渔船早已在产卵地恭候多时，待黑线鳕完成繁衍任务后便一举将其捞出。

黑线鳕　©Donovan, E. (Edward)

人类的交配方式也与鱼鳔有关。约一百年前，欧洲的人们将鱼鳔制成可重复使用的避孕套。显然，鲶鱼和鲟鱼的鱼鳔尺寸更受大众欢迎，使用时需用丝带绑定。在中国，人们认为用干鱼鳔熬成的汤鲜香美味，尤其是一种称为加利福尼亚湾石首鱼（totoaba）的石首鱼类，它们只生活在科尔特斯海（位于墨西哥西北部和下加利福尼亚半岛之间，亦称加利福尼亚湾），其鱼鳔更是以天价售出。非法贸易使诸多鱼类濒临灭绝，其中包括小头鼠海豚（vaquita），它是世界上最小的海豚，也是墨西哥这片小海域的另一特有物种。托头石首鱼十分罕见且珍贵，捕捉它的刺网常常会将小头鼠海豚缠住，致其窒息而亡。这两个物种可能很快就会灭绝，而这一切都是因为汤[1]。有人愿斥巨资喝一碗石首鱼肚汤，因为他们坚信这种汤可以提高生育能力，还能壮阳。

现在，鱼鳔仍用于澄清啤酒。干鱼鳔富含胶原蛋白，可以加快酵母凝聚的速度，因此酵母的沉降性也越佳，啤酒也可快速变得澄澈。英国酿酒厂最初使用的是从俄罗斯进口的鲟鱼鱼鳔，这也是鱼子酱产业的副产品。随着价格上涨，人们开始寻找替代品。1795年，苏格兰发明家威廉·默多克（William Murdoch）发现大西洋鳕鱼的鱼鳔价格更便宜，澄清效果同样不错。到了19世纪，波特黑啤和烈性黑啤酒不似往常盛行，取而代之的是淡色艾尔啤酒，这是

1　编写本书时，全球存活的小头鼠海豚估计不到30只，目前的圈养繁殖方式以失败告终。

因为人们在酒吧使用透明的玻璃杯饮用澄清的啤酒，而非瓷器和金属制成的大酒杯。最近，人们强烈抵制使用鱼鳔，越来越多的啤酒厂开始以海藻等作为替代品，以拉拢素食主义消费者，否则他们只能花更多的时间，耐心等待酵母自行沉降，或者说服顾客接受浑浊的啤酒。

另一套鱼类发声结构则带有一股神秘气息。长期以来，人们一直醉心研究动物体内的奇效石头，包括蛇石和蟾蜍石[1]，当然鱼类也不例外。鱼的头部内藏有小而硬的石头，称为耳石（otoliths）。"耳石"（otoliths）一词源自希腊语"oto"和"lithos"，分别意为"耳朵"和"石头"。公元 1 世纪，老普林尼曾写道，这些石头有着神奇魔力，可治疗腹股沟肿胀和眼睛疼痛。16 至 17 世纪的文献中提到，将鱼的耳石磨碎后混入酒中，可治疗肾结石或止鼻血，也可作为护身符佩戴，以抵御疟疾。当然，和许多动物药剂一样，鱼的耳石也免不了被说能增强性欲。1502 年，意大利天文学家兼矿物学家卡米勒斯·列奥纳多斯（Camillus Leonardus）在其著作《石头之镜》（Mirror of Stones）中写道，魔术师声称耳石"能在白日激发情趣"，也就是说，由于某种原因，耳石能在太阳落山之前引发人的性欲。

如今，耳石仍有诸多用途，且被人们广为珍藏。冰岛、巴西和土耳其的渔业社区仍在民间疗法中使用耳石碎粒治疗泌尿系统感染

1　实际上，蟾蜍石与蟾蜍无关，而是已灭绝的鳞齿鱼的牙齿化石。

和哮喘。西班牙渔民将耳石放在口袋里，以保护自己免受海上风暴的侵袭。在北美，伊利湖岸边的海滩拾荒者可能会见到羊头鲷（属石首鱼科）的耳石。这种鱼有一对耳石，呈镜像分布于头部两侧。有些耳石上有贯通的 J 形凹槽，据说会带来快乐。而带有字母 L 的耳石被称为幸运石，会带来好运，甚至可能带来爱情。

没有证据表明耳石对人类有任何真正的疗效或能给人类带来幸运。但对鱼而言，耳石在听力方面起着重要作用。鱼的身体密度与水相近，因此，它们在游泳时，声波往往会直接穿过身体。为弥补这一点，鱼的内耳中长有由碳酸钙（亦是贝壳的主要成分）构成的大颗粒物质，也就是耳石。耳石的密度大于水和鱼类身体其他部分的密度，且对声波的反应速度更慢，如同摇动雪花玻璃球时，其中白色塑料落下的速度。鱼的内耳结构与人类十分相似，有类似人类耳蜗的充液腔室，内衬有感觉毛，且每个腔室里都有一块耳石[1]。当耳石在感觉毛上振动时，它们会触发神经细胞传递信号至大脑。此外，当耳石在重力作用下下沉时，鱼类就能知道哪侧身体应向上游，从而保持平衡。飞鱼的耳石特别大，也许是因为在空中滑翔时，平衡感于它们而言非常重要。

仅凭一颗耳石，也能获取鱼的更多信息。与软体动物外壳的形成类似，鱼类的耳内也会不断地累积新的碳酸钙层。借助显微镜，你可以数出碳酸钙层的层数，进而知道鱼的死亡年龄。只要有足够的耐心，你就能分辨出夹在日常累积的碳酸钙层之间的蛋白质基

1　辐鳍鱼有六颗耳石，七鳃鳗有四颗，盲鳗有两颗，鲨鱼的耳石大如砂粒。

质，据此推算出鱼的具体存活的天数。还可以通过耳石的形状辨认鱼的种类：有些看起来像被海水磨平的海玻璃，有些则像锯齿状的炒米糖。耳石的外缘有些形似海面上的波浪，这也许可以解释一种常见的说法，即鱼的耳石可以预测海面情况。实际上，耳石不能预测未来，却可以助我们回望过去。

每条鱼的耳石里都写着一个化学故事，记录着它的生活细节。鱼渐渐长大，耳石会从水中吸收微量元素，在海洋和河流中，这些微量元素的含量因地而异。通过测量耳石中的化学成分，或可推测出鱼吃过的食物，它在生命的不同阶段曾游经的地方，甚至游经水域的温度，即使鱼死亡很久，也可推算出这些数据。耳石十分致密且坚硬，通常鱼身体的其他部分均已腐烂，耳石仍完好无损，并且会形成品相上佳的化石。古生物学家从数亿年前形成的耳石化石中了解鱼类的故事，还利用它们测算出古代海洋的温度。

❯❮

除耳朵外，鱼的头部和身体两侧还有一系列完全独立的感觉器官，称为侧线，可将鱼的整个身体变为一只巨耳。侧线是一种很早就演化而成的古老结构，已知最古老的侧线化石出现在约 4.8 亿年前的奥陶纪的无颌鱼身上，所有现存的鱼类种群均有这种结构[1]。

侧线系统的基本单位是神经丘，其中包含微小绒毛，绒毛弯曲

1　其他动物中，唯一具有类似系统的是两栖动物，且大多只存在于幼崽中。

时会刺激神经，其工作原理与内耳绒毛基本相同。神经丘可以分布在鱼的皮表，也可以分布在鱼的皮下和鳞下的管道中。鱼的身体两侧有一排排点孔，水通过此处进入管道。侧线系统可使鱼感知到经过身体的水流，并探测到附近一两个身长以外的水流振动。根据昆虫落入水中时的动静，捕食鱼类可精准确定其位置。它们还能追踪到其他动物在水中前行时留下的一丝丝线索。当有动物经过时，产生的尾流会持续一段时间，通过抖动侧线，鱼便可知道游经动物的体型和游速，甚至还能弄清它采用的是何泳姿，进而决定继续追踪还是迅速逃离。

侧线对于生活在黑暗中并且失去视力的鱼而言尤为重要，比如墨西哥丽脂鲤（Mexican tetra）。和其他有视物能力的鱼一样，这类鱼用侧线来定位快速移动的物体。盲鱼（blind fish）还可以探测到静止的物体，比如洞穴的墙壁，通过把水吸进嘴里，并感知水流中的压力扰动，它们便可知晓何时会"碰壁"。距离物体越近，它们张合嘴巴的速度就越快，大概是为了使水流加速，从而获得更多关于物体的信息。蝙蝠在地下洞穴飞行时，会利用超声波束捕食和导航，而在水下，鱼儿们则用类似回声定位的方法探测洞穴的水道。

听力最好的鱼依靠的不仅仅是耳石或侧线，还有鱼鳔。鱼鳔内的可压缩气体不仅能发声，还能探测到声音——当声波经过时，鱼鳔就会振动。数千种鱼类将自身的鱼鳔作为听觉器官，这是鱼类得以生生不息的另一大秘诀。

鱼类利用鱼鳔探听声响需要用一串颤动的骨头（由颈部的四五

块椎骨改造而成）将鱼鳔和内耳连接[1]。四分之一的鱼类依靠这些重要的小骨头提高听力，这一关键特征助力鲦鱼、鲶鱼、鲤鱼、泥鳅、长刀鱼和食人鱼等鱼类主导淡水生态系统[2]。内陆水域通常浑浊度高，很难见底，因此对于许多淡水鱼类而言，声音和听觉在生活中发挥着至关重要的作用。

有些鱼类的鱼鳔会延伸至侧线，或者穿过头骨直接连至内耳。鲱鱼、油鲱（menhaden）、沙丁鱼、鲥鱼（shad）和鳁鱼皆是如此构造，它们中间还有接收高频音调的翘楚。

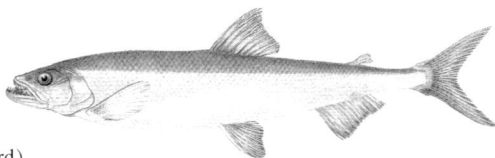

鳁鱼　　©Donovan, E. (Edward)

在北美东部沿海的银色鱼群中穿梭的蓝背西鲱（blueback herring）和美洲西鲱（American shad），以及墨西哥湾的海湾鲱鱼（gulf menhaden），都能听见其他鱼类无法识别的高音。对圈养的上述鱼类进行弱电击训练，结果显示，听见声音时，三者的心率均

1　这些骨头称为韦伯氏器（Weberian apparatus），功能与人类耳朵里的砧骨、锤骨和镫骨类似，可将声波从鼓膜传递至内耳。
2　这些鱼和许多其他鱼类均属骨鳔鱼类（Otophysan），占淡水鱼种类的60% 以上。

有所下降。这表明它们可以辨别高达 180 千赫兹的声音频率（一般人类听到的声音频率在 20 至 20 000 赫兹之间）。因此，它们成为少数几种已知能听到超声波的动物之一（其中还包括蝙蝠和鲸目动物）。

在鱼类的表皮放置电极，并通过水下扬声器播放不同声音，同时记录鱼类听觉神经的放电情况。这种测试对鱼类的侵入性较小，称为听性脑干反应测试（Auditory Brainstem Response，ABR），常用于测试人类幼儿的听力，但通常不会在水下进行。接通电极后，金鱼可听见频率高达 4 000 赫兹的声音，相当于标准钢琴上的最高音调，大多数鱼鳔连至耳内的鱼类都能听到同等频率的声音；而鱼鳔未与耳内连接的鱼只能听到约 1 000 赫兹的声音。

所有这些针对鲱鱼、鲥鱼、金鱼和诸多其他鱼类的测试，都引发了同样的问题：这些鱼究竟在听什么？

鲱鱼和鲥鱼不会发出超高音调的声音，因此它们也不可能听见彼此的声音。事实上，这种敏锐的听觉可能通过演化而得，它们借助这一长处，能够辨识海豚用超声波寻找猎物时的声音，从而避免被捕食。飞蛾也有同样的能力，它们通过分辨蝙蝠的声呐，感知其方位，进而提前逃脱。研究表明，即使距离海豚至少 100 米开外，鲱鱼和鲥鱼也能辨别其声音。同样，金鱼也不能互相倾听，因为据我们所知，它们通常保持沉默，或在留意捕食者发出的声响，或在聆听水下的其他声音。

博比·菲什记录和分析鱼类声音的主要目的在于，分离出水下噪声中的杂音，并将其与相应的物种匹配。之后，生物学家继续着重关注个别鱼类发出和听到的声音。在整个水生世界中，各种声音交织，形成一曲"交响乐"，引得越来越多的人开始聆听。渐渐地，一种新的研究方式也随之兴起。

整个水生世界既备受阳光恩泽，又沉浸在各色声音之中。这儿的声音初听时杂乱无序，但细听之后，似乎远不止于此。在西澳大利亚州沿岸，人们布下了一系列防水麦克风，清晰地记录下黎明和黄昏时的"海中合唱"，每次"演出"持续数小时。"演唱者"是成千上万条鱼，黎明和黄昏是它们一天中最活跃的时间段，在此期间，呼唤声、打斗声以及调情、交配和进食的声音充斥水中，纵使嘈杂不堪，却也暗藏着井然有序。

另一组监听设备显示，在新西兰北岛外凉爽且鱼类丰富的礁石上，不同的鱼类栖息地有各自特有的声音和声波标记。仔细倾听，就可以区分出一个礁石是被海藻覆盖还是居住着海胆——当海胆用牙齿啃食和刮擦岩石时，它的壳会像铃铛一样发出回响。

关于鱼如何倾听周遭的环境声，还有很多未知之处，或许它们试图剔除杂音，这样就能听见同类的声音，就好比在喧闹的聚会上与同伴交谈。但有迹象表明，背景音很重要，鱼类会获取声音并从杂音中提取有用的信息。

夜间的声音尤其重要。在热带浅海海域中，许多鱼类从白天到黑夜从未停歇。白天，一些鱼会躲在珊瑚礁中或红树林的树根处歇息，夜幕降临时，它们会游到附近的海草草地觅食。它们大多在天黑时行动，以期不被最危险的捕食者，即那些靠视觉捕食的大型鱼类发现。刚出生的小鱼仔几天甚至几周均在开阔水域里度过，同样是为了避开珊瑚礁里那些饥肠辘辘的捕食者。随着时间的推移，幼鱼的肌肉和鱼鳍日趋健壮，足以应对潮汐和水流，此时，它们才会开启漫长的洄游之旅。夜间，它们依靠体内的"磁罗盘"引路，而白天则通过射入水中的阳光确定方向。离家越来越近时，幼鱼根据气味和声音，确定原生栖息地的位置。黑夜中的"乡音"犹如灯塔，为风尘仆仆的幼鱼指引归家的路。

为验证这一猜想，来自新西兰奥克兰大学的克雷格·雷德福（Craig Radford）领导了一个研究团队，他们在澳大利亚大堡礁蜥蜴岛周围的浅水区打造了一座座类似珊瑚礁的小型碎石堆。通过悬挂于每个碎石堆上的水下扬声器，他们播放了在不同栖息地录制的音轨。经历了嘈杂一夜，次日清晨，雷德福及其团队统计了到达每个碎石堆的小鱼，发现有些小鱼似乎的确被某些栖息地的声音吸引而来。小雀鲷朝着一处碎石堆游去，那儿播放的声音似乎源自一个紧邻陆地的珊瑚礁（主要是枪虾开合巨螯时发出的砰砰声响和噼啪声）；而小帝王鲷（bream）则被播放着类似潟湖声音的碎石堆吸引；只有极少数鱼会前往无声的碎石堆。虽然现在还远不到盖棺论定之时，但鱼类似乎可以区分水下不同地方的声音，并跟随听到的声音前往它们最想去的地方。

这些栖息地的声景构成十分巧妙。最近的研究表明，鱼类并非自由放任的生物，不会随心所欲地大喊大叫，相反，它们随时可以融合自己的声音，就像管弦乐队一样，谱出旋律婉转、音调优美的乐曲。

在距离莫桑比克边境以南不远，位于南非夸祖鲁－纳塔尔省（KwaZulu Natal）沿岸的印度洋上，人们进行了一项类似的研究。近海的陡峭峡谷矗立在海底，下潜 100 米，可以看到空棘鱼栖居的山洞，拉特提亚·鲁佩（Laëtitia Ruppé）带领着一个欧洲研究团队将一个小型录音设备塞进了山洞的裂缝中。两个月后，研究团队取回设备，听到了山洞"居民"的声音。此前，南非的生物学家乘坐小型潜艇参观了该地区的洞穴，看到数百种鱼类生活于此，包括会发出声音的石斑鱼、锯鳞鱼和蟾鱼[1]。因此，当录音带播放着洞穴中的数千种声音时——其中多为鱼的声音——也就不足为奇了，只是这些声音的形成模式更令人惊讶。

鲁佩的研究团队将最明显的声音绘制成声谱图，正如博比·菲什的书中所写，他们发现，鱼在夜间会避免在同一时刻发声。声谱图是由音高和时间构成的二维图像，每个声音在声谱仪上都有自己对应的位置，就好比是声音拼图中的不同碎片。不同的鱼在不同的时间或以不同的音调发声，从而形成不同的声音层次，有低沉而孤立的轰鸣声，有拉长的低音调和清晰而粗犷的脉冲声，还有砰砰声、咕噜声和尖利的口哨声。白天行动的鱼类发出的声音更为杂

1　目前尚不清楚空棘鱼会发出声音还是时常保持沉默，毕竟周围居住着一群吵闹的邻居。

乱，也许是因为它们能看到彼此，并将叫声和各种姿势结合。当它们呼喊对方时，会一边游动，一边甩动鱼鳍，这种方式颇为惹眼，就如同在挤满人的房间里呼喊朋友，同时挥手引起对方注意。而在漆黑的夜晚，鱼儿们看不见彼此，如果它们的声音有重叠或相互冲突，则不便于交流。因此，夜行鱼类需要确保它们的声音不会盖过彼此。

这些鱼类将声音分区，就如同它们在生态系统的其他方面也会进行区分一样。同一群落中，鱼类通过演化，最终会选择不同的食物，进而划分出各自占据的物理空间，更加明了的是，鱼类也开始建立自己的声音领地。

声音生态学仍是一个相对较新的概念，目前主要应用于陆地生态系统。陆地上生活着各种鸟类、昆虫和青蛙，它们同样会划分自己的声音领地，避免掩盖彼此的叫声。陆地上的相关研究也指出，当世界因人类的声音而变得愈发嘈杂时，这些发声物种会面临诸多问题。城市交通车水马龙，鸟类很难识别同伴的声音，尤其在交配时期，可能会因此错过重要信息。海洋中也充斥着人类产生的噪声，如来自船舶交通、地震勘测、水下声呐以及成千上万的海上石油和天然气平台的声音，然而，鱼类是否会受到同样的影响，目前还未能定论。大多数水下噪声污染调查均以海洋哺乳动物为重点研究对象，对鱼类的研究少之又少。但诸多鱼类的生活习性很可能会受到声音的影响，它们拼尽全力发出声音，只为能在日益嘈杂的世界里占有一席之地。

鱼与金履

9世纪，中国唐朝笔记小说选段

  女孩叶限与继母和异母姐妹同住在一间山中小屋里。叶限总是被派去偏僻危险的林中拾柴，从最深的井中打水。一日打水时，她拉起水桶，发现桶内有一条闪闪发光的小金鱼。这条小金鱼身披红色的鳍，眼睛呈金色，身体和她的手指一般长。叶限将小金鱼带回家中，养在盆里，任由它一圈圈地游来游去。她将食物碾碎喂养金鱼，鱼儿日渐长大，叶限不得不找个更大的盆养它。最后，她再无更大的容器可用，只能将金鱼带至屋子后面的池中放生。每当叶限来喂食时，金鱼就会将头倚在池边，但只有叶限来时，它才会出现。

  继母看到这条又大又漂亮的金鱼时，心生嫉妒，欲将其占为己有。于是，她派叶限到偏远的水井打水，随后穿上叶限的斗篷，来到池边。金鱼以为是叶限前来喂食，当它游出水面时，继母立即拿出一把锋利的刀刺死了金鱼。她将这条大金鱼带回家，并生火烹之。"我从未吃过如此美味的鱼。"她一边想，一边将金鱼骨头埋在粪堆里。

<><

  叶限打水归来后，发现金鱼不见了，随即坐下大哭。就在此时，一位老者走来，让她想起离世的父亲。"鱼骨就在那堆粪里，"老者说，"去找出鱼骨，放于枕下，如有需要，可去向鱼祈愿，它会帮你实现。"

  老者辞别后，叶限便按照他的话去做。她将鱼骨藏于枕下，多次向金鱼许愿，不久便拥有了华服美履、金珠宝玉，以及珍馐美食。叶限非常想念那条金鱼，也很感激它赠予自己的一切，因此更加憎恨偷食金鱼的继母。

不久便是山中的节日，但继母禁止叶限去参加。待继母和姐妹离开，叶限穿上一件蓝绸衣裳，脚踩一双金履，溜出门前去赴会。刚到没多久，异母姐妹就发现了叶限，于是她只得逃走。可是匆忙间，她跑掉了一只金履。

这只闪闪发光的金履被一只乌鸦叼走，它飞越汪洋，将金履落在了一座岛上。这座岛屿国力强盛，由一位皇帝掌权。皇帝看见了这只金履，于是命令手下找到它的主人。岛上所有的女人都试穿了鞋子，但她们的脚太大了，无一人合脚。皇帝派人四处搜寻，最终来到叶限的山中小屋，发现了一只与之相配的金履。当叶限穿上这双精巧的鞋子时，皇帝立即对她一见钟情。自此，皇帝迎娶叶限为后，二人在岛上过着幸福的生活，而叶限也从未忘记那条为她带来好运的金鱼。

第十章

海洋中的智者

一条体形小巧、身披蓝白黑三色条纹的雄性隆头鱼正马不停蹄地奔波在珊瑚礁上，尽管繁忙的一天即将结束，仍有几条鱼在等待它的服务。在五六条鱼排成的队伍前方，一条蓝子鱼一动不动地守候在此，它摊开所有的鳍，同时大张着嘴，露出龅牙，仿佛受到了重击。事实上，这条蓝子鱼正处于放松状态，隆头鱼对它也十分了解。仅在一天，这两条鱼已见过不下百次，身形略大的蓝子鱼因寄生虫缠身，故而多次拜访隆头鱼。

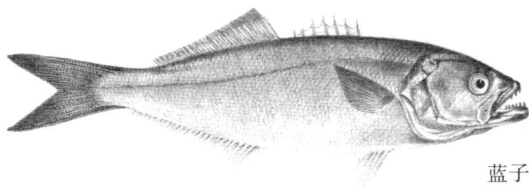

蓝子鱼　　©De Kay, James Ellsworth

困扰蓝子鱼的寄生虫是一种小型甲壳类等足目动物，一旦有鱼儿游经珊瑚礁，它们便会一个猛冲，附着其上，然后像水生蜱虫一样，吸取鱼血长达一小时左右后，才肯脱离鱼身。鱼儿不愿被吸血，于是请隆头鱼为自己清理这些白吃白占的家伙，因此，隆头鱼已然成为珊瑚礁上的"清洁工"主力。

　　"清洁"工作其实需要动用大量脑力，数十个种类的上百条鱼类客户会定期前往"清洁站"。"清洁工"隆头鱼需要记得所有"顾客"，并为每条鱼量身定制清理服务。左右逢源的社交能力，以及八面玲珑的处事方式，使隆头鱼得以任意摆布其他鱼类，而这些正是隆头鱼赖以谋生的手段。成千上万的寄生虫是它们每日的主要食物来源，但实际上，这些并非隆头鱼的最爱，它们更喜欢营养丰富的鱼皮，或者鱼身上的黏液。

　　隆头鱼之所以有这样的进食喜好，是想从中获取防晒物质，以抵御热带浅海区的紫外线伤害。鱼自身不能产生防晒物质，它们大多从食物中的微生物那儿获取。这些微生物经过鱼的消化系统，最后通过表皮保护层分泌出来，形成具有防晒功能的黏液。鱼类会吸食防晒物质，而非像人类那样，晒日光浴前将防晒霜涂抹于皮肤。另一种获取防晒物质的方式则是舔食和吸食其他鱼身上的防晒黏液，但隆头鱼明白，只有在某些特定情况下，它才能得手而不被发现。为了能在拥挤的珊瑚礁上守护己方阵地，赢得其他鱼类的信任，隆头鱼必须踏实干好清理寄生虫的工作，而不能心怀侥幸。在吸食防晒黏液时还需注意不能弄伤"顾客"，否则它们可能会一去不复返。而且，如果其他排队等候的鱼类发现隆头鱼"以公谋私"，在吸食黏液而非清理寄生虫，它们很可能会转身离开，光顾另一家清洁站。

　　那日，隆头鱼为蓝子鱼检查身体时，天色渐晚，只有少数"顾客"会在夜幕降临前排队等待清洁。队伍中有一条暗棕色雀鲷，这是它第三次光临了。隆头鱼知道自己不必在这位"顾客"面前刻意表现，因为它从不会离开自己的海藻小农场太远，而且附近只此一家清洁站。排队等候的还有一条刺尾鱼，是隆头鱼从未见过的无害食草动物，于是它决定冒一次险。它简短地展示了清洁手法：蓝子鱼那蓝黄条纹交织的体表颇似蜂巢，隆头鱼在其间搜寻，挑出两条寄生虫，然后咽下。隆头鱼趁机咬了一口蓝子鱼的表皮，顺便吸食防晒黏液。蓝子鱼感到皮肤被牙齿刮擦，立即退缩，但隆头鱼又以迅雷之势用鱼鳍在蓝子鱼的背部和腹部摩挲，安抚着蓝子鱼，算作一种道歉，平复其心情，直至心有不满的蓝子鱼被眼前假象迷惑，重又开心起来。此时，蓝子鱼血液中的应激激素水平略微下降。这可能就是它总是光临这座清洁站的一个原因，尽管它知道隆头鱼偶尔会占点便宜。

　　随着新"顾客"——一条大石斑鱼的到来，整个珊瑚礁的气氛发生了变化。隆头鱼立刻意识到需格外关注这位"顾客"：眼前的这位庞然大物身上的寄生虫数量可能非常之多。更重要的是，它是一种捕食鱼类，清洁时，轻而易举便可吞进几条小鱼。不知为何，隆头鱼总觉得这条石斑鱼已有一段时间未进食了，因此格外小心翼翼。

　　是时候表演一段舞蹈了。

隆头鱼左右拍打着尾巴，然后将鳍划过捕食者结实的身体，它的体型是隆头鱼的十多倍。石斑鱼大张着嘴巴，打了个哈欠，隆头鱼便顺势游了进去。它不遗巨细地啄着石斑鱼的利齿，它们可是极危险的武器，刺穿美味的小鱼不费吹灰之力。目前形势还算平和，可能是因为隆头鱼一直在轻抚着石斑鱼，为它按摩。石斑鱼此时正享受这片刻安宁，压根就没兴趣捕猎。一个是捕食者，一个是清洁工，这两条鱼之间的交易最终达成，双方都履行了自己的职责。它们之间虽然就此建立起了紧密的社会关系，但这并非坚不可摧。如果它们在除此以外的情况下相遇，结果就会大不相同。但在清洁站，隆头鱼享有豁免权，只要它自制力强，只吃寄生虫，不占小便宜，就能保命。

生物学家们曾花无数个小时埋伏在野生珊瑚礁附近，也曾透过水族馆的玻璃墙窥视互相交流的鱼儿们。因此，上述情景在他们面前再寻常不过。除此以外，他们还见过许多类似场景。科学家们已推算出，"清洁工"隆头鱼可吃进成百上千的寄生虫。他们做了一些实验，以确定隆头鱼及其"顾客"如何决定彼此行为，以及它们如何识别彼此。科学家们观察到了鱼类的"舞蹈表演"、隆头鱼的"假公济私"以及致歉。这类研究不仅展现了珊瑚礁上的鱼类通过合作保持清洁和健康的全过程，还揭露了鱼类复杂又充满智慧的生活细节，这些信息长期以来被人们所忽视。

人们一直对鱼类存有刻板印象，即它们是头脑简单的生物，受先天本能的支配，且无独立思考的能力。以人为中心的研究在与人类亲缘关系最近的哺乳动物中寻找线索，从而探究人类大脑的演化过程及原因，正是在这类研究的影响下，人们才形成了对鱼类的固有看法。但是，这种观点过于狭隘，认为那些与人类亲缘关系远且差异巨大的动物不够聪明。生物学家以新的方式观察鱼类，且质疑得当，渐渐地，他们意识到鱼类实则精明老练，有着令人惊异的思考和解决问题的能力。人们对水生脊椎动物的偏见正在发生转变，与此同时，鱼类也打开了人们的视野，使人们充分明白智慧的含义。

大多数动物都有一些基本的认知，它们可以通过各种方式感知周围的世界，收集信息，再加以处理并存储。而要获得更高级的认知（也可称为智慧），就需要学习过去的经验，并利用已有知识解决新的问题。这并非指导动物们如何生存的本能，而是采用灵活的策略提升适应性，从而应对不断变化的世界。

智慧一直是个难以定义的概念，但如果列出智慧生物的重要标志，鱼类会满足许多项。正如我们所见，隆头鱼可以与同类和其他物种交流，且能长期保留记忆。它们通过按摩来控制"顾客"的情绪，进而了解它的行为动机，即这位"顾客"会一走了之，再不回头，还是只能留下别无他选。

隆头鱼们也会互相操纵。雄鱼和雌鱼的领地常有重叠，并且它们会一同合作，为其他鱼类提供服务。独自行动时，雌鱼偶尔会沉迷于吸食黏液，但当雄鱼在身边时，它很快就明白不能这么做。每当雌鱼占"顾客"的便宜并将对方气走时，雄鱼就会怒气冲冲地追着它咬，这是因为雌鱼的行为有损雄鱼的名誉，而且对"清洁"工作无益。更雪上加霜的是，雌鱼从食用的皮肤和黏液中获取的营养越多，它们的体格就会越来越大，也就可能改变性别，成为雄鱼，最终试图占领雄性的领地。隆头鱼和其亲戚苏眉鱼一样，可以灵活随意地转换性别[1]。经过几次严厉训斥后，雌鱼有所收敛，随后雌雄双方继续一同提供诚信服务。

除了隆头鱼拥有复杂的社会生活外，许多其他鱼类都具有高级思维的能力，其中一些被认为是人类独有的能力，比如孔雀鱼、棘鱼和盲眼洞穴鱼（blind cave fish）等其他鱼类都会数数[2]。在实验室测试中，通过在不同规模的鱼群之间进行选择，上述这些鱼展示出了算术能力，它们通常更倾向于加入规模最大的鱼群。除此以外，鱼也会使用工具，比如：射水鱼会发射水弹；猪齿鱼（tusk fish）会捡拾蛤蜊，将其朝着坚硬岩石反复撞击，最终砸开外壳；大西洋鳕鱼会利用周围的临时工具，探索觅食的新方法。数年前，在挪威的一个研究实验室里，有两个不同的水箱，其中饲养着三条鳕鱼，它们无意间将各自的塑料身份标签缠在了自动喂食器的绳子上，并很快发现，用嘴拉扯这根绳子能更快进食，因为吃到食物前，它们必须先吐出绳子。这三条鱼完善了此项进食技术，最终它们动作娴熟，能利用标签将自己钩在绳子上，再用力一拉，转身便能吞下食物。

1　已知的"清洁工"隆头鱼有五种，均属裂唇鱼属，生活在印度—太平洋地区。在加勒比海地区，霓虹虾虎鱼也扮演着类似的角色。
2　除鱼类和人类以外，会数数的动物还包括黑猩猩、大象、狗、海豚、鸽子、甲虫和蜜蜂。

鱼类更偏向于灵活利用单侧的身体和大脑,这是它们拥有更高认知能力的另一原因[1]。许多鱼喜欢用单眼观察不熟悉的物体,或留意周遭是否有麻烦。在鱼群中,有些鱼喜用左眼观察同伴,因此它们常常待在鱼群的右侧区域,而另一些鱼则截然相反。如此一来,鱼群或可达到最佳平衡状态。并且,鱼儿们能观察彼此、保持队形,同时另一只眼睛还能警惕游走在外层的捕食者。人们认为这种不对称的信息处理和分析方式是人类多任务处理能力的基础,关乎人类行为的方方面面。例如,和语言相关的诸多功能通常由人脑左半球掌管。

鱼类智慧的另一个重要方面在于个体之间互动交流的方式,即社交智慧。2012 年,一项针对巴哈马群岛圈养柠檬鲨的研究表明,它们能够相互学习。只要接受训练的柠檬鲨按压目标物体,就能获得食物奖励,这与尤金妮·克拉克的做法相同,即她赠予日本王子的那条鲨鱼曾受过此训练。该研究发现,当个体与接受过训练的鲨鱼同处时,学习速度更快。

坦噶尼喀湖的雄性鲷鱼能通过观察其他雄鱼的打斗,判断自己在严格的社会等级中所处的位置。这些好斗的小鱼也称为伯氏妊丽鱼,它们会利用大量时间争夺领地——激战双方爆发小规模冲突,直至一方认输才算结束。胜者十分显眼,它立于自己的领地之上,两眼间的醒目黑色条纹仍有保留,而对手则在条纹逐渐消退之时溜

---

1 这种现象称为大脑侧化,可见于诸多物种,在不同个体、种群和物种之间的具体表现有所不同。

之大吉。洛根·格罗森尼克（Logan Grosenick）领导斯坦福大学的研究人员在慈鲷之间安排了一系列争斗，并用字母 A 到 E 为这些小鱼命名。E 从未赢过；D 仅强于 E，除 E 外，输给其他三条鱼；C 只打败了 D 和 E；A 是常胜者，B 其次。当其中两条鱼交战时，研究人员则安排第三条鱼在安全距离外（水族箱内的单独透明隔间）观战。双方战斗完毕，将二者放置一段时间，待其身上的敌对体色恢复正常后，旁观鱼可选择其中一条鱼作为对手，每次的结果均为较弱的一方，这样更为安全，胜算也大，就算它们从未亲眼见过激战双方，也会做出同样的选择。当旁观鱼要在 B 和 D 之间抉择时，如果它眼见 B 打败 C，而 C 又赢了 D，那么它就可以推断出 B 应该也可以战胜 D，因此，出于安全考虑，旁观鱼最终选择 D 作为对手。

上述情形中，鱼的选择过程具有逻辑性，是演绎推理的一种形式，一些鸟类明显具有逻辑推理能力，而有些灵长类动物（如人类）四五岁时也会具有这种能力。据推测，慈鲷能演化出逻辑推理能力，或许是因为它能推断出某一雄鱼的社会等级从而使自身不被卷入潜在的危险争斗中，同时保持和谐的等级制度。

除了打斗，许多鱼类也会互相帮助，合作共赢。珊瑚礁上，掠食性石斑鱼与海鳗（moray eel）结盟，合作捕猎。当石斑鱼需要帮助时，会在海鳗休息的礁石上盘旋，用力摆动身体，海鳗被这大幅度动作吸引，不一会儿便探出头，表示结盟成功，双方结伴捕猎，这对组合可谓所向披靡。石斑鱼在开阔的水域徘徊，而猎物则会冲进礁石躲避，此时，海鳗上场。只见它纤纤身量，轻易便可钻进珊瑚礁的狭窄裂缝和角落，逮住猎物，或将其赶出，猎物顺势就溜入等候多时的石斑鱼口中[1]。石斑鱼和鳗鱼联手，吃喝不愁。有时海鳗没兴趣捕食，就会躲进暗藏迷宫的珊瑚礁中不再出现，此时，石斑鱼试图呼唤这位捕猎同伴，再次摇晃身体，表演一段舞蹈。

当石斑鱼独自捕猎时，如果猎物溜进珊瑚礁，它可能会采取不同的策略，即静观其变，守株待兔。石斑鱼不单单在等待猎物现身，也希望合作伙伴能前来施以援手，但愿是海鳗或苏眉鱼。随后，石斑鱼立即直起身板，翘起尾巴，有节奏地朝着猎物潜入的礁石摇头。海鳗或苏眉鱼见此情形，通常会游上前去查探一番。身形硕大的苏眉鱼虽不能挤进珊瑚礁内，但其下颌力大可伸展，能压碎珊瑚，将猎物从其藏身之处吸出。即使未能成功，也可对猎物造成骚扰，最终必定挪出珊瑚礁，如此一来，石斑鱼便有机会得手。

用手指物是人类的一个重要行为特征，被认为是语言发展的关键因素。这种表现力强的手势在其他动物中甚为罕见。黑猩猩抓挠自己的身体，以告知同伴哪个部位的毛发需要梳理，而乌鸦会彼此间展示食物，这也许是形成社会纽带的一种方式。潜水者历经数小时跟踪狩猎的石斑鱼，才发现鱼类的"手势"。

观察并测试鱼类智慧无须长时间的复杂实验。如果你有宠物鱼，可以测试它们的学习能力，即每日早晚分别在鱼缸两端喂食，看看它们需要多久才能学会在喂食前聚集到正确位置，这一过程称为时间－地点学习。孔雀鱼通常需要 14 天，老鼠则需要近 3 周时

1　　石斑鱼有时会和章鱼结伴捕猎，章鱼则会溜进珊瑚礁。

间。中国唐朝传奇小说人物叶限是"灰姑娘"的最早原型,她喂养的幸运金鱼就能认出她,这种说法并非无稽之谈。射水鱼能区分不同人脸,它们将水弹射向与食物有关的人脸照片,以此展现自己的学习能力。因此宠物鱼能认出自己的主人也不无可能。

　　鱼类认知研究为人类大脑和认知的演化研究提供了新视角。之前,人们以为鱼类的许多行为是人类和其他少数脑部较大的灵长类动物所独有。该观点与长期存在的理论相悖,即灵长类动物演化出更大的脑部是为了应对复杂社会系统中的生活要求。尽管许多鱼类的大脑相对较小,但它们也有着复杂的社会生活。

　　另一种观点则更有意思,并非执着于大脑的尺寸,而是研究动物的思维和认知如何受到生态影响。大脑与其他器官及行为的演化方式完全相同,即对周围的世界、动物栖息地和其他生物做出反应和适应。如果身处相似的环境中,远亲物种也可能演化出相似的脑力技能。因此,慈鲷以及一些鸟类和哺乳动物具有超乎寻常的演绎推理能力,例如,通过"A打败了B,B打败了C",推出"A也一定能打败C"。这种能力能帮助它们解决衡量社会地位等类似问题。同样,我们可能会发现关系密切的物种有着不同的认知水平,因为它们已经适应了不同的生活环境。这一观点从达尔文的认知观出发,佐证了一个显而易见的事实,即大脑的演化并非孤立进行,且这一演化也并非货架上摆放着的一排排罐子,而是形成于各种生活环境中的动物身上,包括水生、陆生以及空中飞行的动物,它们或捕猎或食草,或在山地爬行,或穿梭于森林之中。

在这种生态学观点的背景中，约3万种鱼类成为大脑和思维研究中的重要实验对象。鱼类展示出了大脑和认知的灵活性，同时揭示了生态环境的重要性。

以生活在岩石海岸的虾虎鱼为例，它们熟记周遭环境，从而能在紧要关头迅速逃离。涨潮时，这些身披斑点的小鱼游来游去，在脑海中绘制了一幅含有当地标志的地图。它们记住了岩石形状，并在退潮后能找到可以形成池塘的位置。退潮时，如果有捕食者逼近，虾虎鱼就会测算好距离，朝附近的池塘方向跳跃，即使它压根就没看见池塘的位置。科学家将这些虾虎鱼从栖息地移走，数周后，这些鱼仍记得池中布局。相比其他生活在开阔潮湿的沙滩上的同类，栖息在池塘中的虾虎鱼更擅长学习导航，确定自己的位置。如果让这两种虾虎鱼相互竞争，学习在迷宫中寻找路线，并以食物作为奖励，栖息在池塘中的虾虎鱼往往是最终赢家。

表面上看，生活在沙滩上的虾虎鱼的脑袋确实较小，的确，池塘中的虾虎鱼的端脑（大脑中负责空间学习的区域）更大。究其原因，可以从沙滩虾虎鱼的日常生活环境中获得答案——它们生活的区域空旷平坦且无特别之处，因此不习惯识记当地标志，只是每日跟随潮涨潮落在沿岸游动，所以它们根本用不上导航技能。在其他研究中，只有在海藻和岩石中长大，而非终日困于空无一物的水箱中的鱼儿，才能成为更优秀的"航海家"，这是因为它们大脑中的相关部位面积更大，故而神经元之间的连接也更多。不断变化的环境会在它们脑中留下印记，且会贯穿其一生。

这类研究正在逐渐重构有关鱼类智慧的主流科学观点，并表明鱼类比人们长期以来所认为的更加聪明，生活方式也复杂得多。这就引出了一个更大的问题：鱼有知觉和意识吗？

科学家和哲学家一直在尝试定义这些概念。知觉包括动物体验和感觉的能力，如快乐和痛苦。但要解释意识则困难得多。正如《意识手册》(The Blackwell Companion to Consciousness)所述："我们在特定时刻所意识到的任何事情都构成了我们意识的一部分，意识体验立即成为我们生活中最熟悉且最神秘的方面。"那么，这些体验在其他动物身上有何体现呢？广义上讲，我们可以认为有意识的动物均有自我意识，对自己在世界上所处的位置有一定理解。

意识通常被认为是从更高级的智力和感觉中产生的一种属性。衡量意识的一个关键标准为自我意识，也即认识自我，并将自身视作单独个体的能力。这同样是我们有望测试的部分。

数十年来，镜子测试一直是评估自我意识的经典方法，即给动物一面镜子，观察其之后的表现。起初，许多动物看见镜中的自己时，会有所反应，认为那是另一只动物。对鱼类进行此项测试时，它们往往以为镜像会入侵自己的领地，于是朝对方发起攻击。有些动物逐渐发现镜像便是自己时，可能会检查一番镜子，看看镜子后面，接着反复看向镜子。黑猩猩则会在镜前剔牙，而海豚会吹泡泡。

测试的最后一个步骤是，研究人员将一个黏性的彩色圆点涂在动物自身不易察觉的部位，通常为前额。测试中，约75%的黑猩猩会看着镜子，伸手触摸这个点，人类在18个月大的时候便会这么做。灵长类动物学家将这一行为解释为自我意识。黑猩猩和幼年时期的人类知道镜中的同类就是自己，知道自己应该是何模样，也清楚头上的点并非身体的一部分，因此会想上前戳一戳，一探究竟。

但是，只有少数其他物种能通过镜子测试。欧亚喜鹊面对镜子时，会用脚抓挠粘在喉咙上的有色圆点，却丝毫没发现自己黑色羽毛上不太显眼的黑点。2006年，在布朗克斯动物园，研究人员在三头亚洲象面前摆了一面2.5米高的镜子，这面镜子结实牢固，可抵抗大象的撞击。三头象均在镜前驻足良久，显然是在观察自己的镜像。研究人员在大象头部一侧画上它们自身无法看见的标记，三头象均无反应，这倒也合乎情理，因为它们没有发觉任何不同寻常之处。其中两头大象还忽略了彩色标记，但一头名叫"快乐"的母象，多次伸出象鼻去触碰自己眼睛上方的白色十字形，显然是在查看这一标记。

人们常认为，宽吻海豚（bottlenose dolphin）和虎鲸（orca）均能通过镜子测试，它们会仔细打量自己的镜像良久，并且盯着画在自己身上的彩色圆点（但并未触碰手、嘴、鼻等身体其他部位，因此关于这部分的测试不适用）。2016年，南佛罗里达大学的西拉·阿里（Csilla Ari）和多米尼克·德·阿戈斯蒂诺（Dominic D'Agostino）首次在鱼身上进行了该项实验。实验在巴哈马的一家水族馆进行，他们在水箱侧面放置了一面巨大的镜子，并拍摄两只双吻前口蝠鲼（oceanic manta ray）的反应（未采用彩色圆点标记）。蝠鲼在镜前盘旋许久，反复展开两个头鳍（呈角状，可将浮游生物引到嘴里），然后像海豚一样吐泡泡[1]。

阿里和阿戈斯蒂诺慎重地将这一过程解释为"应急检查"，就好比你会向远处窗户中的镜像挥手。如果蝠鲼确有此行为，那么就能证明它们知道镜像就是自己，并具有自我意识。然而，其他研究人员高度质疑这些发现，认为蝠鲼只是在进行社交，以为自己在和其他同类玩耍。许多其他的镜子测试，包括对海洋哺乳动物的测试，也同样遭到了质疑，但并未引发过多争议。也许是因为人们更能接受海洋哺乳动物，尤其是鲸目动物具有高智商的事实，但要证明鱼类同样聪慧，却是在挑战人们的固有观念。

⋈

从孔雀鱼和金鱼到蝠鲼和鳕鱼，人们渐渐了解到，这些生物同样会思考、具有智慧，随之引发了一场关于鱼类认知的持久争论，即鱼类是否会感觉到痛。

一直以来默认的观点是，鱼类既不会产生痛觉，也无痛感。大多数支持这一观点的人称，除非证据确凿，否则我们仍旧应该假设鱼类无法感知痛苦。然而，渐渐地，一些研究提供的数据恰好能驳斥这一观点。

2003 年，爱丁堡大学罗斯林研究所（The Roslin Institute）的

1　蝠鲼无法呼吸空气，但当它们滤食时，空气会积聚在鳃中，因此会吐泡泡。

研究人员发现，鱼类天生就能感知疼痛。由琳妮·斯内登（Lynne Sneddon）领导的研究团队在虹鳟鱼体内发现了一种特殊的神经细胞，可以感知各种有害刺激，如高温、酸性物质和蜂毒，与哺乳动物的痛感神经非常相似。自此以后，人们相信鱼类具有能对有害刺激以及疼痛作出反应的神经细胞（尽管截至目前，只有真骨鱼符合这一结论，尚未在板鳃类鱼中发现同样的感受器）。唯一的疑问是，鱼类如何察觉痛感。

当鱼暴露在压力和潜在伤害之中时，观察它们就能找到线索。大量的行为研究表明，鱼希望制止此种情况，这是具有痛觉的标志之一。琳妮·斯内登的团队将弱酸物质或蜂毒注入虹鳟鱼的嘴唇时，这些鱼躺在水箱底部并左右晃动，或在水箱侧壁上摩擦嘴唇；当注射无害的空气或液体时，它们就没有上述反应。因此，这表明注射本身并未使它们不悦。此外，给虹鳟鱼注射一剂吗啡（人用的最有效止痛药之一）后，它们便会停止上述行为。

疼痛感可能也会支配鱼的注意力，使其无法完成其他任务（慢性或剧烈疼痛会对人类产生同样影响）。2009 年，利物浦大学的保罗·阿什利（Paul Ashley）领导团队测试了虹鳟鱼在有无潜在痛苦刺激的情况下，对捕食者的反应。当水箱中的虹鳟鱼感觉到受损组织释放的化学警报物质时，它们通常会在水箱周围游动，以寻找藏身之处[1]。但当危险信号在水箱中蔓延时，嘴部注射有酸性物质的

---

1   这些被称为"schreckstoff"（德语指"恐怖的东西"）的化学警报物质常见于骨鳔鱼类，它们的鱼鳔和内耳由小骨连接。

虹鳟鱼并未打算躲藏，它们的注意力似乎因疼痛而分散，故而忽略了化学警报物质。

许多生物学家认为，探测到潜在疼痛刺激和感知疼痛的能力是共同演化而来，这两个过程相互交织，一同提高了动物的生存概率，因此上述情形十分正常。动物们会将危险情况与痛感相关联，再试图避免这种痛苦，从而使自身远离麻烦。对疼痛的情绪反应很可能是形成痛觉记忆的关键要素之一。人们普遍认为，这种配对能力，即发现危险事件并对其产生不悦的情绪反应，是脊椎动物早已演化形成的古老生存策略。

进一步的研究也表明，鱼还会受到压力的影响。斑马鱼似乎会经历情绪性发热——纯粹由压力或焦虑引起的体温升高，这种反应此前被认为仅会发生在人类身上（考试前，学生的身心压力也会引发同样的生理反应）。当被关在一个小网中时，斑马鱼的体温升高了 2 到 4 摄氏度。此外，养殖的鲑鱼通常会表现出抑郁症状，业内称为"自弃鱼"。多达四分之一的养殖鲑鱼生长发育不良，它们常在水面附近游荡，极易捕获。2016 年，一项研究测量得出，身心萎靡的鲑鱼体内皮质醇（一种通常在压力状态下释放的激素）水平较高。在人类等动物身上，调节皮质醇水平以及激素血清素水平的系统也出现了类似的过度反应，与慢性压力和抑郁症有关。

反对鱼具有痛感的观点认为，上述鱼类行为可能只是自动条件反射，与任何痛苦情绪无关。当触摸滚烫的物体表面时，你会感到身体一阵颤动，并在疼痛开始前将手缩回。也许鱼无法感知疼痛，只不过知道何时该从危险中抽身而已。

这一论点的核心在于，人脑中具有与疼痛感知相关的部分，但鱼类大脑中并无这一部分。大脑皮层是哺乳动物大脑的最外层，人脑的这种灰质约厚 4 毫米，由诸多独特的神经元层及其丝状延伸突触组成。大脑皮层折叠着沟槽和脊状突起，与我们生活的重要方面息息相关，包括视觉、听觉、学习能力、痛苦感知、压力感知以及痛觉。观察鱼类的头骨内部时，你会发现它们不像哺乳动物具有较大的大脑皮层，只有一串球状小珠子。

　　没有大脑皮层，就没有痛觉。因此，反对鱼类能感知疼痛的观点仍然存在，依据是鱼类缺乏人类能够处理信息流、提取不愉快感并感知伤害的复杂神经结构。布莱恩·基（Brian Key）是昆士兰大学的神经学家，也是著名的鱼类疼痛怀疑论者，2016 年他在期刊《动物感知》（Animal Sentience）上发表了一篇题为《鱼类为何感觉不到疼痛》（Why fish do not feel pain）的论文。文中提出："只有依据人类的痛感方式，其他动物感受到的才算痛苦。"来自不同科学学科的著名学者共发表 42 篇文章，对布莱恩·基的观点作出书面回应，其中 5 人支持其观点；2 人保持中立，认为在作出任何实质性主张前都需要更多的研究支撑；其余 35 人则强烈批评布莱恩·基观点的科学依据、推理和假设。

　　批评者中有神经学家指出，目前有关大脑皮层对人类疼痛感知的重要性还未达成共识，更不必论及是否对缺失大脑皮层的其他动物有影响。布莱恩·基在关注大脑皮层的同时，也忽略了鱼类大脑其他区域参与疼痛感知的可能性。同理适用于鸟类及其他无高度发达大脑皮层的动物，但它们均被认为具有知觉。

卡尔·萨菲纳（Carl Safina）是纽约大学石溪分校的自然与人类教授，他在回应布莱恩·基的观点时，将黄貂鱼的毒液作为鱼能感知疼痛的佐证。萨菲纳指出，黄貂鱼和许多其他有毒物种一样，演化出释放毒液的能力，目的在于防御包括海洋哺乳动物和鱼类在内的捕食者。正如我们所见，许多有毒鱼类演化出鲜艳的体色，以警告捕食者保持距离，否则就有被蜇的风险。为使警告色产生效果，这些鱼类必须带有用于防御的有害物质（熟练模仿有毒物种的鱼类除外）。布莱恩·基断言，捕食者无需感知到刺痛就能学会避开黄貂鱼。但萨菲纳反驳了这一观点，他写道："真是难以置信！捕食者无法感知到令其不悦的威胁，却能有意避之。逻辑上讲，毋庸置疑的是，正是因为痛觉才能让上述行为发生。"萨菲纳指出，有些动物似乎的确对大自然的某些刺痛产生免疫。他举例称，海龟大嚼狮鬃水母（lion's mane jellyfish），却没有表现出被蜇的迹象，但是他曾看见一只蓝鲨也咬了狮鬃水母，却使劲摇头并吐出水母。萨菲纳写道："蓝鲨表现出痛感，海龟则不然。"

⋈

　　关于鱼类感知能力和意识的问题在学界产生了重大影响。相关争论通常源于对鱼类是否具有痛感和痛觉的科学理解，但其影响远不限于科学领域。

　　这涉及一个更为宽泛的问题，即我们对世间其他生灵给予了多少关注、同情甚至感情。我们如何看待动物（它们是否有知觉和智慧）以及在我们的认知中，动物的生活有多复杂，都影响着我们对待动物和与之互动的方式。总而言之，我们最关注的是那些外表光鲜或者眼含深邃目光的动物，也就是最像人类的动物。

自 19 世纪初以来，各项法律不断颁布，以保护某些动物免受疼痛的折磨。1822 年，英国议会通过了《虐待牲畜法》（*Cruel Treatment of Cattle Act*，也称《马丁法》），禁止虐待牛羊。1835 年颁布的《防止虐待动物法案》（*Cruelty to Animals Act*）将狗和山羊列入保护范围内，并禁止捕熊和斗鸡。在西方社会，公众逐渐转向支持动物权利，并主张保护和关照动物，舆论涉及宠物、动物园中的动物的待遇、屠宰场的设计和管理以及散养蛋类和肉类的生产。

然而，并非所有动物都享有同样的法律权益，以及人类的道德约束。历史上，鱼类得到的人道主义对待远不及其他脊椎动物，即便如此，有关鱼类认知和知觉的科学研究却不甘示弱。现有研究正在排斥曾经的固有观念，即将鱼类视为次等生物，虐待它们也无需受到惩罚。正如我们所见，科学家们正在研究各种测量鱼类能力的方法，并将其与人类更为熟知的其他动物比较。更加明了的是，鱼类的生活复杂、充满智慧且精细，越来越多的证据表明，鱼类会痛苦、害怕，也会有痛感。

鉴于目前我们对鱼类生活的了解，它们在我们的同理心和道德标准中处于哪一位置？我们应该如何对待鱼？

我们仍在探索这些问题。鱼类实际上是智慧的生物，我们才刚刚了解其潜在的深远的影响。感觉和意识、疼痛和痛苦等晦涩的情感术语使上述问题变得更加复杂。此外，鱼类仍然面临着一系列的古老问题，即它们与生活在陆地且呼吸空气的人类截然不同，此外，它们的栖息地鲜有人了解和体验。

在不同的国家，关于如何对待鱼类的立法有所不同。在英国，1986 年颁布的《动物（科学程序）法》规范了科学研究中使用动物的程序，研究人员必须获得许可证才能在受保护的动物名单上选取实验对象，并严格遵循饲养和对待动物的行为准则。该名单包括所有脊椎动物和头足类动物（从孵化成功算起）——因为章鱼及其近亲均具有更高的认知能力。鱼类也在名单之列，只不过要从它们开始独立进食算起。相比之下，美国的《动物福利法》将所有鱼类排除在外，它们无法享受同等的法律保护。

在英国还有保护宠物鱼的法律。2017 年，一名英国男子在社交平台上发布了一段视频，显示该名男子因打赌而吞下了一条活金鱼，随后被判虐待动物罪。英国皇家防止虐待动物协会（RSPCA）的官员观看视频后，开展了调查。这名男子与拍摄视频的女子声称，他们以为这条鱼已经死去，但法庭驳回了二人的请求，判其18 周监禁，以及 200 小时的社会服务，且五年内禁止养鱼。据英国广播公司新闻网报道，这名获刑男子称："没想到吃鱼会引起这么大的麻烦。"

《德国福利法》规定："如无正当理由，任何人不得折磨或伤害动物，使之遭受痛苦。"这其中也包括鱼类。根据这项法案，有人认为，垂钓者无任何"充分理由"捕捞再放生鱼类，使之遭受痛苦，故其做法属非法行为，所有垂钓所得的鱼类必须打捞上岸并带至家中食用（垂钓者意外捕获体型较小的鱼或特定的受保护物种除外）。

瑞士也有类似的法律，禁止捕鱼后再放生。但其他国家则持反对意见，鼓励捕捞后再放生，认为这是一种保护行为，可防止过度捕捞。

显然，这种情况较为复杂，各国法律规定也不统一，全球各地的鱼类无法受到同等对待。当然，要让鱼类大脑和智能的科学研究被公众广泛接受，还尚需时日。影响态度转变的部分原因是渔业存在着巨大的既得利益。如果要将鱼类同其他脊椎动物一样对待，并且在渔业和水产养殖业引入与农业同等的福利立法，就需要彻底改变野生鱼类的捕捞和圈养方式。若要付诸实践，就要投入大量物力并提供诸多就业机会，同时还要面临资金风险，故而难度较大。

因此，期望人类对鱼类的态度在短期内发生彻底改变并不现实。不过，也许我们可以期待公众舆论发生转变，即支持鱼类，并使之得到更多的尊重和欣赏。人们已不再相信"金鱼仅有7秒记忆"的谬论，也不再固守诸多关于"鱼类并非智慧生物"的旧观念。人们一度认为鱼类不具备某些基本能力，但事实证明，鱼类的确可以思考、学习并拥有记忆，它们可以看见各种色彩，具有听觉，也能歌唱。鱼类还有无数出人意料的奇特才能，比如，为方便捕猎和找寻方向，向周围投射电子束；通过操控光线和色彩以传递加密信息；在沙滩上打造出巨大的形状；还可利用体内磁罗盘远渡重洋，再返回故里。但是，要改变人们对"鱼类是低等生物"的普遍认知，并纠正"鱼与狗、马、猫、鸟以及数千年来被视为人类忠实朋友的动物截然不同"的观点，这一过程任重而道远。

我们有很多方法可以纠正这一成见，缩小鱼类和其他动物之间观念的差距。我们可以多多关注食用鱼类和宠物鱼类，了解它们来自何地以及捕捞过程和养殖方式。我们呼吁持续研究鱼类生活，更多地了解其生理习性，并密切关注相关研究结果，由此深入了解人类活动如何从个体、种群和物种层面影响鱼类。我们应改变观念，培养同鱼类相处的能力，以便进入鱼类的水生世界，沉浸在观察鱼类的乐趣中，从而深刻了解鱼类。

附录 I　鱼类物种图注

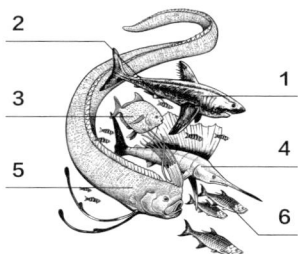

序言

1　太平洋鼠鲨（*Lamna ditropis*）

2　领航鱼（*Naucrates ductor*）

3　斑点月鱼（*Lampris guttatus*）

4　大西洋旗鱼（*Istiophorus albicans*）

5　巨型桨鱼（*Regalecus glesne*）

6　大西洋大海鲢（*Megalops atlanticus*）

第一章

1　贝隆《水生动物》一书中的鮟鱇鱼

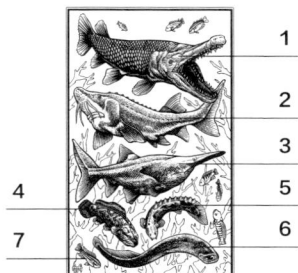

第二章

1　鳄雀鳝（*Atractosteus spatula*）

2　鲟鱼（Acipenseridae）

3　长吻鲟（*Polyodon spathula*）

4　弓鳍鱼（*Amia calva*）

5　多鳍鱼（Polypteridae）

6　七鳃鳗（Petromyzontiformes）

7　慈鲷（Cichlidae）

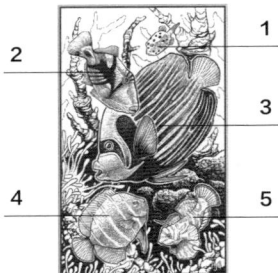

第三章

1　粒突箱鲀（*Ostracion cubicus*）

2　毕加索鳞鲀（*Rhinecanthus aculeatus*）

3　神仙鱼（*Pomacanthus imperator*）

4　红薄荷神仙鱼（*Centropyge boylei*）

5　花斑连鳍（*Synchiropus splendidus*）

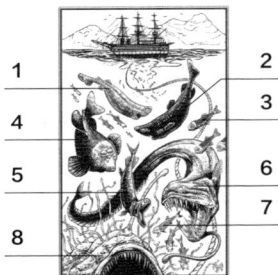

第四章

1　雪茄达摩鲨（*Isistius braziliensis*）

2　灯笼棘鲛（*Etmopterus*）

3　灯笼鱼（Myctophidae）

4　桶眼鱼（*Macropinna microstoma*）

5　黑软颌鱼（*Malacosteus niger*）

6　龙鱼（Stomiidae）

7　钻光鱼（Gonostomatidae）

8　发光树须鱼（*Linophryne arborifera*）

第五章

1　蝠鲼（Mobulidae）

2　波纹唇鱼（*Cheilinus undulatus*）

3　镰鱼（*Zanclus cornutus*）

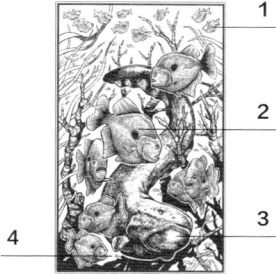

第六章

1 胸斧鱼（*Gasteropelecus sternicla*）

2 凯里臀点脂鲤（*Pygocentrus cariba*）

3 电鳗（*Electrophorus electricus*）

4 宝莲灯鱼（*Paracheirodon axelrodi*）

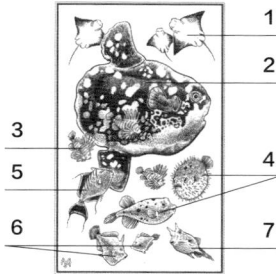

第七章

1 牛鼻鲼（*Rhinoptera*）

2 翻车鱼（*Mola mola*）

3 蓑鲉（*Pterois*）

4 黑斑叉鼻鲀（*Arothron nigropunctatus*）

5 鳞鲀（Balistidae）

6 垂腹单角鲀（*Monocanthus ciliatus*）

7 箱鲀（Ostraciidae）

第八章

1 沟鳞鱼（*Bothriolepis*）

2 艾登堡鱼母（*Materpiscis*）

3 多利盾鱼（*Doryaspis*）

4 邓氏鱼（*Dunkleosteus*）

5 刺突鲛（*Harpagofututor*）

6 胸脊鲨（*Stethacanthus*）

7 剪齿鲨（*Edestus*）

8 旋齿鲨（*Helicoprion*）

9 利兹鱼（*Leedsichthys*）

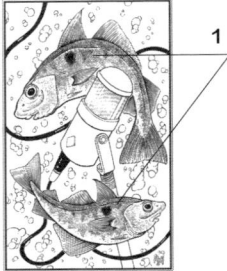

第九章

1　黑线鳕（*Melanogrammus aeglefinus*）

第十章

1　刺尾鱼（Acanthuridae）

2　蠕线鳃棘鲈（*Plectropomus pessuliferus*）

3　科斯塔鳗（*Gymnothorax javanicus*）

4　裂唇鱼（*Labroides dimidiatus*）

附录 Ⅱ 术语表

棘鱼类 已灭绝的刺鲨，被认为是现存软骨鱼类的直系祖先。

辐鳍鱼类 包括真骨鱼、弓鳍鱼、雀鳝、多鳍鱼和鲟鱼。

触须 一种毛茸茸的突出物，通常位于头部某处。

尾鳍 鱼的尾部。

尾柄 鱼的尾部末端区域。

软骨鱼类 本类包括鲨鱼、魟鱼、鳐鱼和银鲛科鱼。

脊索动物 动物门的一类，包括鱼类和所有其他脊椎动物。

色素细胞 色素皮肤细胞。

鳍脚 雄性鲨鱼、魟鱼和鳐鱼（以及已灭绝的盾皮鱼）在交配时传递精子的腹鳍上的特化结构。

牙形动物 一种无颌鱼，现已灭绝。

背鳍 位于鱼背部的鳍。

板鳃类鱼 鱼类的一个亚纲，包括鲨鱼、魟鱼和鳐鱼。

盔甲鱼类 一种无颌鱼，现已灭绝。

鱼类好奇者 作者新造的词汇，以暗示鱼类的诸多神奇之处。

鱼类学 研究鱼类的学科。

虹细胞 产生结构色的皮肤细胞，使鱼类体表呈现光泽。

侧线 由毛孔和管道构成的系统，鱼类以此探测到水压变化。

骨甲鱼类 一种无颌鱼，现已灭绝。

耳石 主要由碳酸钙构成的致密结构，见于鱼类的内耳，用于听声音和保持平衡。

骨鳔鱼类 内耳和鱼鳔之间有骨质连接（可以提高听力）的鱼类，包括60%的淡水鱼类。

远洋 所有开阔海域。

咽喉齿 位于鱼类喉咙深处的第二套牙齿。

盾皮鱼 一种已灭绝的最早演化出下颌的鱼类。

肉鳍鱼类　　　　长有叶状鳍的鱼类，包括肺鱼、空棘鱼和已灭绝的四足动物。

鱼鳔　　　　　　鱼类体内的气囊结构，从祖先的肺部演化而来，鱼类依靠该结构
　　　　　　　　　漂浮于水中，并提高听力。

真骨鱼类　　　　在鱼类演化树上最新分离出的一组鱼类，占已知鱼类的 96%。

四足形类　　　　现代四足脊椎动物以及它们的化石祖先类群。

花鳞鱼类　　　　一种无颌鱼，现已灭绝。

附录Ⅲ 参考文献及注释

本附录收录了本书各章节参考文献以及作者补充的注释，请
扫描下方二维码查看阅览。

致 谢

在此，我要感谢布鲁姆斯伯里出版社的每一位，尤其是伦敦的安娜·麦克迪尔米德（Anna MacDiarmid）和吉姆·马丁（Jim Martin），他们在我需要的时候默默地支持我，总是在我身边。亚伦·约翰·格里高利（Aaron John Gregory），感谢你如此精彩地描绘了这些美丽的鱼儿，它们畅游于这本书的字里行间。AJ，你知道吗？其实，我写这本书只是想找个借口与你再次合作，好让彼此继续分享鱼类趣事。

感谢所有和我一起观察鱼类的人们，感谢你们与我分享鱼类知识，致我们共同度过的所有时光。还要特别感谢鼹鼠谷水下俱乐部的好友们，尤其是海伦娜·埃格顿（Helena Egerton），她帮助我开启了观鱼之旅，以及爱丽丝·埃尔·基拉尼（Alice El Kilany），她多次带领我前往伯利兹、澳大利亚和菲律宾潜水，这些也是我初涉潜水的经历。

在本书的多段旅行中，我想要衷心感谢杰斯·克兰普（Jess Cramp）和柯比·莫雷约翰（Kirby Morejohn），因为有你们，我在拉罗通加岛体验到了非同一般的自由潜水；感谢洛里（Lori）和帕特·科林（Pat Colin）在帕劳同我分享鱼类的故事；感谢萨拉·弗里亚斯－托雷斯（Sarah Frias-Torres）带我去佛罗里达观赏伊氏石斑鱼。我还要特别感谢位于斐济的世界自然基金会太平洋分会的伊恩·坎贝尔（Ian Campbell），在他的支持下，我的蝠鲼观赏之旅得以顺利进行。还有杰西米·阿什顿（Jessamy Ashton），感谢你慷慨相助，为我们提供住宿和车，以及你十分体贴地吃完了我做的咖喱，尽管它是装在了小狗食盆中的。我还要非常感谢希瑟（Heather）和丹·鲍林（Dan Bowling），以及贝尔福特曼塔度假村所有工作人员的热情招待，也感谢你们让我遇见了那些美丽的蝠鲼，让我体验了荧光夜潜。我要非常感谢的安娜·派斯瑞克（Anna Petherick），你是一位十分有趣的研究助理，在婆罗洲时，我很开心你在没有窗户的酒店房间里陪着我，即使和我一同在臭烘烘的鱼市里闲逛，你也毫不嫌弃，在那以后的许多年里，我们依然是朋友，你真的太好了！我要感谢佛罗里达莫特海洋实验室的每一位研究人员，尤其是海莉·鲁特格尔（Hayley Rutger），安排我与尤金妮·克拉克共进午餐。

我还要感谢尼科·米希尔（Nico Michiels）、肯·麦克纳马拉（Ken McNamara）和丘卢姆·布朗（Culum Brown），本书顺利完成，你们功不可没——你们细心审阅了本书的各章初稿，针对鱼类研究提供了诸多宝贵见解；还要感谢伦敦 Neuwrite 网站的成员们，尤其是艾玛·布莱斯（Emma Bryce）、罗马·阿格拉瓦尔（Roma Agrawal）、凡妮莎·波特（Vanessa Potter）、爱丽丝·格雷戈里（Alice Gregory）、柯蒂斯·阿桑蒂（Curtis Asante）、克里斯汀·迪克森（Christine Dixon）、格蕾丝·林赛（Grace Lindsay）和埃德·布雷西（Ed Bracey）。还有利亚姆·德鲁（Liam Drew），感谢你没有提出"鱼和哺乳动物哪个更好"的问题，你的支持让本书变得更为出彩。

我还要感谢我的家人和朋友，在过去的两年里，我未能陪伴你们左右，而是追随鱼的脚步，回来后又闭门独处以记录与鱼的点点滴滴，但你们却如此包容我。我深爱我的父母，迪（Di）和汤姆·亨德利（Tom Hendry），多年前，他们站在莱斯特郡那个冰冷、被水淹没的砾石坑旁，看着我消失在深暗的水中，从那以后，他们一直支持我的水下冒险，并以各种方式鼓励我。一切如旧，伊凡，我要在文中最末感谢你。在你的支持下，我又完成了一本书——你不知疲倦，甘当我的读者，为我讲述故事，为我审阅书稿，还赠我美酒。在整个写作过程中，你一直都在，在无数场景中，你与我同游一片海域，共赏同样的鱼儿。那么，下一站，我们将要去哪儿呢？

后 记

　　一个周二的下午，我离开家，骑着自行车穿越城市去找鱼。途中，我穿过散发着牛粪味热气的沼泽地，越过一座铁桥，它犹如初夏时蜘蛛在空中织就的微型铁路。我还路过草地上孤零零的灯柱，80 年前，人们会在寒冬来此滑冰，但现在，这里被河水隔绝，成了兰花和草蛇的家园。我穿过一条绿意盎然的隧道，跨过隆隆作响的牛栏，来到河边敞亮的开阔小路。

　　两位垂钓者斜倚在红色露营椅上，我心中了然，今日必有收获。我将自行车停靠在一棵树旁，找了个地方坐下，四处张望着。河水呈浑浊的棕色，河面倒映着蓝天和朵朵白云，向水下看什么也见不着。头顶上，一只燕鸥沿着河流的路径，来来回回地飞，时不时发出吱吱声，听着像是小狗在咬着玩具。它尖尖的翅膀向后扇动，头部的一圈黑色斑纹宛如帽檐，藏于其间的一双眼睛向下张望，搜寻着猎物的踪影。它有所发现，于是冲入水中，水花四溅开来，随即扑打着双翅一口吞下猎物。这时，我探到了燕鸥的猎食目标，那是一群鱼苗，它们涌进我身旁河岸的一个浅水处。这群鱼通体透明，眼睛又大又黑，其中有数位勇者引领着队伍，其他的鱼紧随其后，它们正在查看河床上满是积水的泥泞脚印。于它们而言，这些脚印像极了巨大的陨石坑。

　　它们的动作显得迟疑而警觉——游，游，停；游，游，停。

　　等我弯腰细看时，它们却轻快地游走了，聚在一丛水草中，显然十分警惕我的存在。顺水划过的小皮艇似乎没对它们造成太大困扰，它们的主要敌人或许是来自水面上空和岸边的捕食者，而非在河中溅起水花的水生巨兽。当河面再次归于平静时，鱼苗们会浮至水面，亲吻着四散的层层涟漪。

我沿着河边走，经过正在烧烤的学生，还有一个穿着游泳裤的男人，他静静地坐在一棵枝丫低垂的树下。一对夫妇正沐浴着阳光，听着轻柔的曲调；雄性豆娘随着音乐起舞，它那闪亮的蓝宝石色身体熠熠生辉，如蝴蝶一般的彩色翅膀更是锦上添花，以期给伴侣留下深刻印象。

　　之后，在浑水中的一处清池中，我瞥见两条鱼的身影悬于水流中，至少有巴掌那么大，尾巴指向下游的城市方向。我在蓟和荨麻丛中找到了一个缺口，顺势爬下河岸，一脚踩进了齐膝深的软泥里。河床倾斜而陡峭，河水迅速没过我，于是我猛扎进水中，屏住前三次呼吸。我探出水面，就这样漂浮着，看见自己苍白的双腿在水中呈现出威士忌的棕色。我摆弄着面罩，一边朝上面呼气，一边擦拭，以防起雾。

　　此时，没有了以往的海水浮力，陡然沉入这么深的水域，我有点不适应这种感觉。在水下，我已习惯向远处视物，但这儿的水浓度过大，挤压着面罩，我不确定自己是否能看见周遭事物。在这条河的主河道里，只有鱼儿游过我的鼻子时，我才能发现它们的存在。

　　我望着周围铺满柳絮的水面，决定游到对岸碰碰运气。游过一丛丛如丝般柔软光滑的水草时，我的双腿被缠绕。接着，我挤进了悬垂于水中的草木丛，惊动了一只藏匿于视线以上的黑水鸡及其小鸡崽。一艘从市中心远道而来的平底船经过此处，撑船的人对斜倚着船体的乘客说："那儿有人游着泳看风景。"我兴高采烈地回应："你们好！"随即继续我的水下探索之旅。

　　为了保持肺中有足够的空气，从而使自身能持续漂浮于水中，我尽量让双脚远离松软的河床，以免搅浑河水，影响视野。在这平静的回水里，淹没在枝杈和树根之间的泥土已经沉淀下来，现在，我至少可以看见前方一臂远的地方。

　　这一幕让我想起在马达加斯加的红树林里浮潜的情景。一日之内，涨潮两次，水陆两生的树木会被水淹没，一个围绕着环状树根和指节状树干的水生生态系统迅速形成。在那之前，我一直以为红树林下覆盖着淤泥，水线以下应该没什么可观察的。然而，潜入水中后，我惊叹于水之清澈，银色小鱼穿梭于树丛间，还有成群的鱼苗在我周身散开又重聚。在这里，我所看到的河景虽不太清晰，也远不及热带森林那般热闹，但在这个陆地和水域之间的分界地带，我却有着相同的感受。

　　我耐心地等着鱼儿游过来，又开始担心它们是否都在躲着我。最终，一条胆大的鱼向我靠近，在我的视线中盘旋，它在水中摆动着波浪状的胸鳍。它的鱼鳍呈红色，体表覆盖着重叠的大块银色鳞片，一条长尾呈叉状。这是一条斜齿鳊（roach），其足迹遍布欧洲，从比利牛斯山脉到西伯利亚均可见其踪影，但眼前的这条斜齿鳊，此时只属于我。它的眼眶呈红色，就那样盯着我，我也看着它，并尽量保持不动，以免将它惊跑。在我们共度的短暂时光里，我数了数，它一共吸水五次。然后，这条斜齿鳊扭动着身体，摆着尾巴，溜出了我的视线，只留我一人浮于河中。